Friedrich Wittgruber

Digitale Schnittstellen und Bussysteme

Friedrich Wittgruber

Digitale Schnittstellen und Bussysteme

Einführung für das technische Studium

2., überarbeitete und erweiterte Auflage

Studium Technik

Die Deutsche Bibliothek – CIP-Einheitsaufnahme
Ein Titeldatensatz für diese Publikation ist bei
Der Deutschen Bibliothek erhältlich.

1. Auflage August 1998
2., überarbeitete und erweiterte Auflage Oktober 2002

Der Vieweg Verlag ist ein Unternehmen der Fachverlagsgruppe BertelsmannSpringer.
www.vieweg.de

Umschlaggestaltung: Ulrike Weigel, www.CorporateDesignGroup.de
Druck und buchbinderische Verarbeitung: Lengericher Handelsdruckerei, Lengerich
Gedruckt auf säurefreiem und chlorfrei gebleichtem Papier.
Printed in Germany

ISBN 3-528-17436-6

Vorwort zur 1. Auflage

Das vorliegende Buch ist als Einführung in die Technik der digitalen Schnittstellen und Bussysteme konzipiert. Einleitend werden Leitungen, Busankopplungen und -abschlüsse sowie das Verhalten von Impulsen auf Leitungen behandelt. Es folgt die Beschreibung einfacher serieller und paralleler Schnittstellen. Über die Grundlagen von Bussystemen und Busstrukturen wird zu den in der Praxis eingesetzten parallelen und seriellen Bussen übergeleitet, wobei auch auf das wichtige Gebiet der Prozess- und Feldbusse eingegangen wird. Um Verständnisschwierigkeiten vorzubeugen, werden grundlegende Überlegungen vollständig abgeleitet und auch Beispiele eingefügt. Eine Vielzahl von Bildern und Tabellen fördert die Anschaulichkeit und das Verständnis. Die systematische Gliederung und das Sachwortverzeichnis erleichtern den Überblick über das ganze Gebiet. Auch zum Nachschlagen einzelner Teilgebiete ist dieses Buch bestens geeignet. Zur Vertiefung des komplexen Stoffes werden aber auch gezielt wichtige Details ausführlicher betrachtet. Ein umfangreiches Literaturverzeichnis erleichtert die Suche nach Spezialliteratur zu einzelnen Themen.

Schnittstellen und Busse verbinden unterschiedlichste Geräte und Geräteteile auf allen Gebieten der Automatisierung und Steuerung, in der Mess- und Regeltechnik sowie in der Datenverarbeitung. Durch die zunehmende Ausbreitung und Vernetzung elektronischer Geräte gewinnt auch die Schnittstellentechnik an Bedeutung. Um so wichtiger wird auch die Auseinandersetzung mit dieser fortschreitenden Entwicklung. Das Buch wendet sich vor allem an Studenten und Ingenieure der Elektrotechnik (insbesondere Automatisierungstechnik, Technische Datenverarbeitung, Nachrichtentechnik und Messtechnik), der Technischen Informatik, der Maschinentechnik und der Informatik. Es ist sowohl als Begleitbuch für das Studium als auch für das Selbststudium geeignet. Aber auch für den interessierten Praktiker ist dieses Buch zu empfehlen, da es selbst komplexe Zusammenhänge übersichtlich und verständlich darstellt.

Das Buch ist im Wesentlichen aus einem Skript entstanden, das ich im Laufe von Jahren für meine Vorlesung E/A-Schnittstellen und Peripheriegeräte zusammengestellt und laufend vervollständigt habe.

Daneben entstanden in dieser Zeit auch umfangreiche Unterlagen für das Seminar zu der genannten Vorlesung. An der Zusammenstellung und Bearbeitung des Stoffes waren daher viele Studenten und Mitarbeiter beteiligt. Insbesondere möchte ich mich für vielfältige Vorarbeiten bei den Herren Dr.-Ing. Rolf Gerdes, Dipl.-Ing. Dag Pechtel und Dipl.-Ing. Johannes Körn bedanken. Mein besonderer Dank gilt Frau Petra Schöppner, die Text und Bilder in druckreife Form brachte. Auch beim Vieweg Verlag möchte ich mich für die gute Zusammenarbeit bedanken und besonders bei Herrn Prof. Dr. Otto Mildenberger, dem Herausgeber dieses Buches in der Schriftenreihe uni-script.

Last, not least danke ich meiner Frau Gerda Wittgruber für das Korrekturlesen.

Siegen, im Mai 1999 Friedrich Wittgruber

Vorwort zur 2. Auflage

Für die vorliegende 2. Auflage des Buches sind umfangreiche Änderungen und Ergänzungen durchgeführt worden. Seit 1999 habe ich mich in meiner Vorlesung eng an das Buch gehalten, das auch den Studenten vorlag. Dadurch habe ich wesentliche Anregungen erhalten.

Überarbeitet wurden alle Kapitel. Besonders wichtige Ergänzungen werden im Folgenden hervorgehoben.

Kleine Änderungen und Ergänzungen erfuhren die Kapitel *1 Überblick*, *2 Leitungen* sowie *3 Leitungsankopplung und Abschlüsse*. In Kapitel *4 Impulse auf Leitungen* wurden einige Bildbeschreibungen erweitert und in Kapitel *5 Serielle Schnittstellen* wurde die Beschreibung der IrDA-Schnittstelle eingefügt. In Kapitel *6 Parallele Schnittstellen* sind die IEEE-1284-Schnittstelle und der DMA-Zugriff - auch anhand von neuen Bildern - ausführlicher beschrieben worden und die Monitor-Schnittstellen wurden eingefügt.

Auch das Kapitel *7 Mikrocontroller-Schnittstellen* ist überarbeitet und erweitert worden. In Kapitel *8 Busse, Synchronisierung, Fehlererkennung* ist CSMA/CD und CSMA/CA neu ausformuliert, die *redundanten Prüfbits* für die Fehlererkennung werden ausführlicher betrachtet und der Begriff der Hamming-Distanz wird erläutert.

Bei Kapitel *9 Parallele Busse* wird im Besonderen der VME-Bus anhand von neuen Bildern anschaulicher erläutert. Auch die Texte zu GPIB und SCSI wurden überarbeitet. Die Beschreibung von PCI ist deutlich erweitert worden.

Das Kapitel *10 Serielle Busse* wurde unterteilt in *10 Serielle Busse, LANs* (ergänzt um TCP/IP-Protokoll), *11 Feldbusse* (erweitert um ARCNET) und *12 Neue Serielle Busse*. In letzterem Kapitel wurde USB mit neuen Bildern beschrieben und um die High-Speed-Version USB 2.0 erweitert.

Schließlich wurde auf vielseitigen Leserwunsch ein umfangreiches Glossar angefügt.

Siegen, im Juli 2002 — Friedrich Wittgruber

Inhaltsverzeichnis

1 Überblick

Der eigentliche Stoff dieses Buches ist das Gebiet der digitalen Schnittstellen und Bussysteme. Um jedoch immer wiederkehrende Erläuterungen grundlegender Einzelheiten zu vermeiden, wird in den ersten Kapiteln zunächst Allgemeines gebracht, auf das später zurückgegriffen werden kann.

So ist es wichtig, die Leitungsarten und zweckmäßige Leitungsauswahl an den Anfang der Ausführungen zu stellen. Ebenso werden Leitungsankopplung und -abschlüsse vorab behandelt, um termini technici, wie z.B. Open-Collector-Bus, Tristate-Gatter, Wellenwiderstand und Leitungsabschluss, bei Bedarf direkt verwenden zu können. Neben der grundlegenden Schaltungstechnik wird auch das Verhalten von Impulsen auf Leitungen ausführlich vertieft, da dies zu den Grundlagen der Schnittstellentechnik zählt. Dabei wurde darauf geachtet, dass die Erläuterungen auch für Nichtelektrotechniker verständlich sind. Es werden auch keine besonderen mathematischen Kenntnisse vorausgesetzt.

Zum besseren Verständnis wird zunächst das Impulsverhalten bei linearem Leitungsabschluss erklärt, um dann zu den Behandlungsmethoden für nichtlineare Schaltstufen, wie sie bei digitalen Schnittstellen verwendet werden, überzuleiten. Für ein oft eingesetztes Bussystem wird das beschriebene Verfahren dann auch exemplarisch angewendet.

Obwohl solche Analysen heutzutage mit Programmen wie PSPICE in einfacher Weise simuliert werden können, kann doch der Einsatz solcher Hilfen nur bei vollständigem Verständnis der Zusammenhänge optimal erfolgen.

Im darauf folgenden Kapitel des Buches werden die einfachen seriellen Schnittstellen behandelt. Nach einleitenden, grundlegenden Betrachtungen – wie Übertragungsparameter, Protokollverfahren und ASCII-Zeichen – werden u.a. RS-232, RS-422, RS-485 und Stromschnittstelle im Einzelnen beschrieben. Pegeldefinitionen, Schaltungstechnik und Verbindungsarten gehören ebenso dazu, wie die erreichbaren Kabellängen. Am Ende dieses Kapitels wird auch die IrDA-Schnittstelle behandelt.

Als einfache parallele Schnittstellen werden anschließend Centronics-, IEEE-1284- und PCMCIA-Schnittstelle vertieft. Auch grundlegende Verfahren wie Hardware-Handshake, Direct-Memory-Access und FIFO werden hier vollständigkeitshalber erläutert, da diese Begriffe in diesem Kapitel zum ersten Mal auftreten. Abschließend werden die Monitorschnittstellen kurz beschrieben. Diese sind schwer einzuordnen, da sie zunächst noch alle Signale parallel führten, allerdings waren dabei die Signale Rot, Grün und Blau noch *analog* ausgebildet. Bei rein digitalen Videoschnittstellen werden die *digitalen* Farbsignale einzeln *serialisiert* und über drei Leiterpaare *parallel* übertragen.

Da der Mikrocontroller mindestens die einfachen seriellen und parallelen Schnittstellen schon *auf dem Chip* hat, wird ihm an dieser Stelle ein eigenes Kapitel *Mikrocontroller-Schnittstellen* gewidmet. Neben den einfachen Schnittstellen haben Mikrocontroller auch komplexe Funktionen wie Pulsweitenmodulation und Analog/Digitalwandler sowie auch Controller für verschiedene serielle Busse.

Es folgt ein Kapitel mit allgemeinen Betrachtungen zu Bussen und Busstrukturen. Hier werden auch zentrale und dezentrale Buszuteilung grundlegend betrachtet sowie die

Synchronisierung der Datenübergabe durch Takt, Start-Stop-Format oder Handshake-Verfahren. Das wichtige Gebiet der Fehlererkennung wird hier gesondert behandelt.

Das nächste Kapitel behandelt die parallelen Busse und ist, der Bedeutung dieser Verbindungsart entsprechend, besonders umfangreich. Es beginnt mit den ersten Entwicklungen von Busstandards und beschreibt dann die noch im Einsatz befindlichen Bussysteme, um schließlich insbesondere die wichtigsten Standards wie VME-Bus, GPIB und SCSI ausführlich zu vertiefen. Dazu gehören auch spezielle parallele PC-Busse, so beispielsweise der ISA-Standard und der PCI-Bus.

Die Beschreibung der seriellen Busse beginnt in dem Kapitel *Serielle Busse, LANs* mit den spezifischen Besonderheiten, die sich bei seriellen Busprotokollen, serieller Datendarstellung und unterschiedlichen Busstrukturen ergeben. Auch Blocksynchronisierung und Rahmenstruktur werden hier erläutert. Als Beispiele werden Token-Bus und -Ring sowie das CSMA/CD-Verfahren gebracht. Die LAN-Spezifikation nach IEEE-802 wird den drei untersten Ebenen des OSI-Referenzmodells von ISO gegenüber gestellt. Als wichtigstes LAN wird Ethernet vertieft.

Den Feldbussen – als Vertretern von seriellen Bussystemen mit weitgehend typischen Einsatzgebieten – wird ein eigenes Kapitel gewidmet. Dies entspricht nicht nur der besonderen Bedeutung dieses Einsatzgebietes, sondern dient auch der besseren Übersicht, da viele Feldbusse, wie z.B. Bitbus, PROFIBUS, INTERBUS, DIN-Messbus, ARCNET, ASI und CAN, vorgestellt werden. Feldbusse sind nebeneinander bei vielfältigen Aufgaben im Einsatz. Hier werden einige wenige Systeme exemplarisch vertieft, andere nur kurz beschrieben.

In einem weiteren Kapitel *Neue serielle Busse* werden die *relativ* neuen seriellen Busse USB und IEEE-1394-Bus behandelt.

Abschließende Betrachtungen findet man in dem Kapitel *Schlussbemerkungen*.

Ein Sachwortverzeichnis erleichtert die Arbeit mit dem Buch, und außerdem ermöglicht das ausführliche Glossar den schnellen Zugriff zu Abkürzungen und Fachausdrücken.

2 Leitungen

2.1 Leitungsarten

2.1.1 Einfache Drähte

Für kurze Verbindungen wie z.B. einfache *Rückwandverdrahtungen* können einfache isolierte Drähte eingesetzt werden. Die *Rückwandverdrahtung* wird erforderlich, wenn die Signalpfade von mehreren Platinen innen vor dem Bereich der *Rückwand* des Gerätegehäuses miteinander verbunden werden sollen. Dieser Bereich des Gehäuses bietet sich an, um nach Abschrauben der *Rückwand* besseren Zugang zu den Anschlüssen der einzelnen Platinen zu erhalten. In Bild 2-1 ist das Schema der *Rückwandverdrahtung* dargestellt.

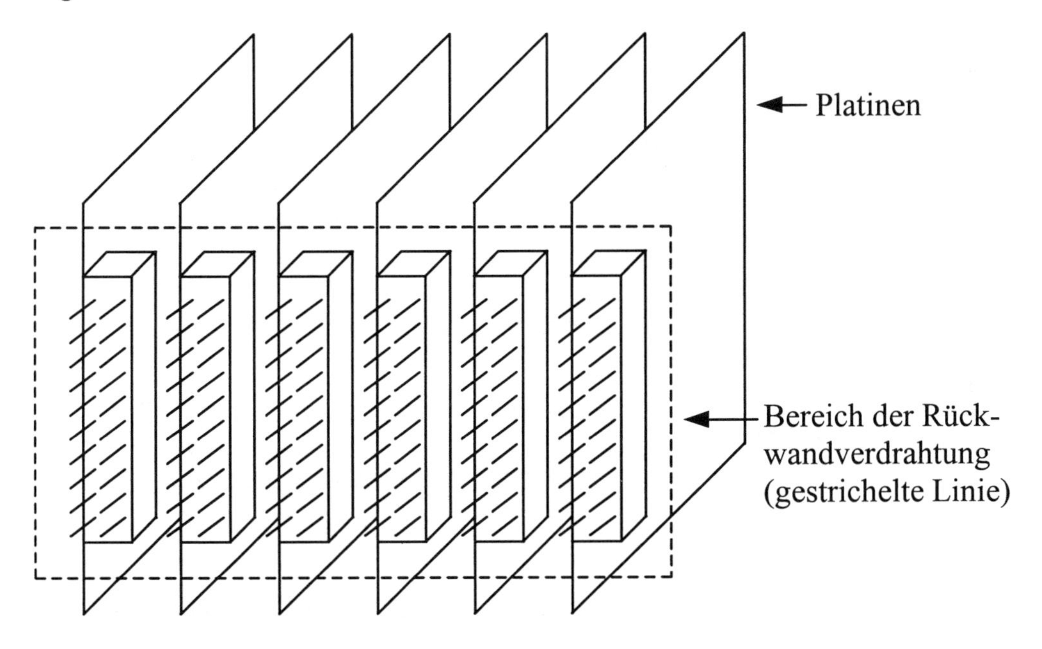

Bild 2-1: Rückseite in einem Gerät mit mehreren Platinen

Skizziert sind Platinen mit *"Steckern"*, deren Stifte innerhalb der angegebenen Ebene zu verbinden sind. Echte Stecker werden hier verwendet, wenn als Gegenstück jeweils Buchsenleisten in *Rückwandplatinen* dienen. Die hervorstehenden Stifte können aber auch, wie schon angedeutet, durch einfache isolierte Drähte verbunden werden.

Diese werden angelötet oder in wire-wrap-Technik angeschlossen, wobei das blanke Drahtende mit Hilfe einer speziellen Wickelmaschine um einen rechteckigen Stift gewunden wird. Der Einsatz einfacher Drähte beschränkt sich auf nicht zu große Stückzahlen und nur geringe Bitraten, da das Übersprechen jeweils von der Verlegungsart abhängt und der Wellenwiderstand Z undefiniert ist. Auch ist zu beachten, dass jede Leitung eine elektromagnetische Strahlung abgibt, die zur Störung von anderen Geräten führen kann.

In VDE-Bestimmungen, IEC-Richtlinien und DIN-Normen wird die Zulässigkeit von elektromagnetischer Abstrahlung eingegrenzt, in der EG gilt die EMV-Richtlinie.

Mit dem EMVG (Gesetz über die elektromagnetische Verträglichkeit von Geräten) vom 13.11.1992 wurde die EMV-Richtlinie der EG vom 03.05.1989 in deutsches Recht übertragen. Jedes elektrische und elektronische Gerät ist betroffen, das innerhalb der EG verkauft wird. Geräte, die elektromagnetische Störungen verursachen können oder deren Betrieb durch elektromagnetische Störungen beeinträchtigt werden kann, müssen folgende Bedingungen erfüllen:

Die Erzeugung elektromagnetischer Störungen muss so weit begrenzt werden, dass der Betrieb von Funk-, Telekommunikations- sowie sonstigen Geräten möglich ist, und die Geräte müssen eine angemessene Festigkeit gegen elektromagnetische Störungen aufweisen, um einen *bestimmungsgemäßen Betrieb* zu gewährleisten.

Die Übereinstimmung elektrischer Einrichtungen mit den Schutzanforderungen ist durch die EG-Konformitätserklärung des Herstellers zu bescheinigen und die CE-Kennzeichnung ist auf dem Gerät oder auf Begleitpapieren anzubringen.

2.1.2 Microstrip und Stripline

Besseren Schutz gegen elektromagnetische Abstrahlung und Einstreuung bieten die in Bild 2-2 im Querschnitt skizzierten Platinen mit geätzten Leiterbahnen, wenn sie als *Rückwandverdrahtung* eingesetzt werden.

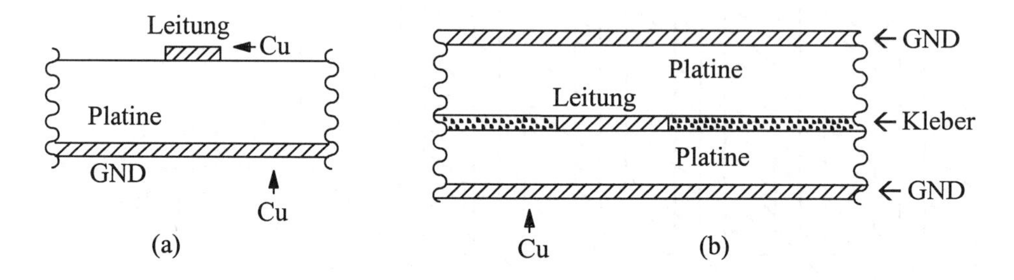

Bild 2-2: Microstrip (a) und Stripline (b) als Rückwandverdrahtung

Es werden Zwei-Lagen-Platinen für Microstrip (a) bzw. Mehrlagen-Platinen für Stripline (b) verwendet. Die als Kupferbeschichtung (Cu) ausgeführte Leitung hat immer den gleichen Abstand zur gegenüberliegenden Masseleitung (GND = ground), die eine durchgehende Fläche bildet.

Eine grobe elektrische Nachbildung einer solchen Anordnung ist in Bild 2-3 dargestellt. In diesem Ersatzbild sind nur die Längsinduktivitäten L' und Parallelkapazitäten C', jeweils pro Längeneinheit wie z.B. m, berücksichtigt. Längs- und Parallelwiderstände, die geeignet wären, ohmsche Verluste nachzubilden, wurden zur Vereinfachung des Bildes und der Gleichungen vernachlässigt. Eine solche verlustlose Leitung zeigt dann einen reellen (das heißt rein *ohmschen*) Wellenwiderstand Z – in der Literatur oft auch Z_0 genannt – mit dem Wert $Z = \sqrt{\frac{L'}{C'}}$. Wird der in Bild 2-3 eingezeichnete Abschlusswiderstand R gleich dem Wellenwiderstand Z gewählt, z.B. R = Z = 60 Ω, so ist die Leitung reflektionsfrei abgeschlossen. Diese Maßnahme ist für Übertragungsraten im Bereich von einigen MBit/s erforderlich.

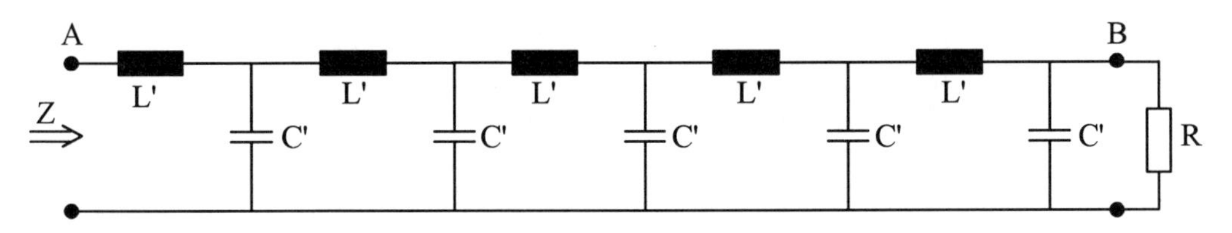

Bild 2-3: Vereinfachte elektrische Nachbildung einer Übertragungsleitung

Ein am Leitungsanfang A aufgebrachter Impuls erscheint am Leitungsende B nach einer Laufzeit $T = \sqrt{L' \cdot C'} \cdot \ell$. Dies ergibt sich aus der Verzögerungszeit pro Meter $T' = \sqrt{L' \cdot C'}$ und der Leitungslänge ℓ.

Die Werte für Z hängen von den geometrischen Verhältnissen ab und liegen bei der Zwei-Lagen-Ausführung zwischen 50 Ω und 150 Ω, bei der Multilayer-Platine dagegen meist unter 100 Ω, da die geringere Stärke der einzelnen Platinen ein erhöhtes C' zur Folge hat, wodurch sich der Wert von Z verringert.

Die Signallaufzeiten sind nicht unerheblich. Je nach Ausführung der Leiterbahn liegt die Impulsverzögerungszeit in der Größenordnung 5 bis 10 ns/m. Der untere Wert gilt auch für die im Folgenden beschriebenen Flachband-, Rund- und Koaxialkabel. Dort entstehen bei großen Entfernungen ganz beträchtliche Laufzeiten.

2.1.3 Flachbandkabel

Während einfache Drähte und Platinen nur für kurze Rückwandbusse (Rückwandverdrahtung) in Frage kommen, sind Flachbandkabel auch für größere Entfernungen innerhalb oder auch außerhalb eines Gerätes einsetzbar. Wenn, wie in Bild 2-4 dargestellt, zwischen den Signalleitungen jeweils eine oder auch zwei Masseleitungen (GND) mitgeführt werden, erhält man einen definierten Wellenwiderstand und das Übersprechen wird verringert.

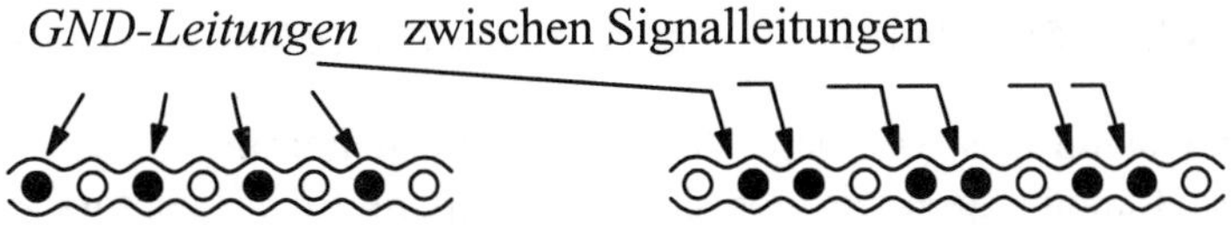

GND-Leitungen zwischen Signalleitungen

Bild 2-4: Flachbandkabel mit GND-Leitungen im Querschnitt

Noch besser gegen Einstreuungen sind Flachbandkabel mit paarweise verdrillten Leitungen (twisted pairs). Der Wellenwiderstand Z ist im Bereich von 80 Ω bis 120 Ω.

2.1.4 Rundkabel

Rundkabel gibt es für unterschiedlichste Anwendungen mit der jeweils benötigten Anzahl von Adern. In Bild 2-5 ist *ein* verdrilltes Leiterpaar eines Rundkabels mit zusätzlicher Schirmerde dargestellt.

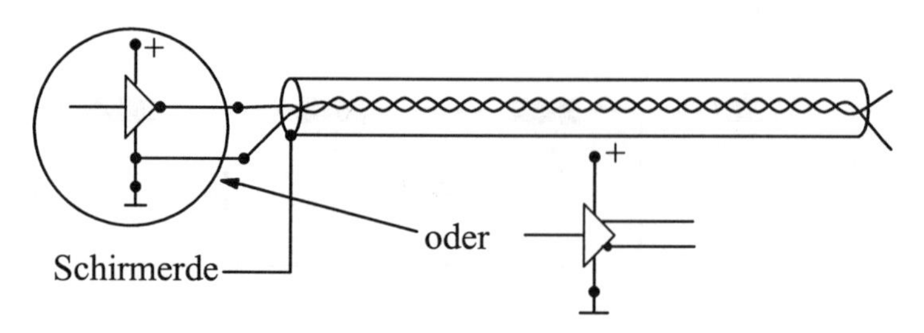

Bild 2-5: Rundkabel mit "twisted pair Leitungen"

Die Treiberschaltung kann symmetrisch oder asymmetrisch aufgebaut sein. Der Wellenwiderstand Z hängt von der Bauart ab. Z = 100 Ω ist hier ein mittlerer Wert.

Um den Kupferdraht flexibel zu gestalten, kann der gewünschte Kupferquerschnitt durch mehrere dünne Einzeldrähte realisiert werden. Diese Ausführung wird allgemein Litze genannt.

2.1.5 Koaxialkabel

In einem Koaxialkabel liegt ein Innenleiter isoliert innerhalb eines zylinderförmigen Außenleiters. Dadurch ergibt sich eine gute Störsicherheit, die durch zusätzliche Schirmung noch erhöht werden kann. Das Aufbauprinzip ist in Bild 2-6 dargestellt.

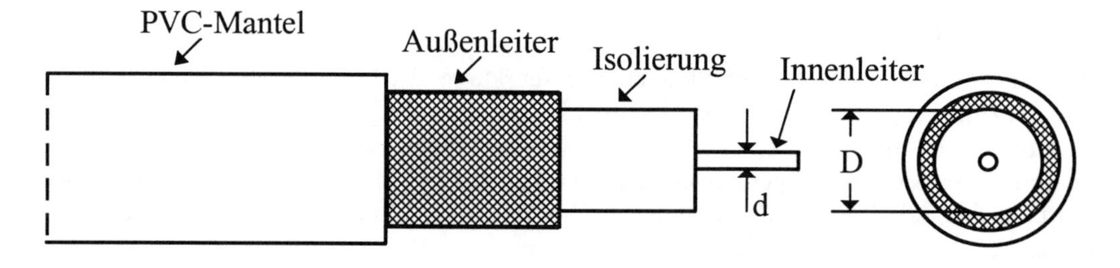

Bild 2-6: Seitenansicht und Querschnitt eines Koaxialkabels

Der Wellenwiderstand Z ist von dem Verhältnis Außenleiterdurchmesser D zu Innenleiterdurchmesser d abhängig sowie von den Eigenschaften des Isolators (Dielektrikum). Die üblichen Z-Werte liegen bei 50 Ω bis 100 Ω. Typische Werte sind 50 Ω, 75 Ω und 93 Ω.

Auch hohe Übertragungsraten, z.B. 400 MBit/s, sind mit Koaxialkabeln möglich.

Wegen der hohen Kosten sind parallele Anwendungen, also mehrere Koaxialleitungen in einem Kabel, seltener.

Für serielle Übertragung über größere Entfernungen bei hohen Frequenzen sind Koaxialkabel fast optimal. Ein Abschluss der Leitung mit einem Widerstand der Größe des Wellenwiderstandes ist dabei unbedingt erforderlich. Besondere Probleme ergeben sich nur bei der Ankopplung von mehreren Teilnehmern an einen Bus.

2.1.6 Lichtwellenleiter

Hierbei wird ein Lichtstrahl in einem *optischen* Leiter, d.h. in einer Faser aus Glas oder Kunststoff, geführt. Da das Signal durch elektromagnetische Störung nicht beeinflusst wird, kann der Lichtwellenleiter auch in schwierigster elektrischer und elektromagnetischer Umgebung eingesetzt werden. Hohe Datenraten, z.B. 1000 MBit/s, sind auch noch bei einigen km Entfernung möglich. Ein- und Auskoppeln ist bei Lichtwellenleitern schwieriger als bei Kupferdrähten. Daher ist eine echte Busverbindung nicht möglich. Jedoch durch Aneinanderreihen von Punkt-zu-Punkt-Verbindungen kann auch ein beliebig geformtes *Netz* realisiert werden.

Die Fortpflanzungsgeschwindigkeit des Lichtes in Lichtwellenleitern ist etwa 2/3 Lichtgeschwindigkeit und entspricht damit ungefähr 5 ns/m, der Impulsverzögerungszeit von Kupferkabeln.

Wegen der Dämpfung des Signals bei größeren Entfernungen sind Verstärker (Repeater) zwischen einzelne Segmente zu schalten. Dies gilt für die oben beschriebenen Koaxialkabel und andere Kupferkabel schon bei Entfernungen von 10 m oder 100 m, je nach Kabelart und Übertragungsrate.

2.2 Leitungsauswahl

Schnittstellen dienen dem Transport von Daten und Befehlen zwischen Geräten oder Geräteteilen.

Die folgenden Schnittstellenparameter sind bei der Leitungsauswahl zu berücksichtigen:

1. Verdrahtungsaufwand bei parallelen und seriellen Bussen
2. Übertragungsrate, gemessen in Bit/s
3. Störsicherheit bzw. Abschirmaufwand

Zur Veranschaulichung des Verdrahtungsaufwandes dient Bild 2-7.

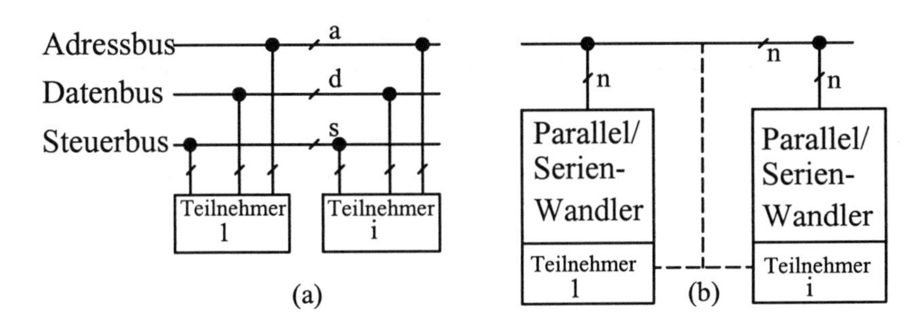

Bild 2-7: Gegenüberstellung von parallelen (a) und seriellen (b) Bussen

Hier wird der Aufbau des Parallelbusses mit einer Anzahl von p = a + d + s parallelen Leitungen (a = Adressleitungen, d = Datenleitungen, s = Steuerleitungen) mit dem des seriellen Busses verglichen. Die Anzahl n der Leitungsadern des seriellen Busses ist viel niedriger (z.B. n = 2, 3 oder 4), jedoch wird dies mit der Parallel/Serienwandlung erkauft. Diese Umsetzung ist besonders bei größeren Entfernungen sinnvoll, kann aber auch für kurze Strecken Vorteile bringen.

Auch die Übertragungsrate sowie die zu überbrückende Entfernung ist bei der Leitungsauswahl zu berücksichtigen. Eine grobe Vorauswahl bietet Tabelle 2-1.

Übertragungsrate	Entfernung	Bus	Leitung
< 1 MBit/s	< 10 m	parallel oder seriell	geätzte Leiterbahnen, einfacher Draht oder Rund- bzw. Flachbandkabel (eine Masse)
	> 10 m	seriell	verdrillte/abgeschirmte Leitung oder Koaxialkabel
> 1 MBit/s	< 10 m	parallel oder seriell	geätzte Leiterbahnen (mit spezieller Masseführung), Flachbandkabel mit Mehrfachmasse, Rundkabel oder Koaxialkabel
	> 10 m	seriell	verdrillte/abgeschirmte Leitungen, Koaxialkabel oder Lichtwellenleiter

Tabelle 2-1: Leitungsauswahl für unterschiedliche Schnittstellen

Die Übertragungsrate *kleiner* oder *größer als 1 MBit/s* teilt die Tabelle in zwei Hälften.

Bei niedriger Übertragungsrate und kurzer Entfernung (< 10 m) kann parallele oder serielle Übertragung auf geätzten Leiterbahnen, einfachem Draht oder beliebigem Kabel gewählt werden, ohne besondere Masseführung. Bei größeren Entfernungen ist eine serielle Schnittstelle oder ein serieller Bus mit verdrillten und/oder abgeschirmten Leitungen einzusetzen, wenn nicht gar Koaxialkabel.

Bei Übertragungsraten über 1 MBit/s aber kurzer Entfernung sind parallele Busse mit geätzten Leiterbahnen oder Flachbandkabel jeweils mit spezieller Masseführung angebracht oder serielle Busse mit Rundkabel oder Koaxialkabel. Für hohe Übertragungsraten und große Entfernungen sind nur serielle Schnittstellen oder Busse mit Koaxialkabeln, Lichtwellenleitern oder verdrillten, abgeschirmten (aber auch ungeschirmten) Leitungen einzusetzen.

In einer Umgebung mit starker elektromagnetischer Störung sind auch für niedrige Übertragungsraten, unabhängig von der Entfernung, Lichtwellenleiter optimal.

3 Leitungsankopplung und Abschlüsse

3.1 Ankopplungsarten

3.1.1 Mechanische Ausführung

Bei Schnittstellen und Bussystemen müssen einzelne Module an Leitungen angeschlossen oder über Rückwandverdrahtungen verbunden werden. Dabei werden einfache Kupferleitungen von Flachband- oder Rundkabel bekannterweise an eine Stecker- oder Buchsenleiste befestigt. Diese können dann mit dem entsprechenden Gegenstück, hier also Buchsen- bzw. Steckerleiste, durch Zusammenfügen elektrisch verbunden werden.

Wird eine Rückwandverdrahtung durch Platinen realisiert, können Stecker- oder Buchsenleisten in diese Platine eingelötet werden, in die dann wiederum die Module – mit Bauteilen bestückte Platinen – eingefügt werden. Man nennt diese Konstruktion auch *indirektes Stecken*, da beide Platinen, Rückwandverdrahtung und Modul, zunächst mit Steckern und Buchsenleisten verbunden werden. *Direktes Stecken* wird dagegen erreicht, indem die Modulplatine *direkt* in die auf die Rückwandverdrahtung gelötete Buchsenleiste gesteckt wird. Die anzuschließenden Leiterbahnen werden dazu an den Rand der Steckplatine geführt. Im Kontaktbereich sind die Anschlussbahnen für gute elektrische Verbindung mit einer Goldauflage zu versehen.

Direktes und indirektes Stecken kamen und kommen immer noch nebeneinander in Einsatz, wobei das indirekte Stecken weniger Probleme mit den mechanischen Toleranzen zeigt.

Von den Modulen angesprochene Schnittstellen oder Busse erhalten, wenn es sich um einfache Kupferdrähte handelt, einen Ausgangsstecker oder eine Buchsenleiste. Schwieriger ist die Verbindung bei Verwendung von Koaxialkabeln herzustellen. Beim Ethernet Bussystem wird z.B. das Kabel angebohrt, um an den Innenleiter zu kommen, oder es werden in der *billigeren* Version (*Cheaper*net) spezielle T-Stecker eingesetzt.

3.1.2 Elektrische Ankopplung

Ein Signal wird asymmetrisch genannt, wenn es gegen eine (gemeinsame) Masseleitung gemessen wird. Symmetrische Signale haben dagegen für jedes Einzelsignal eine Hin- und eine Rückleitung. Die Differenzspannung dieser beiden Adern oder der Strom, der in diesem geschlossenen Kreis fließt, stellen das Signal dar. Bei direkter Anbindung der Signalleiter an den Empfängerbaustein erhält man eine so genannte *galvanische Kopplung*.

Bei größeren Entfernungen ist wegen der möglichen Einstreuungen *galvanische Trennung* günstig. Sie kann optisch, induktiv oder kapazitiv erfolgen.

Die optische Kopplung kann durch Verwendung eines Optokopplers, wie dies weiter unten für die Stromschnittstelle beschrieben wird, realisiert werden. Da die Lichtstärke der Leuchtdiode quasistatisch gesteuert wird, ist keine untere Grenzfrequenz vorhanden.

Dagegen haben induktive und kapazitive Ankopplungen eine untere Grenzfrequenz. Man nennt das auch *gleichstromfrei*, da Gleichstrom (bzw. Gleichspannung) nicht übertragen wird. Dies ist dann ggf. bei der Darstellung der Information auf den Leitungen zu berücksichtigen. Eine induktive Ankopplung mit zwei Übertragern, die seriell in die Busleitung eingefügt werden, zeigt Bild 3-1 (a).

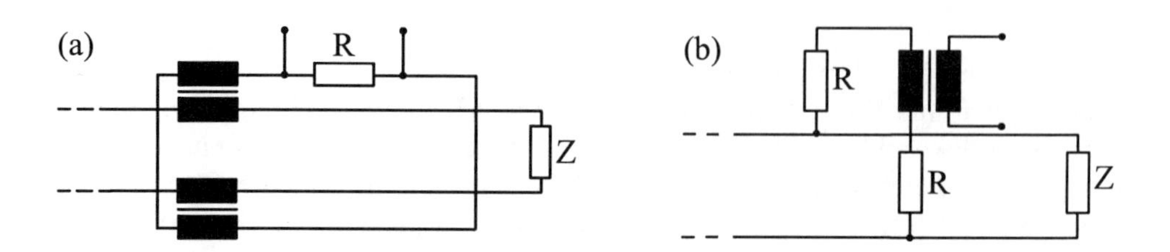

Bild 3-1: Induktive Ankopplung mit Serien-Übertragern (a) und Parallelankopplung (b)

Dabei stellt Z den Busabschlusswiderstand dar und R den Eingangswiderstand des angekoppelten Teilnehmers. Leichter zu realisieren ist die Parallelankopplung. Diese Variante ist in Bild 3-1 (b) dargestellt. Es wird nur *ein* Übertrager benötigt, der zwischen beide Adern angeschlossen wird. Bei einer großen Anzahl von Teilnehmern am Bus darf nicht zu viel Energie des Signals ausgekoppelt werden. Diese Leistung ist dann durch Anpassung optimal zu verwerten.

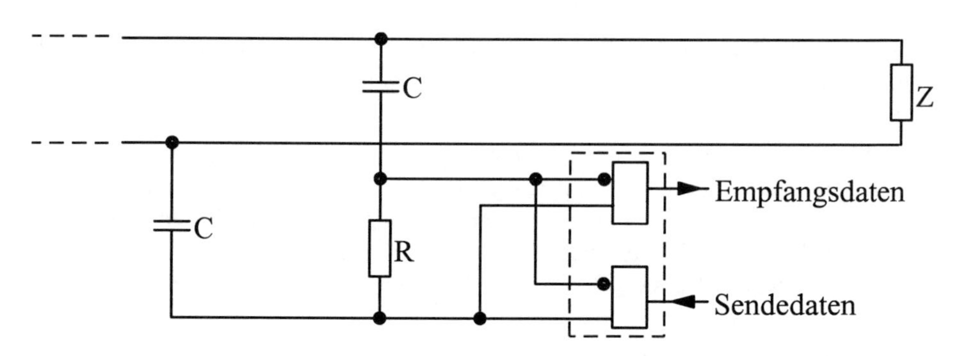

Bild 3-2: Kapazitive Ankopplung mit Sende/Empfangs-IC

Bei kapazitiver Ankopplung werden Kondensatoren zwischen Teilnehmer und Bus entsprechend Bild 3-2 geschaltet. Eingezeichnet sind hier die Koppelkondensatoren C, der Arbeitswiderstand R und das Sende/Empfangs-IC.

3.2 Ankopplung mit Tristate-Gattern

Einfache TTL-Gatter mit Totempole-Ausgang (Gegentakt-Endstufe) sind nicht geeignet, mehrere Ausgänge parallel zu schalten. Wenn jedoch nicht benutzte Ausgangsstufen völlig abgeschaltet werden, können viele solcher Gatterschaltungen an einen Bus angeschlossen werden. Dieser *dritte Zustand* – daher der Name Tristate oder Threestate – wird durch Betätigung einer Control Leitung erreicht, wie dies anhand von Bild 3-3 beschrieben wird.

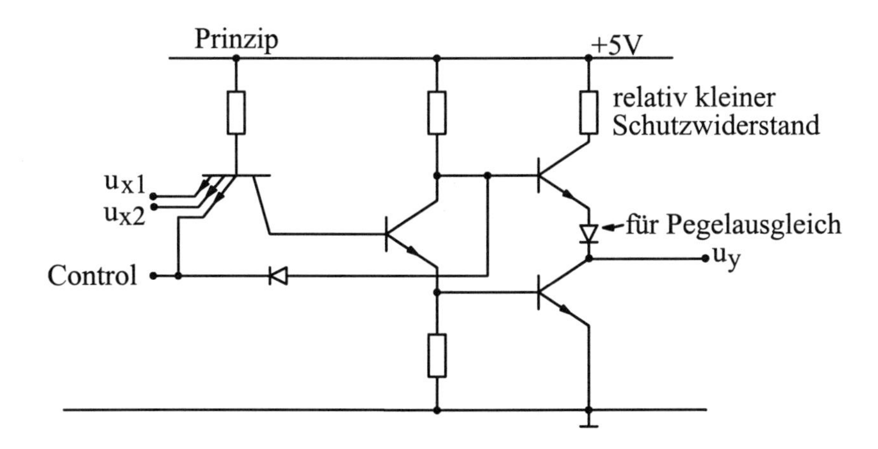

Bild 3-3: TTL-Gatter mit Totempole-Ausgang und Tristate

Solange die *Control-Leitung* hohen Pegel (HIGH) hat, wirkt die Schaltung bei positiver Logik (HIGH = logisch "1", LOW = logisch "0") als NAND-Gatter: $u_y = \overline{u_{x1} \& u_{x2}}$.
Das bedeutet, dass der Ausgang u_y nur dann "0" zeigt, wenn beide Eingänge u_{x1} und u_{x2} auf "1" liegen. Bei den drei anderen Eingangskombinationen ist der Ausgang "1". Wenn *Control* auf niedrigen Pegel (LOW) gezogen wird, werden beide Ausgangstransistoren gesperrt, d.h. die Gatterschaltung ist hochohmig vom Bus abgetrennt.

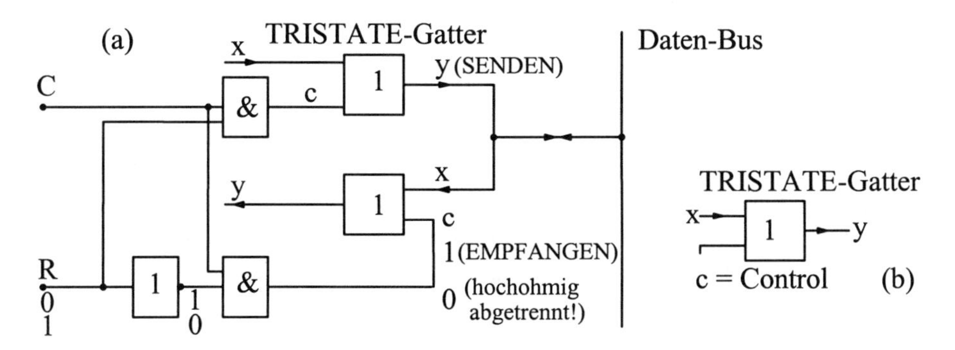

Bild 3-4: Bidirektionaler Bustreiber (a) mit TRISTATE-Gatter (b)

Es darf nur der Ausgang *eines* solchen Tristate-Gatters auf den gemeinsamen Bus freigeschaltet werden. Bei gleichzeitiger Zuschaltung von mehreren Gattern können Ausgangsstufen überlastet werden.

Die gleichzeitige Aktivierung einer Leitung, z.B. von BUSREQUEST (= Anforderung des Busses), durch mehrere Teilnehmer ist daher so nicht zulässig. Dies ist mit Tristate-

Gattern nicht realisierbar. Trotzdem ist der Tristate-Bus weit verbreitet, da er schneller ist als der weiter unten beschriebene Open-Collector-Bus.

In Bild 3-4 ist der Aufbau eines bidirektionalen Bustreibers (a) dargestellt, sowie das TRISTATE-Gatter (b), das jeweils zur Steuerung der beiden Richtungen für Senden und Empfangen eingesetzt wird.

Die beiden TRISTATE-Gatter werden von zwei UND-Gattern, symbolisch mit & bezeichnet, angesteuert. Zusätzlich ist noch ein Inverter zur Richtungssteuerung R erforderlich. Bei R = 0 erhält das obere &-Gatter "0" und das untere "1". Wenn gleichzeitig C (Control) auf "1" liegt, ist der Ausgang des oberen &-Gatters auf "0" und der des unteren auf "1", da nur dieses an beiden Eingängen "1" hat. Damit erhält das untere TRISTATE-Gatter "1" an c (Control). Die Funktionen des bidirektionalen Bustreibers und des einzelnen TRISTATE-Gatters sind in Tabelle 3-1 zusammengestellt.

(a)

Control C	Richtung R	Daten
0	0	hochohmig
0	1	abgetrennt
1	0	EMPFANGEN
1	1	SENDEN

(b)

c	x	y
0	0	hochohmig
0	1	abgetrennt
1	0	0
1	1	1

Tabelle 3-1: Funktionstabellen für Bustreiber (a) und TRISTATE-Gatter (b)

Zur Unterscheidung ist die Control-Leitung des einzelnen Gatters mit *klein c* und die des bidirektionalen Bustreibers mit *groß C* bezeichnet. Tabelle 3-1 (b) zeigt, dass ein TRISTATE-Gatter durchgeschaltet ist, sobald es "1" an c bekommt. In dem oben betrachteten Fall (R = "0" und C = "1") wird also das untere TRISTATE-Gatter freigeschaltet, d.h. der Empfangsbetrieb ist möglich, da eine "0" oder "1" am Eingang jeweils auch am Ausgang erscheint. Entsprechend wird für R = "1" und C = "1" das obere &-Gatter mit zweimal "1" beaufschlagt, wodurch das obere TRISTATE-Gatter auf SENDEN geschaltet wird.

Bei C = "0" bleiben die Ausgänge beider &-Gatter auf "0" und beide TRISTATE-Gatter werden mit c = "0" *hochohmig abgetrennt*. Dadurch wird auch die Datenleitung des Bustreibers insgesamt abgeschaltet.

Durch das Übertragungsprotokoll ist sicherzustellen, dass jeweils nur *ein* Busteilnehmer mit TRISTATE-Ausgang auf den Bus zugreift.

3.3 Open-Collector-Bus

3.3.1 Prinzip

Beim Open-Collector-Bus bleibt – wie der Name schon sagt – der Kollektor des Ausgangstransistors offen, d.h. unbeschaltet, wie dies für ein TTL-NAND in Bild 3-5 skizziert ist. Dadurch können z.B. mehrere solcher NAND-Gatter (in Bild 3-5 das erste bis zum n-ten NAND) auf einen gemeinsamen Kollektorwiderstand angeschlossen werden.

Der Kollektor aller Ausgangsstufen bleibt damit nur dann auf HIGH = 5 V, wenn alle Transistoren gesperrt sind, jeder für sich also eine "1" erzeugen würde bei Zugrundelegung von *positiver Logik*, entsprechend *HIGH = "1"*. Durch diese *Verdrahtung* wird also eine *UND-Schaltung* (WIRED AND) realisiert.

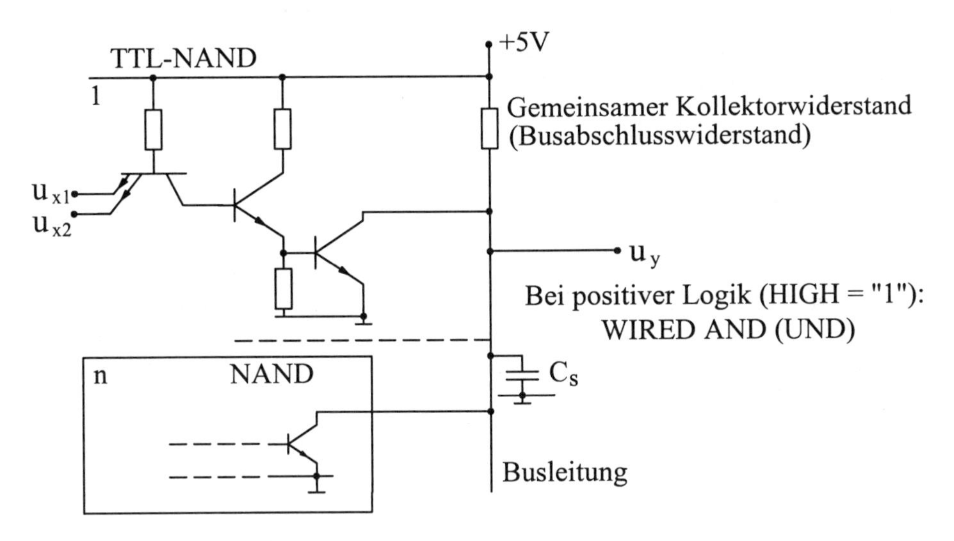

Bild 3-5: Open-Collector-Bus mit Busabschlusswiderstand

Bei *negativer Logik*, bei der *LOW = "1"* und *HIGH = "0"* definiert wird, ergibt sich ein *WIRED OR*: ein leitender Ausgangstransistor, *oder* auch mehrere ziehen den gemeinsamen Ausgang nach unten gegen Erde (entsprechend 0V). Man erhält also die logische "1" (hier LOW), wenn einer *oder* mehrere Ausgänge auf logisch "1" gehen. Wie oben schon angedeutet, kann mit einer Open-Collector-Leitung die Abfrage, ob ein Teilnehmer (oder auch mehrere gleichzeitig) den Buszugriff wünscht, realisiert werden.

Bei Verwendung von Feldeffekttransistoren (FET) ist die entsprechende Schaltung mit *Open Drain* ausgestattet.

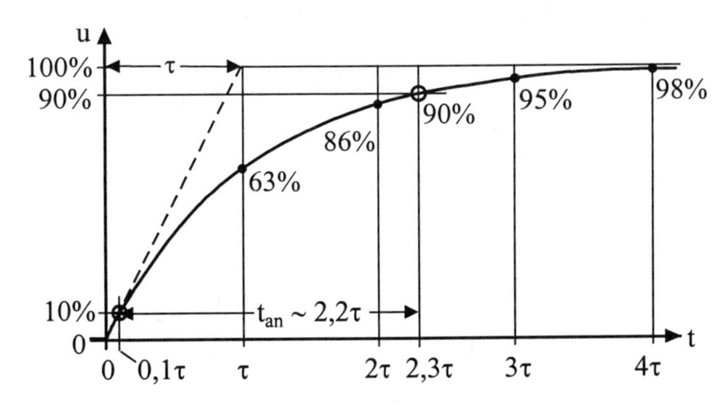

Bild 3-6: Anstiegszeit t_{an} eines Impulses als 10%- bis 90%-Wert der e-Funktion

Für die schnelle Übertragung von Daten ist diese Schaltungsart weniger geeignet. Der HIGH-Pegel stellt sich nur relativ langsam ein, wenn der letzte Ausgangstransistor gesperrt wird. Die Schaltkapazität C_S, die in Bild 3-5 als Gesamtkapazität aller Ausgangsstufen und der Busleitung eingezeichnet ist, kann sich nur über den gemeinsamen Kollektorwiderstand umladen. Dies soll anhand von Bild 3-6 veranschaulicht werden.

Die Umladung eines Kondensators über einen Widerstand erfolgt nach einer e-Funktion. Die Anstiegszeit eines Impulses t_{an}, z.B. definiert als die Zeit vom 10%- bis zum 90%-Wert, kann mit etwa 2,2τ angenähert werden.

3.3.2 Rechenbeispiel

In diesem Beispiel werden für einen Transistor mit kapazitiver Last die Schaltzeiten für Ein- und Ausschalten berechnet. Das Schaltbild entspricht ungefähr dem Ausgangstransistor eines Open-Collector-Gatters, das auf den gemeinsamen Busabschlusswiderstand arbeitet, während die anderen Endstufentransistoren gesperrt sind. Die kapazitive Belastung durch die Busleitung und andere Schaltkapazitäten wird durch den Kondensator C berücksichtigt, wie in Bild 3-7 skizziert.

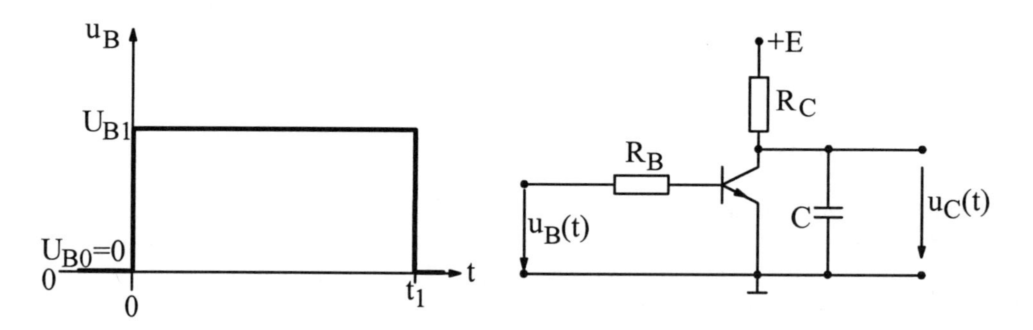

Bild 3-7: Eingangsimpuls und Transistor mit kapazitiver Last

Die Eingangsspannung $u_B(t)$ springt bei $t = 0$ von dem Ausgangswert $U_{B0} = 0$ auf den Wert U_{B1} (z.B. 5 V) und im Zeitpunkt $t = t_1$ wieder zurück auf 0 V.

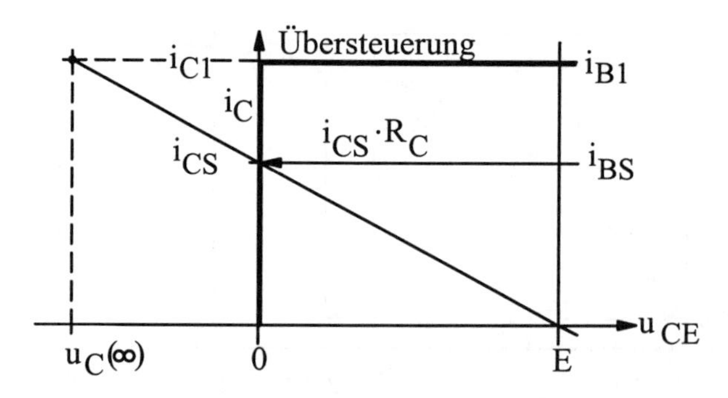

Bild 3-8: Ausgangskennlinienfeld des Transistors mit virtuellem Endwert $u_C(\infty)$

Der den Transistor ansteuernde Basisstrom wird durch den Basisvorwiderstand R_B begrenzt. Der aufgesteuerte Transistor hat eine Stromverstärkung B (z.B. 100 oder 200) und wirkt in erster Näherung als Stromquelle. Das Ausgangskennlinienfeld $i_C(u_{CE})$ des Transistors ist idealisiert in Bild 3-8 dargestellt.

Lediglich zwei typische Ansteuerungsfälle sind eingezeichnet. Bei dem Basisstrom i_{BS} wird der Transistor gerade gesättigt, es fließt der Sättigungsstrom i_{CS}, auf den weiter unten noch eingegangen wird.

Der zweite skizzierte Betriebsfall beschreibt den Zustand der *Übersteuerung*. Der Transistor ist übersteuert, wenn der Basisstrom i_{B1} größer ist als der für die Sättigung erforderliche Strom i_{BS}. Zur Beschreibung des Sättigungsstromes und der Übersteuerung wird das Ersatzbild des Transistor von Bild 3-9 verwendet.

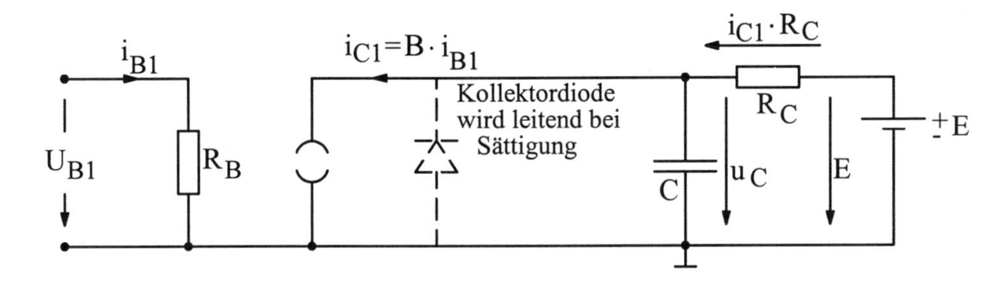

Bild 3-9: Ersatzbild für Transistor mit kapazitiver Last

Eingangsseitig wird hier der Transistor stark idealisiert dargestellt. Wenn die Eingangsspannung U_{B1} kleiner oder gleich 0 V ist, sperrt der Transistor. Dies könnte man durch Einfügen einer idealen Diode in den Eingangskreis berücksichtigen, die hier aber nicht eingezeichnet ist. Um auch die Schwellenspannung U_{BE0}, z.B. 0,6 V bei Siliziumtransistoren, nachzubilden, könnte eine entsprechende Spannungsquelle in den Eingangskreis eingefügt werden. Der dargestellte Eingangskreis ist also nur eine grobe Näherung: Wenn die Ansteuerspannung U_{B1} anliegt, fließt der Basisstrom $i_{B1} = \frac{U_{B1}}{R_B}$. Eine bessere Näherung erhielte man mit $i_{B1}{*} = \frac{U_{B1} - U_{BE0}}{R_B}$, da dann auch die erwähnte Schwellenspannung in etwa berücksichtigt würde. Auf diese erhöhte Genauigkeit soll zugunsten einfacherer Gleichungen im Folgenden verzichtet werden, um nur die wesentlichen Punkte darzustellen.

Anhand von Bild 3-9 erkennt man, dass ein Basisstrom i_{B1} (der größer ist als der Sättigungsstrom i_{BS}) in der Stromquelle des Transistors den Kollektorstrom $i_{C1} = B \cdot i_{B1}$ zum Fließen bringt. Die Kondensatorspannung u_C ist gleich u_{CE}, der Ausgangsspannung des Transistors zwischen Kollektor und Emitter. Die Betriebsspannung E abzüglich $i_{C1} \cdot R_C$, als Spannungsabfall am Kollektorwiderstand R_C, ergibt einen negativen Spannungswert für $u_C = u_{CE}$, der in Bild 3-8 als $u_C(\infty)$ eingezeichnet ist. Dies ist der virtuelle Endwert, gegen den die e-Funktion von $u_{CE}(t) = u_C(t)$ beim Umladen des Kondensators strebt. Sobald aber $u_{CE} = 0$ V erreicht ist, wird u_{CE} durch die dann leitende Kollektordiode auf

0 V festgehalten. In diesem vereinfachten Ersatzbild ist die Kollektordiode als ideale Diode anzunehmen. Der Sättigungseinsatz ist nun leicht zu erkennen: Wenn der Spannungsabfall $i_{CS} \cdot R_C$ gleich der Betriebsspannung E ist, wird gerade $u_{CE} = 0$ erreicht. Es ist also $i_{CS} = \frac{E}{R_C}$. Der dazu erforderliche Basisstrom $i_{BS} = \frac{i_{CS}}{B}$ ist um den Faktor B geringer.

Im Folgenden wird das dynamische Verhalten der Spannung $u_{CE} = u_C$ betrachtet. Den Verlauf der e-Funktion für $u_C(t)$ ermittelt man besonders einfach durch Bestimmung von Anfangswert, Endwert und Zeitkonstante. Der Transistor sperrt für $t \leq 0$. Damit ist der Anfangswert $u_C(0) = E$, da die Betriebsspannung E den Kondensator über R_C aufgeladen hat.

Der oben schon betrachtete virtuelle Endwert ist $u_C(\infty) = E - i_{C1} \cdot R_C$

und mit $i_{C1} = B \cdot i_{B1} = B \cdot \frac{U_{B1}}{R_B}$ wird $u_C(\infty) = E - B \cdot \frac{U_{B1}}{R_B} \cdot R_C$.

Dies wird in Bild 3-10 eingezeichnet, um daraus die e-Funktion abzulesen.

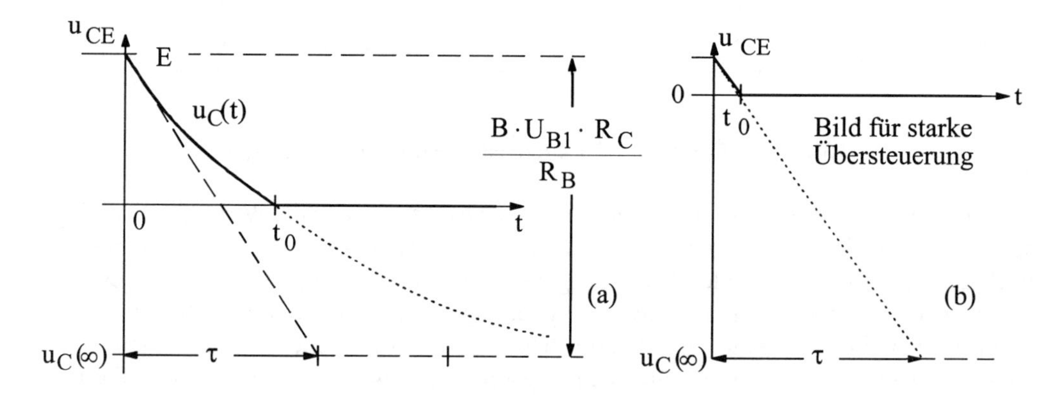

Bild 3-10: Kollektorspannung u_{CE} als Funktion der Zeit t

Dargestellt ist die Kollektorspannung u_{CE}, die identisch ist mit der Kondensatorspannung u_C, als Funktion der Zeit t. Der Anfangswert ist $u_C(0) = E$, der Endwert liegt um den Betrag $B \cdot \frac{U_{B1}}{R_B} \cdot R_C$ tiefer. Die Zeitkonstante $\tau = C \cdot R_C$ wird an den Endwert angetragen, wodurch man die Tangente für die e-Funktion erhält.

Die Gleichung kann nun direkt aus dem Bild abgelesen werden:

$$u_C(t) = E - \frac{B \cdot U_{B1} \cdot R_C}{R_B}\left(1 - e^{-t/\tau}\right).$$

Sie gilt aber nur für den Bereich $0 \leq t \leq t_0$, da bei Erreichen von $u_C = 0$ V die Spannung $u_C = u_{CE} = 0$ V festgehalten wird.

Den Zeitpunkt t_0 ermittelt man aus der Bedingung:

$$u_C(t_0) = E - \frac{B \cdot U_{B1} \cdot R_C}{R_B}\left(1 - e^{-t_0/\tau}\right) = 0 .$$

Man erhält durch Auflösung dieser Gleichung:

$$t_0 = \tau \cdot \ln \frac{B \cdot U_{B1} \cdot R_C}{B \cdot U_{B1} \cdot R_C - E \cdot R_B} .$$

Bei den im linken Teil (a) von Bild 3-10 gewählten Verhältnissen ist t_0 ein wenig kleiner als τ. Im rechten Teil (b) ist $u_{CE}(t)$ für starke Übersteuerung des Transistors skizziert. Die Abfallzeit des Impulses, ungefähr t_0, ist dann viel kleiner als τ.

Bei $t = t_1$ springt die Eingangsspannung $u_B(t)$ wieder auf 0 V. Der Transistor sperrt. Man erhält das Ersatzbild entsprechend Bild 3-11.

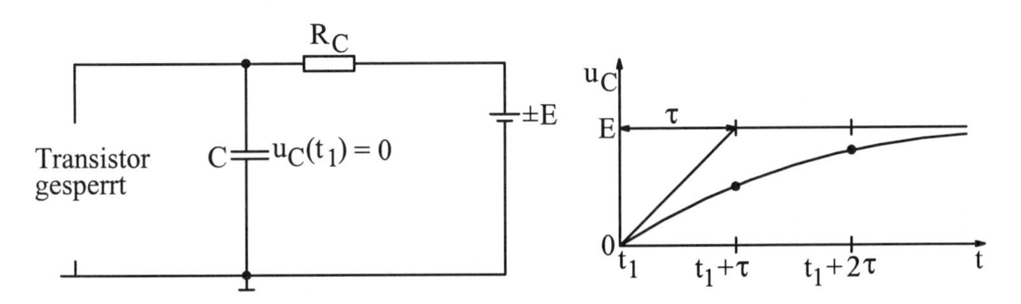

Bild 3-11: Ersatzbild bei gesperrtem Transistor und $u_C(t)$

Die Anfangsspannung des Kondensators ist $u_C(t_1) = 0$. Der Kondensator lädt sich mit der Zeitkonstanten $\tau = C \cdot R_C$ auf. Der Endwert wird nach Umladung auf $u_C(\infty) = E$ erreicht. Die zugehörige e-Funktion ist in Bild 3-11 rechts skizziert.

Die Gleichung dafür lautet:

$$u_C(t) = E\left(1 - e^{-(t-t_1)/\tau}\right).$$

In Bild 3-12 sind der Kondensatorstrom, der Strom i_{RC} im Kollektorwiderstand R_C und der Kollektorstrom i_C des Transistors im Ausgangskennlinienfeld für Ein- und Ausschalten dargestellt.

Im Zeitpunkt vor dem ersten Sprung, in Bild 3-12 mit 0^- bezeichnet, ist $u_{CE} = u_C = E$ und alle Ströme sind 0. Dann springt der Strom i_C auf i_{C1}, dieser Punkt ist mit 0^+ gekennzeichnet.

Der Kollektorstrom i_{C1} stellt im ersten Moment den Kondensatorstrom dar. Dieser nimmt dann langsam ab, während der Strom in R_C zunimmt. Der Weg der Kollektorspannung u_{CE} ist mit den Ziffern 1 bis 4 gekennzeichnet. Diese abnehmenden Abstände symbolisieren den Anfang der e-Funktion, wie sie anhand von Bild 3-10 beschrieben wurde.

Sobald $u_{CE} = u_C = 0$ V erreicht ist, springt der Kollektorstrom i_C des Transistors von i_{C1} auf i_{CS}, und der Kondensatorstrom wird 0, da die Umladung beendet ist.

Bei $t = t_1$ wird der Transistor gesperrt, der Kollektorstrom i_C springt von i_{CS} auf 0. Die Kollektorspannung u_{CE}, die gleich der Kondensatorspannung u_C ist, steigt mit einer e-Funktion bis auf den Wert der Betriebsspannung E an.

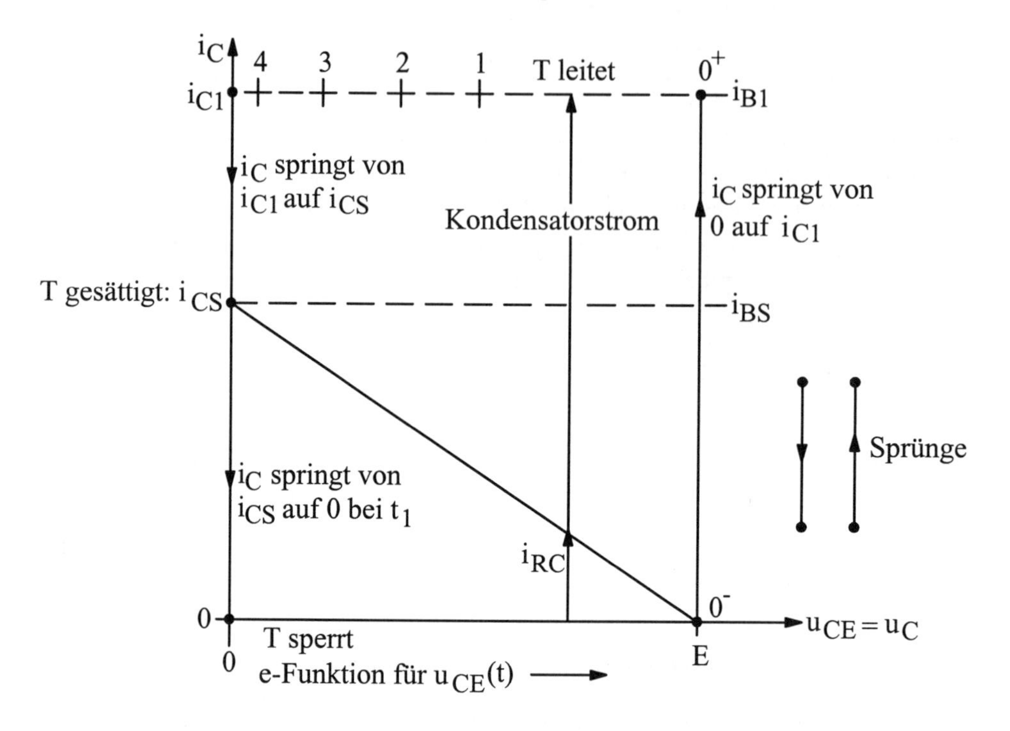

Bild 3-12: Ausgangskennlinienfeld des Transistors für Ein- und Abschalten

Damit ist der mit 0^- bezeichnete Ausgangspunkt wieder erreicht.

3.4 Definition der TTL-Pegel

Bei parallelen Schnittstellen wird oft die so genannte TTL-Pegeldefinition, wie sie für die oben beschriebenen TTL-Gatter verwendet wird, zugrunde gelegt. Auch Schnittstellen-ICs mit anderen Betriebspegeln auf der Treiberseite arbeiten auf der Eingangsseite überwiegend mit TTL-Pegeln. Daher wird hier auf die allgemeine Definition näher eingegangen.

Da Einstreuungen und Verluste auf der Leitung berücksichtigt werden müssen, unterscheidet man beim Pegel zwischen Sender- und Empfängerseite. Der HIGH-Pegel ist beim Sender etwas höher anzusetzen als beim Empfänger. Für den LOW-Pegel ist dies umgekehrt. Die übliche TTL-Pegeldefinition für *positive* und *negative Logik* ist in Tabelle 3-2 zusammengestellt.

Der höhere Pegel (HIGH) liegt jeweils zwischen 2,4 V und 5 V beim Sender, dagegen zwischen 2,0 V und 5 V auf der Empfängerseite. Für den niedrigeren Pegel (LOW) ist der Bereich von 0 V bis 0,4 V beim Sender bzw. von 0 V bis 0,8 V beim Empfänger zugelassen.

Logischer Pegel	Sender		Empfänger	
	positive Logik	negative Logik	positive Logik	negative Logik
"1"	2,4 V ≤ u ≤ 5 V	0 V ≤ u ≤ 0,4 V	2,0 V ≤ u ≤ 5 V	0 V ≤ u ≤ 0,8 V
"0"	0 V ≤ u ≤ 0,4 V	2,4 V ≤ u ≤ 5 V	0 V ≤ u ≤ 0,8 V	2,0 V ≤ u ≤ 5 V

Tabelle 3-2: Definition der TTL-Pegel für positive und negative Logik

Bei *positiver Logik* entspricht HIGH der logischen "1" und LOW der logischen "0". Bei *negativer Logik* ist es umgekehrt.

3.5 ECL-Treiber/Empfänger

Höhere Geschwindigkeiten als mit TTL-Schaltungen sind mit ECL-Bausteinen erreichbar. ECL ist die Abkürzung für Emitter Coupled Logic. Bei dieser Schaltungstechnik gehen die Transistoren nicht in Sättigung.

Die prinzipielle Wirkungsweise wird anhand von Bild 3-13 beschrieben.

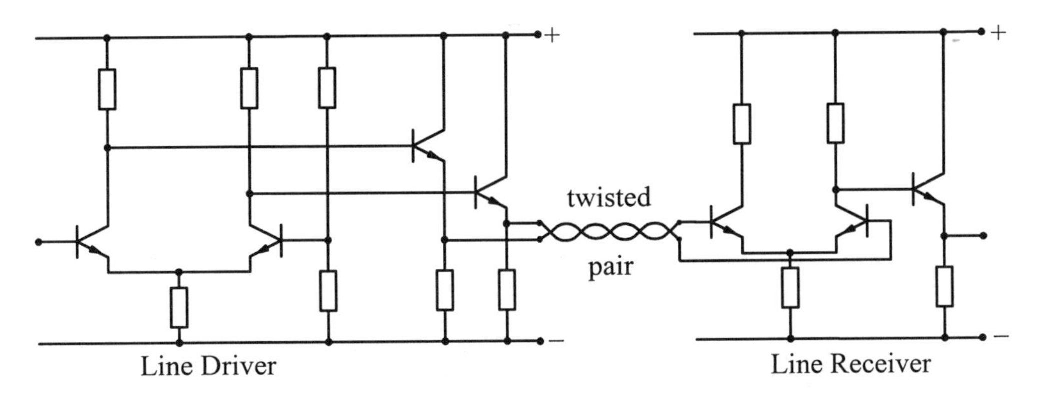

Bild 3-13: ECL-Treiber und -Empfänger zur Datenübertragung

Der ECL-Treiber, im Bild mit *Line Driver* bezeichnet, besteht im Wesentlichen aus zwei Transistoren, die an den Emittern zusammengeschaltet sind, wo über einen Widerstand ein Strom eingespeist wird. Zur Realisierung einer Konstantstromquelle kann hier auch ein Transistor vorgesehen werden. Der rechte Transistor wird über einen Spannungsteiler, ggf. mit Referenzdiode, fest angesteuert. Welcher Transistor den Strom übernimmt, entscheidet sich daraus, ob die Ansteuerspannung des linken Transistors höher oder niedriger ist als die Referenzspannung des rechten Transistors. Man erhält an den Kollektoren der beiden Transistoren jeweils das *Signal* und das *invertierte Signal*. Beide werden dann über Kollektorstufen, die zur Pegelkorrektur und als Impedanzwandler dienen, auf das verdrillte Leiterpaar (twisted pair) gegeben.

Der ECL-Empfänger, in Bild 3-13 mit *Line Receiver* bezeichnet, arbeitet nach dem gleichen Prinzip. Die beiden Signale werden direkt zur Ansteuerung der beiden Transistoren verwendet. Der Ausgang dieses *Differenzverstärkers* wird wieder auf eine Kollektorstufe, oft auch Emitterfolger genannt, gegeben.

In Bild 3-14 ist der Ausgangstransistor eines ECL-Gatters mit offenem Emitter skizziert. Der Emitter wird dabei direkt an das Koaxialkabel gelötet. Dieses wiederum wird durch einen Widerstand mit dem Wert von Z, z.B. 50 Ω, abgeschlossen.

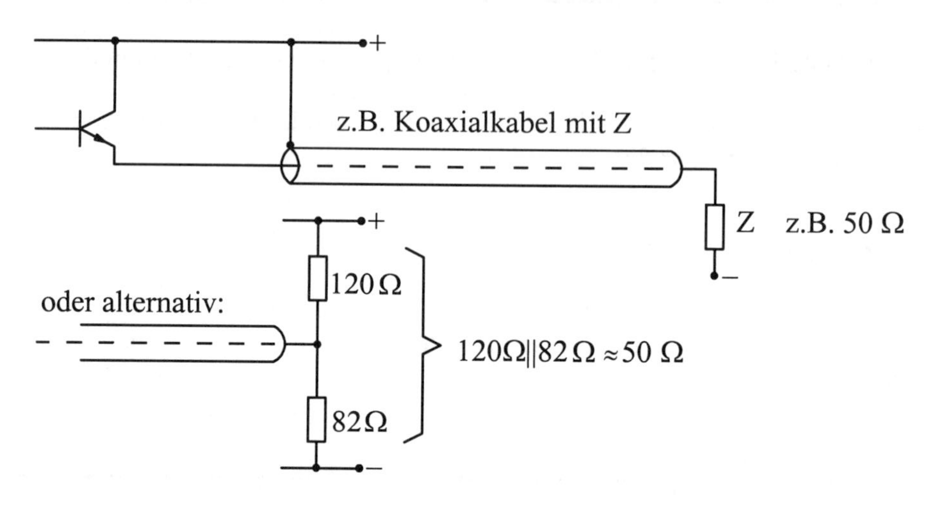

Bild 3-14: Leitungsabschluss mit Z bei offenem Emitterausgang

Alternativ kann auch ein Widerstand von 120 Ω gegen Plus und ein zweiter von 82 Ω gegen Minus verwendet werden. Diese Teilung des Abschlusswiderstandes wird weiter unten ausführlich behandelt.

In Bild 3-15 wird noch der Abschluss bei asymmetrischer und symmetrischer Leitungsführung gegenübergestellt.

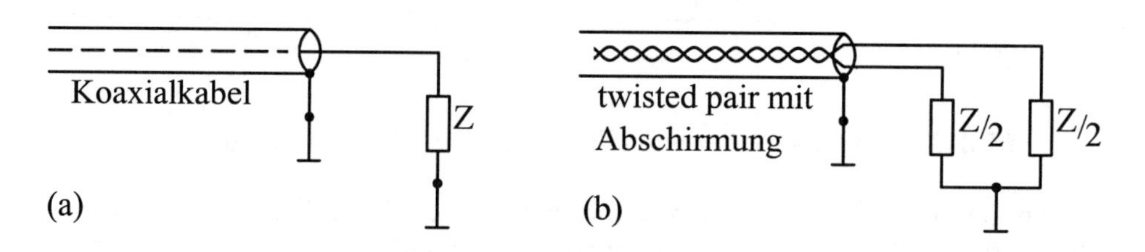

Bild 3-15: Abschluss bei asymmetrischer (a) und symmetrischer (b) Leitungsführung

Das Koaxialkabel mit asymmetrischem Signal (a) wird einfach mit Z abgeschlossen, wie schon im vorhergehenden Bild.

Dagegen wird bei symmetrischem Signal über *twisted pair* Leitungen (b) der Abschluss mit dem Wellenwiderstand Z durch die Reihenschaltung von zweimal $\frac{Z}{2}$ erreicht.

Die ECL-Schaltungen wurden hier nur als Beispiel für eine schnelle bipolare Schaltungstechnik aufgeführt. Schnelle Treiber- und Empfängerschaltungen werden in unterschiedlichsten Technologien realisiert, sowohl bipolar als auch in MOS (Metal Oxid Semiconductor) sowie in Kombination von beiden.

Bezeichnend für schnellste Schnittstellen-ICs mit Übertragungsraten über 100 MBit/s ist ein niedriger Spannungshub der differentiellen Signalpegel, z.B. 0,4 V bei LVDS (Low Voltage Differential Signaling).

3.6 Teilung des Abschlusswiderstandes

Anhand von Bild 3-16 wird die Teilung des Abschlusswiderstandes betrachtet.

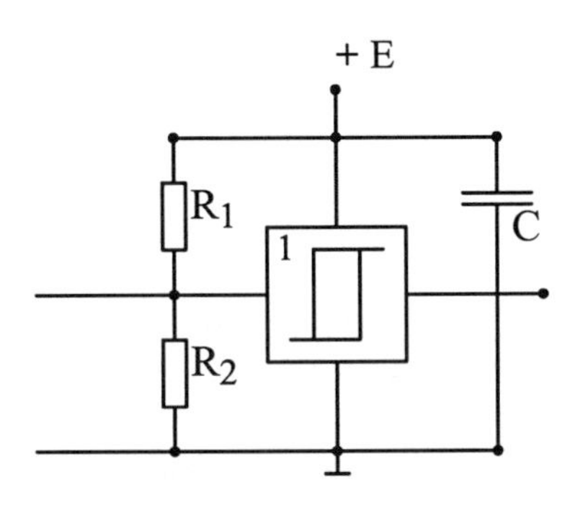

R_1/Ω	R_2/Ω	Z/Ω
82	120	50
120	180	75
180	220	100
180	330	116
180	380	122
220	270	125
220	330	132
270	330	150
330	470	194

Bild 3-16: Teilung des Abschlusswiderstandes

Links im Bild ist die Unterteilung des Widerstandes in R_1 und R_2 dargestellt. Der Empfängerschaltkreis hat eine Hysteresekennlinie, da dies die Empfangseigenschaften bei Einstreuungen auf der Leitung verbessert. Für ein ankommendes Signal liegen die Widerstände R_1 und R_2 wechselstrommäßig parallel, es *sieht* also $R_1||R_2$. Der eingezeichnete Abblockkondensator sollte möglichst nahe bei den Widerständen angeordnet werden, damit der Wechselstromkurzschluss verbessert wird.

Optimalen Abschluss hat man mit $Z = R_1||R_2$, geringe Fehlanpassungen sind aber tolerierbar. Der Vorteil dieser Unterteilung liegt darin, dass mit relativ hohen Widerstandswerten, die den Bus gleichstrommäßig nicht zu stark belasten, der relativ niederohmige Z-Wert gut angenähert werden kann.

Im rechten Teil des Bildes sind die Werte von $Z \cong R_1||R_2$ für verschiedene R_1- und R_2-Werte angegeben. Als praktische Beispiele seien hier folgende Busse genannt:

SCSI mit $R_1 = 220\ \Omega$ und $R_2 = 330\ \Omega$ bzw. VME mit $R_1 = 330\ \Omega$ und $R_2 = 470\ \Omega$.

Der *Abschlusswiderstand* ergibt sich damit zu 132 Ω bzw. 194 Ω. Bei einer Betriebsspannung von 5 V erhält man als Leerlaufspannung

$$U_0(\text{SCSI}) = 5\text{V} \cdot \frac{330\Omega}{330\Omega + 220\Omega} = 3\text{V} \quad \text{bzw.} \quad U_0(\text{VME}) = 5\text{V} \cdot \frac{470\Omega}{470\Omega + 330\Omega} = 2{,}94\text{V}\,.$$

In der Praxis wird dann oft zwecks Einsparung von Widerständen direkt mit diesen umgerechneten Werten abgeschlossen, d.h. mit nur *einem* Widerstand pro Signal und mit einer Leerlaufspannung von ungefähr 3 V. Man nennt dies einen *aktiven Abschluss*.

Bei einem längeren Bus muss an beiden Enden mit dem Wellenwiderstand Z oder entsprechender Ersatzschaltung abgeschlossen werden, wie dies in Bild 3-17 für asymmetrische Signale gezeigt wird.

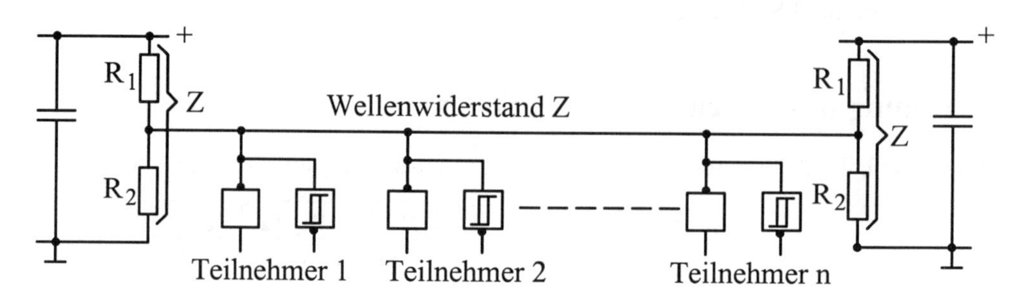

Bild 3-17: Abschlusswiderstände an den beiden Enden eines Busses

Sowohl beim ersten Teilnehmer, Treiber- und Empfängerbaustein sind dargestellt, als auch beim letzten Teilnehmer sind Abschlusswiderstände vorzusehen. Damit jedes Gerät an einem Ende oder in der Mitte eines Busses benutzbar wird, sollten die Abschlusswiderstände auf Sockel gesteckt werden. Geräte mit fest eingelöteten Widerständen können nur als Endgeräte eingesetzt werden.

Einen Abschluss bei symmetrischer Leitung zeigt Bild 3-18.

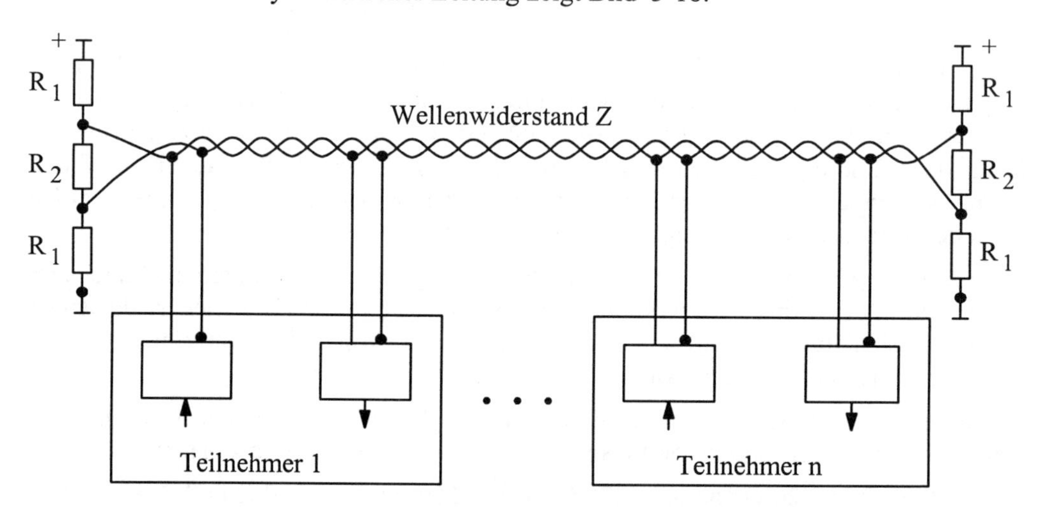

Bild 3-18: Abschlusswiderstände bei symmetrischer Leitungsführung

Für den Abschluss bei symmetrischer Leitung wird oft auch mit drei Widerständen, wie skizziert, abgeschlossen. Auch hierbei ist beim ersten und beim letzten Teilnehmer ein Abschluss vorzusehen.

4 Impulse auf Leitungen

Bereits in Kapitel 2 wurde die vereinfachte elektrische Nachbildung einer Übertragungsleitung mit Abschlusswiderstand R = Z = 60 Ω vorgestellt. Auch für die folgenden Betrachtungen soll die idealisierte verlustlose Leitung mit $Z = \sqrt{\frac{L'}{C'}}$ zugrunde gelegt werden, jedoch mit Fehlanpassung am Leitungsende. Beim Betrieb von Leitungen mit Digitalschaltungen sind meist Fehlanpassungen nicht vermeidbar, da sich die *Widerstände* durch den Schaltvorgang verändern. Die grundlegende Betrachtung der Reflexionen soll einleitend an dem einfachsten Fall *linearer Leitungsabschluss* durchgeführt werden.

4.1 Linearer Leitungsabschluss

Wenn der Abschlusswiderstand R_a nicht gleich dem Wellenwiderstand Z der Leitung ist, wird ein Teil der Welle reflektiert.

Der Reflexionsfaktor r ist definiert als das Verhältnis von *reflektierter Welle* u_R zu *hinlaufender Welle* u_H. Folgende Gleichung beschreibt dies für *verlustlose* Leitungen: $r = \frac{u_R}{u_H} = \frac{R_a - Z}{R_a + Z}$.

In Bild 4-1 ist eine Leitung mit Wellenwiderstand Z und äußerer Beschaltung skizziert.

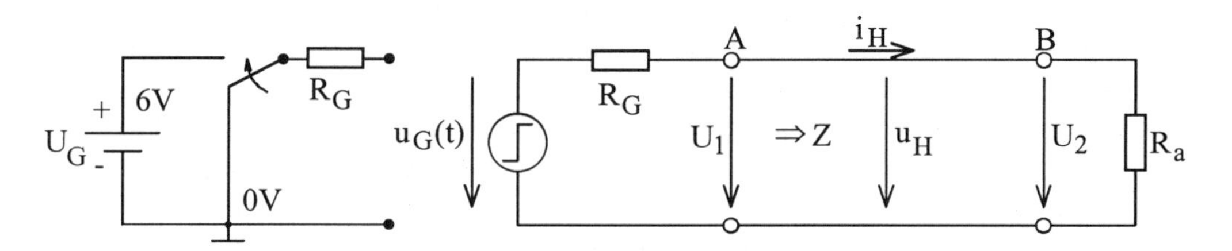

Bild 4-1: Leitung mit linearen Abschlusswiderständen R_G und R_a

Eingangsseitig wird eine Generatorspannung $u_G(t)$, die von 0 V auf 6 V springt, über einen Generatorwiderstand R_G auf den Anfangspunkt A der Leitung gegeben. Man kann stattdessen auch, wie dies links in Bild 4-1 skizziert ist, einen schnellen Umschaltvorgang zwischen 0 V und U_G = 6 V mit Generatorwiderstand zugrunde legen.

Zunächst wird eingangsseitige Anpassung R_G = Z = 60 Ω, dagegen aber Fehlanpassung am Ende der Leitung mit R_a = 20 Ω, angenommen.

Wenn die Eingangsspannung nun von 0 V auf 6 V springt, erhält man für den ersten Moment das vereinfachte Ersatzbild entsprechend Bild 4-2.

Die Generatorspannung von 6 V erscheint nun durch den Spannungsteiler R_G = 60 Ω und Wellenwiderstand Z = 60 Ω halbiert am Punkt A der Leitung als Beginn einer Spannungswelle. Diese hinlaufende Welle ist in Bild 4-1 als Spannung u_H mit zugehörigem Strom i_H symbolisch in die Mitte der Leitung eingezeichnet.

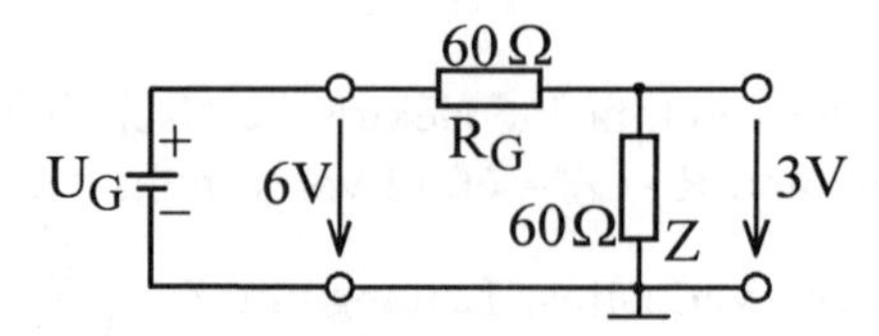

Bild 4-2: Vereinfachtes Ersatzbild für den Eingangssprung

Die Welle mit der Amplitude $u_H = 3$ V läuft von Punkt A zum Leitungsende Punkt B hin. Nach der Laufzeit T, mit z.B. $T = \frac{5ns}{m} \cdot 10m = 50ns$, erfolgt eine Reflexion an dem Abschlusswiderstand $R_a = 20\ \Omega$. Die Amplitude der zurücklaufenden Welle ergibt sich aus $r = \frac{u_R}{u_H} = \frac{R_a - Z}{R_a + Z} = \frac{20\Omega - 60\Omega}{20\Omega + 60\Omega} = -\frac{1}{2}$. Aufgelöst nach u_R erhält man mit $u_H = 3$ V $u_R = -\frac{u_H}{2} = -\frac{3V}{2} = -1{,}5V$.

Es läuft also eine *reflektierte Welle* mit der Amplitude $u_R = -\ 1{,}5$ V nach links und erreicht den Punkt A im Zeitpunkt 2 T, in diesem Beispiel also nach 160 ns.

Die Spannung $U_1(2T) = 3V - 1{,}5V = 1{,}5V$ bleibt statisch erhalten, da die Lösung der Gleichung $U_G - i \cdot R_G = u(i)$ zum gleichen Ergebnis führt.

Die Beschreibung der statischen und dynamischen Verhältnisse ist in Bild 4-3 dargestellt. Am oberen Rand von Bild 4-3 ist der Sprung der Eingangsspannung $u_G(t)$ angedeutet. Darunter werden im i(u)-Diagramm die Spannungswerte für hin- und rücklaufende Welle durchkonstruiert, um sie anschließend in die Diagramme $u_1(t)$ für Punkt A und $u_2(t)$ für Punkt B hinunter zu loten. Man findet die Gerade für die Gleichung $U_G - i \cdot R_G$ als Subtraktion der $+i \cdot R_G$ -Geraden von der Senkrechten $U_G = 6$ V. Die Lösung der oben genannten Gleichung $U_G - i \cdot R_G = u(i)$ findet man als *Schnittpunkt* von $U_G - i \cdot R_G$ und u(i), welches hier den Eingangswiderstand = Wellenwiderstand Z des Kabels entspricht. Die Kennlinie für Z fällt hier mit $+i \cdot R_G$ zusammen, da $R_G = Z = 60\ \Omega$ gleich groß sind: $U = Z \cdot i$ bzw. $u = R_G \cdot i$. Für I = 100 mA erhält man $U = 60\ \Omega \cdot 100\ mA = 6V$. Der Schnittpunkt beider Geraden führt auf 3 V/50 mA. Dies ist der mit $u_1(0)$ bezeichnete Punkt. Die hinlaufende Welle hat also $u_H = 3$ V und $i_H = 50$ mA. Die Spannung am Punkt A springt also im Zeitpunkt t = 0 auf 3 V, wie dies in Bild 4-3 eingezeichnet wurde. Die Durchkonstruktion dieser Art führt auf das Bergeron-Verfahren, das weiter unten für nichtlineare Abschlüsse ausführlich erläutert wird. Hier soll nur die Übereinstimmung der grafischen Lösungen mit den Ergebnissen des Reflexionsfaktors hervorgehoben werden, um den Stoff didaktisch aufzuarbeiten.

Die hinlaufende Welle trifft nach der Zeit T auf den Abschlusswiderstand $R_a = 20\ \Omega$, dessen Gerade auch in Bild 4-3 eingezeichnet ist. Man findet den 100 mA-Punkt über die Gleichung $U = R_a \cdot I = 20\ \Omega \cdot 100\ mA = 2$ V.

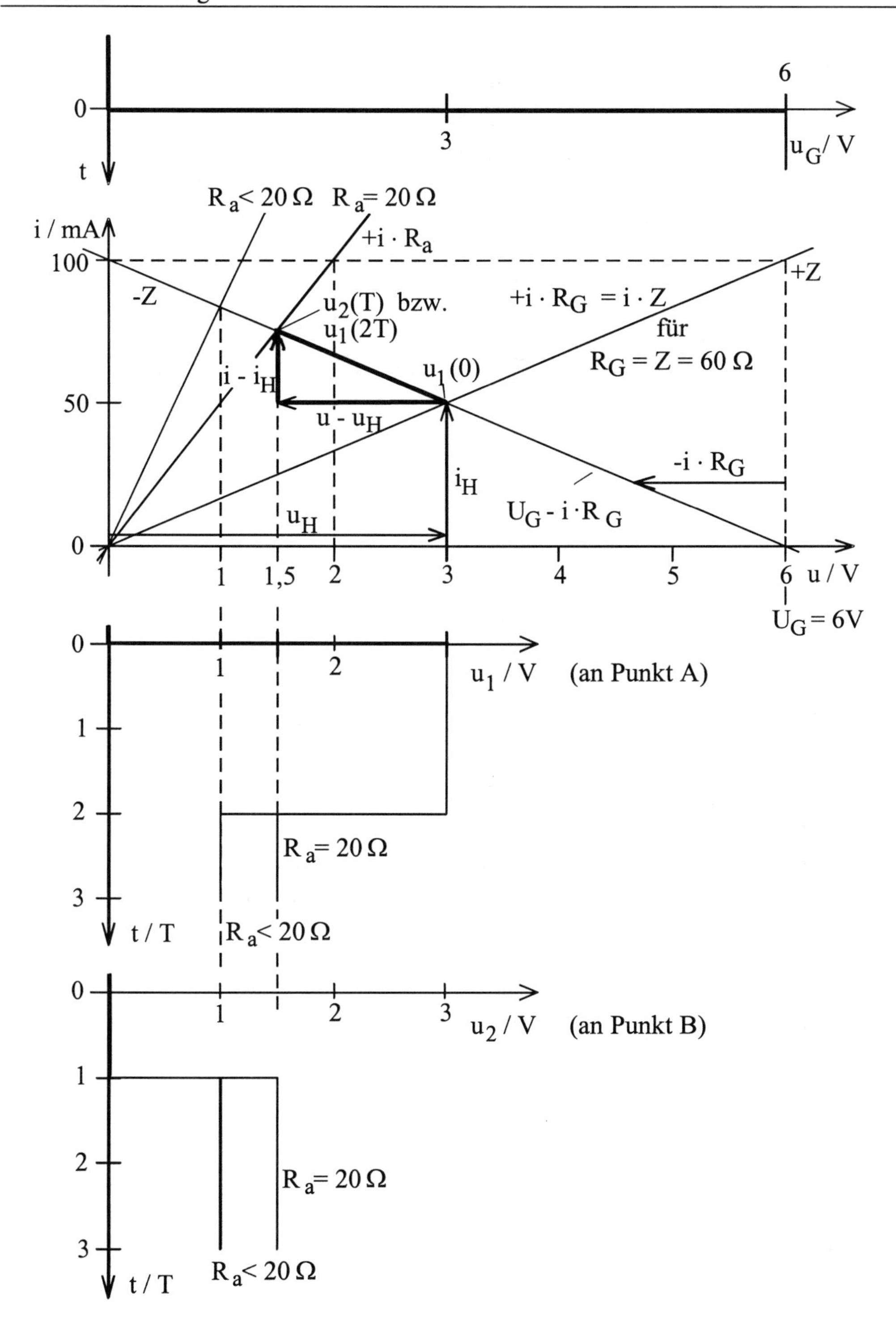

Bild 4-3: Konstruktion der Spannungsverläufe $u_1(t)$ und $u_2(t)$

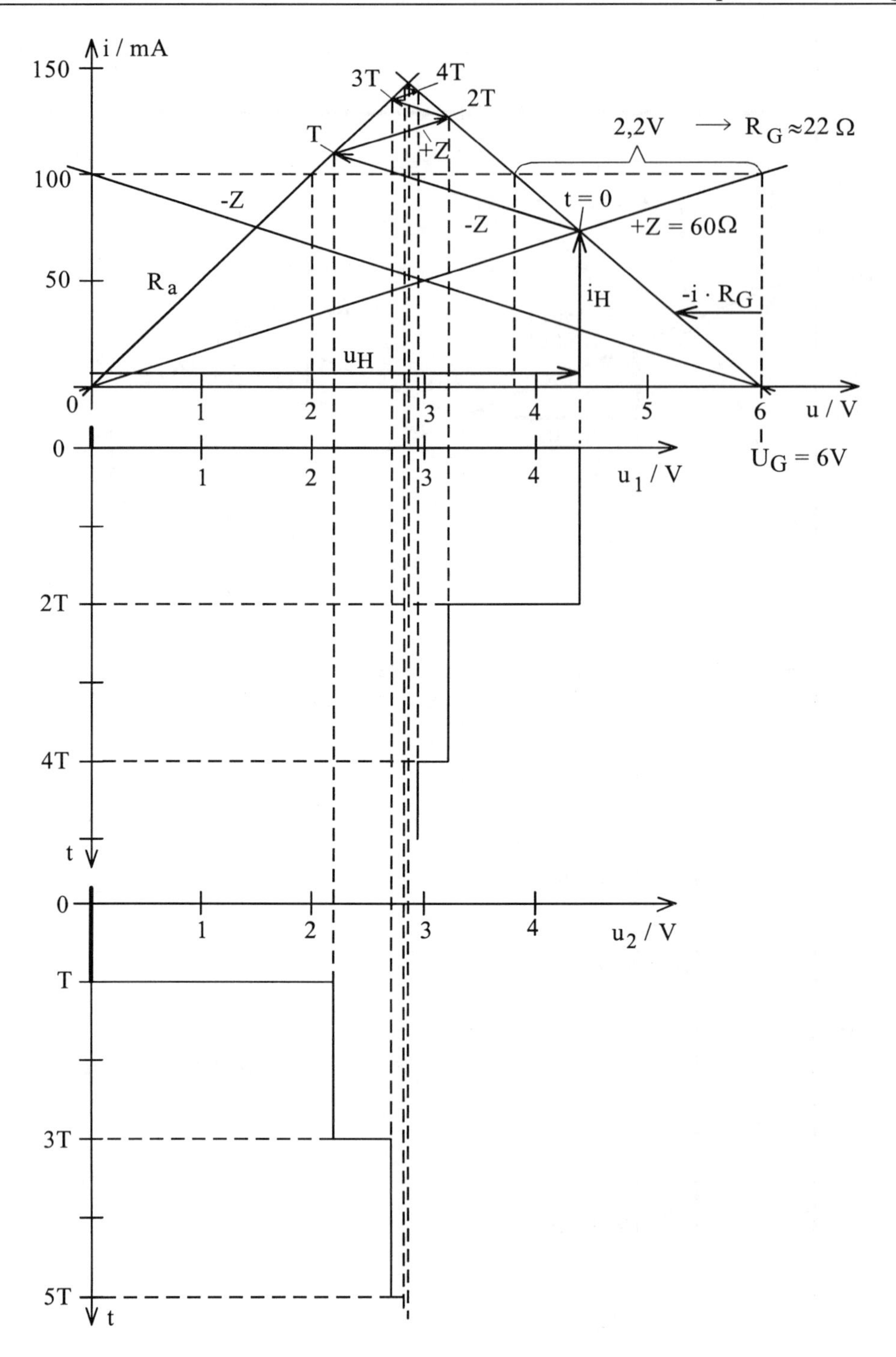

Bild 4-4: $u_1(t)$ und $u_2(t)$ bei Fehlanpassung an beiden Enden

Die Amplitude der rücklaufenden Welle ergibt sich aus dem Wellenwiderstand, der hierfür wegen der Zählrichtung des Stromes mit -Z = -60 Ω einzusetzen ist. Das Verhältnis von u_R(= u - u_H) zu i_R(= i - i_H) ist also -Z. Dies ist anhand der Skizze nachzuvollziehen:

$$\frac{u - u_H}{i - i_H} = -Z.$$

Wie oben schon allgemein betrachtet, läuft also eine Welle mit der Spannungsamplitude u_R = -1,5 V nach links zurück. Die Spannung am Punkt B springt also nur auf 3 V - 1,5 V = 1,5 V, wie in $u_2(t)$ eingetragen.

Auf den gleichen Wert springt nach 2 T auch die Spannung $u_1(t)$, nachdem die rücklaufende Welle am Punkt A angekommen ist. Auch die Konstruktion für den statischen Punkt $U_G - i \cdot R_G = R_a \cdot i$ führt auf den gleichen Punkt im Diagramm. Es ist also der Endzustand erreicht.

Für einen noch kleineren Wert von R_a wird wegen der stärkeren Fehlanpassung lediglich die rücklaufende Welle größer. Der statische Zustand wird aber in gleicher Weise bereits nach t = 2 T erreicht. Dieser Fall ist in Bild 4-3 mit eingezeichnet.

Mehr Veränderung erhält man bei den Spannungsverläufen, wenn auch eingangsseitig nicht mit Z abgeschlossen wird. Dies ist in Bild 4-4 für einen Widerstand R_G = 22 Ω durchkonstruiert.

Der Wellenwiderstand der Leitung Z = 60 Ω wurde beibehalten, ebenso der Abschlusswiderstand R_a. Durch den kleineren Generatorwiderstand R_G ist die Amplitude der ersten hinlaufenden Welle größer. Die rücklaufende Welle ist auch größer, jedoch tritt wegen der Fehlanpassung am Eingangspunkt A erneut eine hinlaufende Welle entsprechend $u_H = Z \cdot i_H$ auf. Die Reflexionen werden aber stetig kleiner bis nach etwa 6 T der statische Endzustand erreicht wird. Dieser ergibt sich grafisch wieder als Lösung der Gleichung $U_G - i \cdot R_G = R_a \cdot i$.

4.2 Nichtlinearer Abschluss

4.2.1 Allgemeines

Bei Bussystemen findet man meist *nichtlineare Abschlüsse*, da Eingangs- und Ausgangskennlinien von Digitalschaltungen allgemein nichtlinear sind. Aber auch mit dem Schaltzustand ändert sich die Kennlinie und damit der *Abschlusswiderstand* des Busses. Im Folgenden wird das Bergeron-Verfahren zur Behandlung nichtlinearer Abschlüsse zuerst allgemein erläutert und anschließend an einem praktischen Beispiel vertieft.

4.2.2 Bergeron-Verfahren

Zunächst werden anhand von Bild 4-5 die Kennlinien von nichtlinearen Widerständen definiert.

Bei den nichtlinearen Widerständen R_{N1} und R_{N2} handelt es sich z.B. um die Kennlinien von Dioden, Varistoren oder Transistoren. Auch die Eingangskennlinie einer beliebigen

Schaltung ist denkbar. Links in Bild 4-5 wird die Zählrichtung von Spannung u und Strom i definiert.

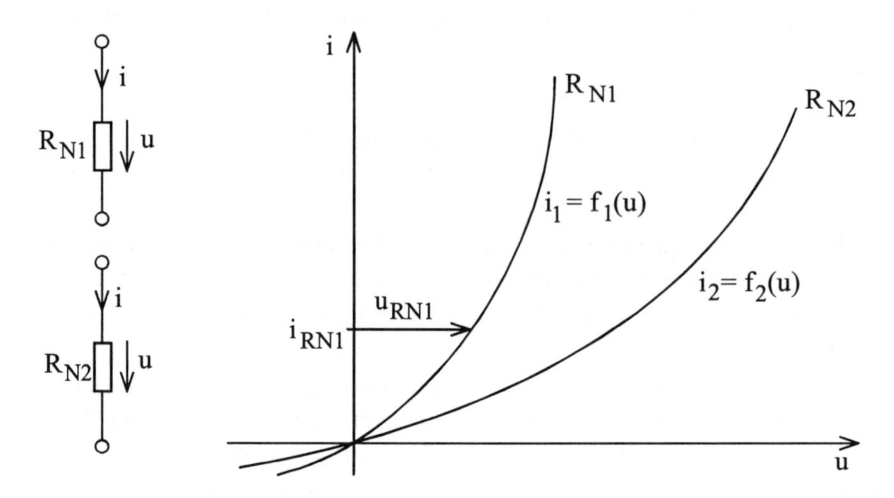

Bild 4-5: Kennlinien der nichtlinearen Widerstände R_{N1} und R_{N2}

Legt man z.B. die Spannung u_{RN1} an den nichtlinearen Widerstand R_{N1}, so fließt der Strom i_{RN1}. Hier ist $i_1 = f_1(u)$ und $i_2 = f_2(u)$ jeweils eine *nichtlineare* Funktion. Im Gegensatz dazu zeigt ein ohmscher Widerstand den linearen Zusammenhang $i = \frac{1}{R} \cdot u$.

In Bild 4-6 werden diese nichtlinearen Widerstände R_{N1} und R_{N2} für die Leitungsabschlüsse verwendet.

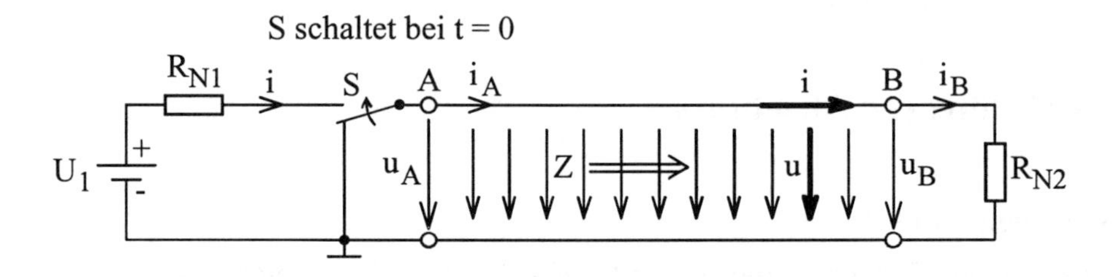

Bild 4-6: Leitung mit nichtlinearen Abschlüssen

Am Eingang der Leitung wird von 0 V auf eine Reihenschaltung von U_1 und R_{N1} *umgeschaltet*. Die Leitung hat den Wellenwiderstand Z.

Die Zählrichtung für eine entstehende Welle ist eingezeichnet. Im ersten Augenblick entsteht u_A und i_A, wobei die Spannung von oben nach unten positiv angenommen wird, der Strom von links nach rechts ebenfalls positiv.

Damit erhält eine reflektierte Welle negatives Vorzeichen.

Den Leitungsabschluss bildet R_{N2} am Punkt B. Bild 4-7 zeigt das Ersatzbild für den Schaltsprung am Eingang im Zeitpunkt t = 0 und die Konstruktion der Wellenamplitude.

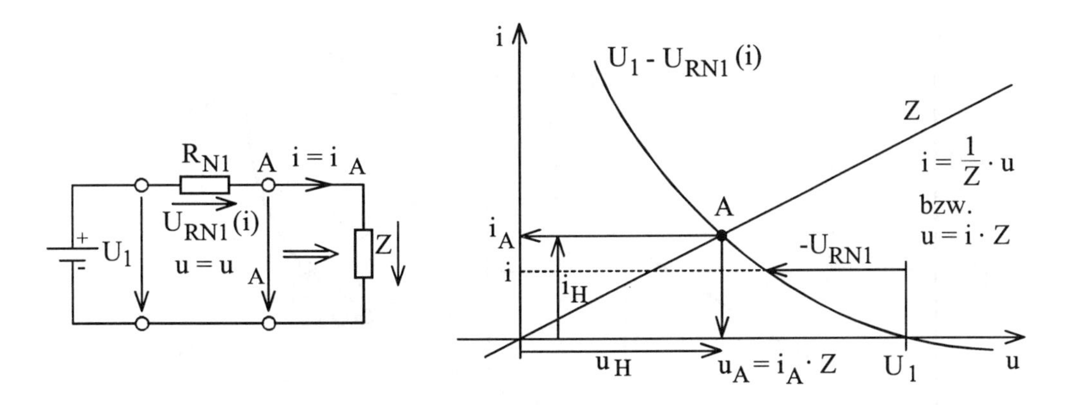

Bild 4-7: Ersatzbild und Konstruktion für den Schaltsprung

Die grafische Lösung der Gleichung $U_1 - U_{RN1}(i) = Z \cdot i$ liefert Spannung u_A und Strom i_A im Arbeitspunkt A. Da die Leitung vor $t = 0$ geerdet war, sind dies auch die Amplitudenwerte der hinlaufenden Welle $u_H = u_A(0)$ und $i_H = i_A(0)$. Mit obiger Zählrichtung ist $i_H = \frac{u_H}{Z}$.

Nach der Laufzeit T trifft die Welle auf R_{N2} am Leitungsende.

Bei Fehlanpassung wird nur ein Teil der Welle im Abschlusswiderstand absorbiert, der reflektierte Anteil ergibt eine rücklaufende Welle (zu Punkt A zurück) mit u_R und i_R, und aus der Zählrichtung ergibt sich $i_R = -\frac{u_R}{Z}$.

An einem beliebigen Punkt der Leitung gilt: Gesamtspannung u ergibt sich aus der Summe von hin- und rücklaufender Welle: $u = u_H + u_R$ (1)

entsprechend Strom: $i = i_H + i_R$ (2)

↗ ↖

Einsetzen von: $i_H = \frac{u_H}{Z}$ bzw. $i_R = -\frac{u_R}{Z}$

ergibt $i = \frac{u_H}{Z} + i_R$ bzw. $i = i_H - \frac{u_R}{Z}$

Mit Gleichung (1) kann $u_H = u - u_R$ bzw. $u_R = u - u_H$ eliminiert werden:

$$i = \frac{u - u_R}{Z} + i_R \quad \text{bzw.} \quad i = i_H - \frac{u - u_H}{Z}$$

$$\boxed{i - i_R = \frac{1}{Z}(u - u_R)} \text{ bzw. } \boxed{i - i_H = \frac{-1}{Z}(u - u_H)}$$

oder $$\boxed{\frac{u - u_R}{i - i_R} = +Z} \left(= \frac{u_H}{i_H}\right) \text{ bzw. } \boxed{\frac{u - u_H}{i - i_H} = -Z} \left(= \frac{u_R}{i_R}\right)$$

In Bild 4-8 ist die Konstruktion der Reflexionen an beiden Enden durchgeführt.

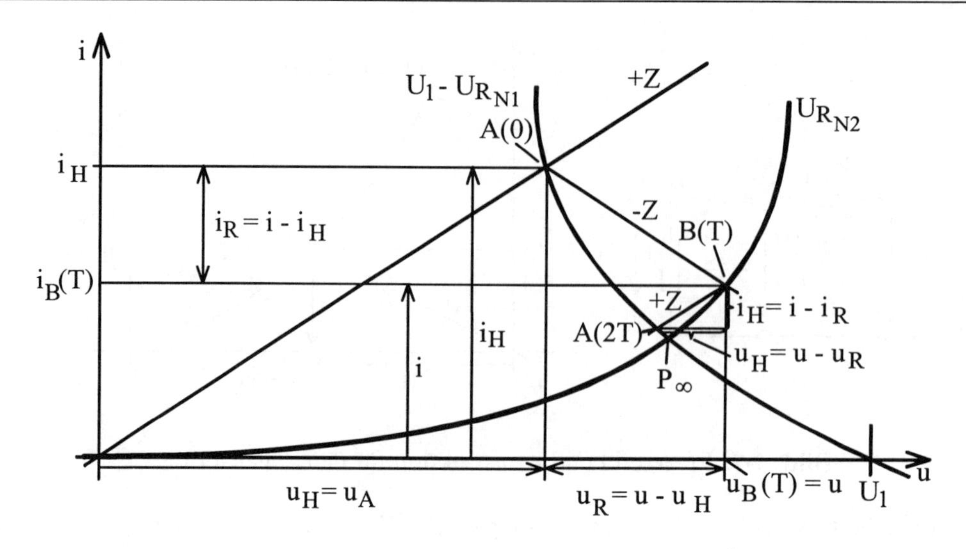

Bild 4-8: Konstruktion der Reflexionen an beiden Leitungsenden

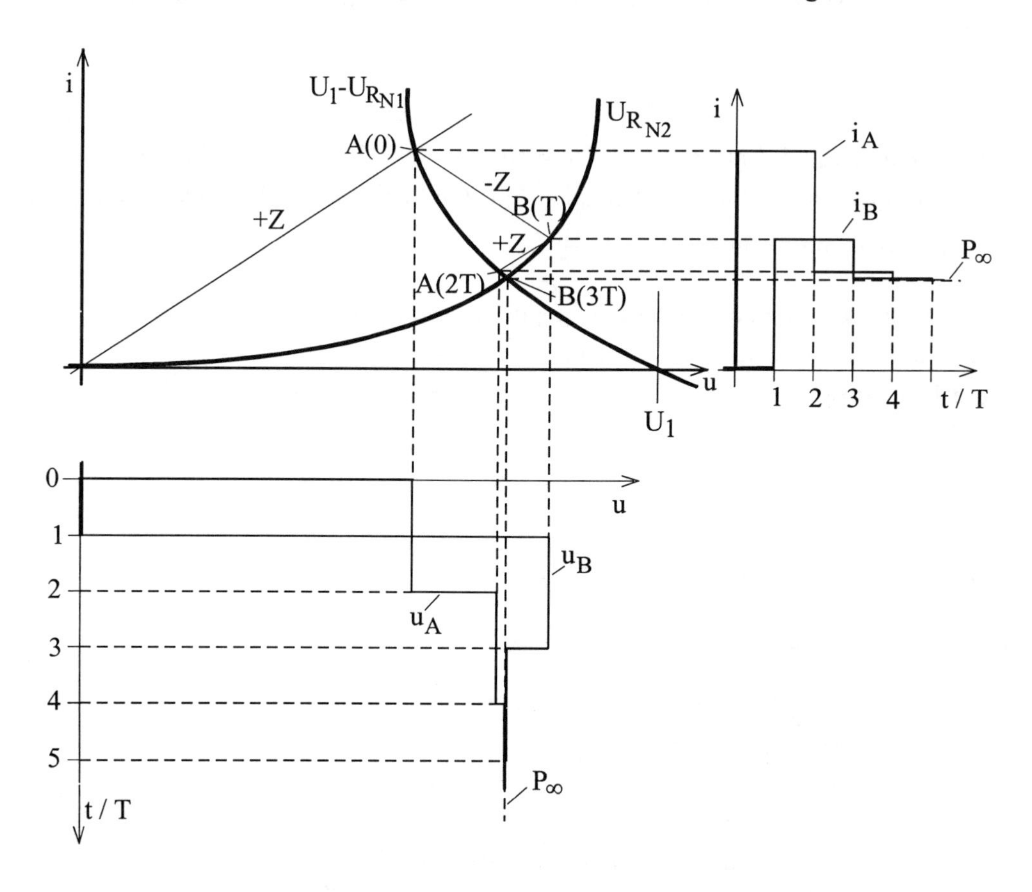

Bild 4-9: Konstruktion von u(t) und i(t) für die Punkte A und B der Leitung

Die am Punkt B reflektierte Welle läuft zum Punkt A zurück und trifft dort bei t = 2 T auf die Kennlinie U_1 - U_{RN1}. Dort entsteht wieder eine hinlaufende Welle, die der Beziehung $\frac{u - u_R}{i - i_R} = +Z \left(= \frac{u_H}{i_H} \right)$ entspricht.

In Bild 4-9 ist die vollständige Konstruktion von u(t) und i(t) für beide Leitungsenden durchgeführt.

Das i(u)-Diagramm entspricht der Konstruktion von Bild 4-8. Zur besseren Übersicht sind hier die hin- und rücklaufenden Wellen i_H/u_H bzw. i_R/u_R nicht eingezeichnet. Rechts davon wird $i_A(t)$ für die Stromwelle am Leitungsanfang A sowie $i_B(t)$ am Leitungsende B in einem Diagramm i(t) dargestellt. Beide Stromverläufe beginnen mit dem Ruhestrom 0. Im Zeitpunkt 0 springt der Strom i_A auf den Wert A(0). Ein Blick auf das darüber liegende Bild 4-8 zeigt, dass es sich hierbei um den Stromwert i_H der hinlaufenden Welle handelt. Sobald diese Welle nach der Laufzeit T am Punkt B ankommt, springt dort der Stromwert auf den Wert von B(T). Bei t = 2 T, d.h. t/T = 2, springt der Strom am Punkt A auf den als A(2T) ermittelten Wert. Die im i(u)-Diagramm konstruierten Werte für $i_A(t)$ und $i_B(t)$ werden nach rechts herausgezogen.

Entsprechend werden $u_A(t)$ und $u_B(t)$ unter dem i(u)-Diagramm konstruiert. Auch für die Spannungsverläufe ist der Anfangswert 0. Der erste Spannungssprung erfolgt von 0 auf A(0) für $u_A(t)$. Nach der Laufzeit T springt die Spannung $u_B(t)$ auf den Wert von B(T). Alle Spannungssprünge werden so nacheinander durch Herunterloten übertragen.

Die Zeit t ist normiert auf die Laufzeit T dargestellt.

Der Punkt P_∞ zeigt den eingeschwungenen Zustand, d.h. den statischen Gleichgewichtszustand, der asymptotisch erreicht wird.

4.2.3 Bidirektionaler Open-Collector-Bus

Ein Open-Collector-Bus hat einen Treiberbaustein mit offenem Kollektor und muss daher mit einem *Widerstand* oder wie hier, mit *zwei Widerständen* abgeschlossen werden.

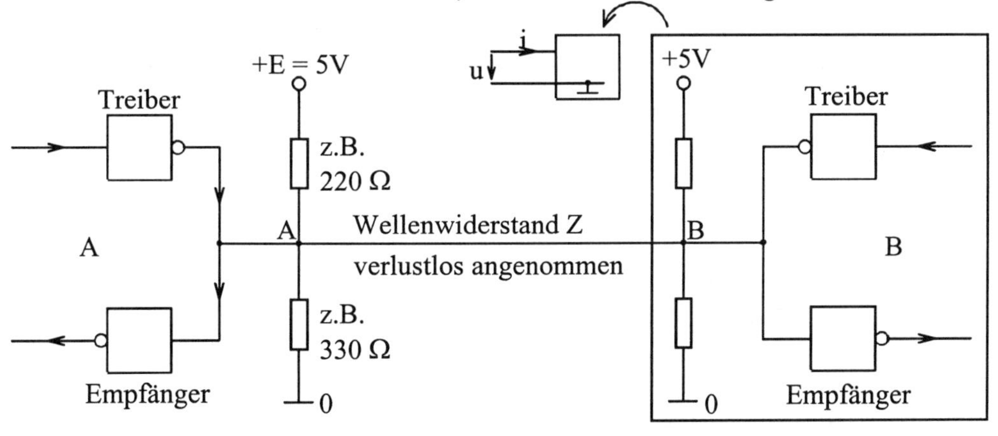

Bild 4-10: Bidirektionaler Open-Collector-Bus mit beidseitigen Abschlusswiderständen

Wie weiter oben beschrieben, kann auch entsprechend *aktiv abgeschlossen* werden. In Bild 4-10 ist der Abschluss mit 220 Ω gegen +5 V und 330 Ω gegen 0 V vorgesehen.

Auch der Empfängerbaustein ist eingezeichnet. Die Leitung wird wieder verlustlos angenommen, der Wellenwiderstand sei $Z = 40\ \Omega$. Dieser Wert ist für den praktischen Betrieb eher zu niedrig, wie dies die durchgeführten Konstruktionen zeigen werden.

Die Beschaltung erfolgt an beiden Enden der Leitung.

Für die Gesamtschaltung von Treiber, Empfänger und Abschlusswiderstände wird in Bild 4-11 die Eingangskennlinie jeweils einer Seite für BUS HIGH (mit R_{N1} bezeichnet) und für BUS LOW (mit R_{N2} bezeichnet) angegeben. Der Verlauf des nichtlinearen Widerstandes R_{N1} wird durch die Funktion $i_1(u)$ beschrieben, der von R_{N2} mit $i_2(u)$. Die Schaltung B am rechten Ende bleibt auf BUS HIGH, d.h. sie wirkt nur als Empfänger, während der Treibertransistor gesperrt bleibt.

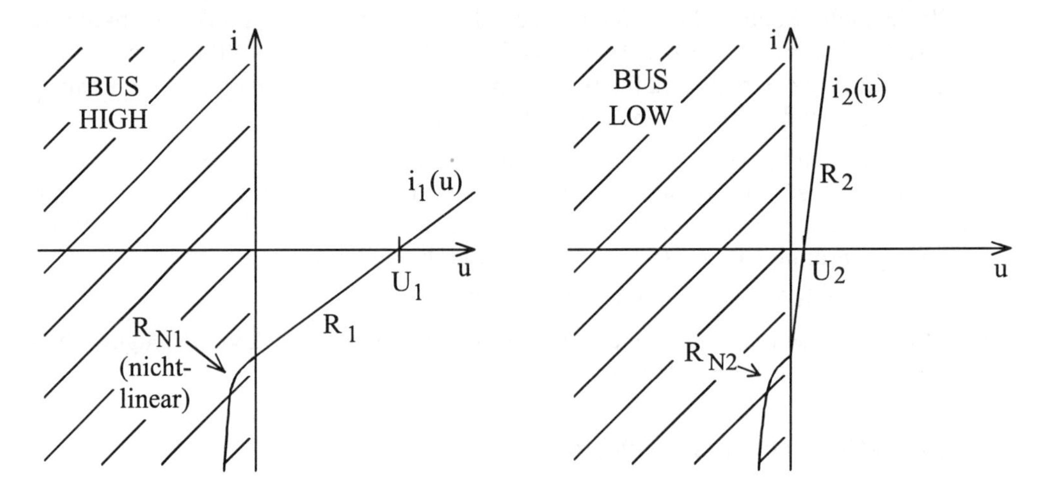

Bild 4-11: Eingangskennlinien von Treiber/Empfänger mit Abschlusswiderständen

Die Schaltung A am linken Ende der Leitung schaltet bei $t = 0$ von BUS LOW (Transistor leitend) auf BUS HIGH (Transistor gesperrt). Bei der Konstruktion der Spannungsverläufe zeigt sich, dass alle Arbeitspunkte im nichtschraffierten Bereich ($u > 0$) liegen. Die Schaltungen können daher in diesem Bereich durch lineare Teilstücke angenähert werden.

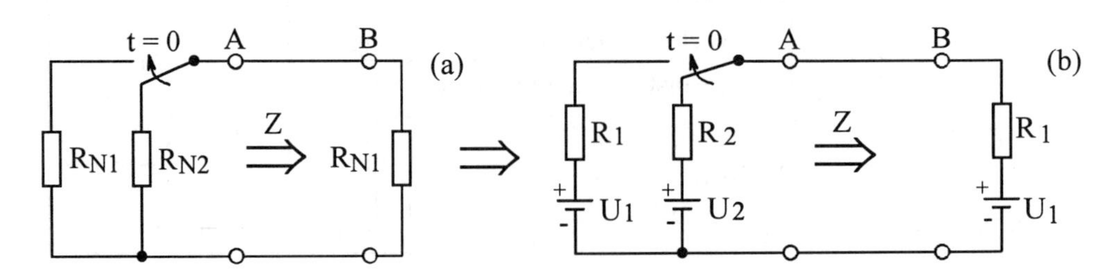

Bild 4-12: Ersatzbild (a) und linearisiertes Ersatzbild (b) für den Bereich $u > 0$

Das Ersatzbild und das linearisierte Ersatzbild für den nichtschraffierten Bereich zeigt Bild 4-12.

Der nichtlineare Widerstand R_{N1} wird dabei durch eine Reihenschaltung von U_1 und R_1 ersetzt, entsprechend der nichtlineare Widerstand R_{N2} durch U_2 und R_2.

Die Messung an einer praktischen Schaltung ergibt $R_1 = 132\ \Omega$ und $U_1 = 2{,}9$ V für BUS HIGH sowie $R_2 = 2{,}5\ \Omega$ und $U_2 = 0{,}15$ V für BUS LOW. Dies entspricht im Wesentlichen dem unbelasteten Spannungsteiler bei gesperrten Transistoren bzw. der Ausgangskennlinie eines gesättigten (übersteuerten) Transistors mit den Widerständen.

Zur Ermittlung des statischen Arbeitspunktes A_I für $t < 0$ wird in Bild 4-13 der Ausgangszustand betrachtet. Links liegt R_{N2}, d.h. BUS LOW entsprechend $i_2(u)$, am rechten Leitungsende R_{N1}, d.h. BUS HIGH entsprechend $i_1(u)$. Den Arbeitspunkt findet man durch Lösung der Gleichung $i_1 + i_2 = 0$ oder umgeformt $i_1(u) = -i_2(u)$. Das Minuszeichen wurde bewusst für das linke Ende der Leitung gewählt, da eine Welle auf der Leitung aufgrund der weiter oben vorgegebenen Zählrichtung für den Strom (positiv von links nach rechts!) am linken Ende die invertierte (negative) Eingangskennlinie der Beschaltung sieht.

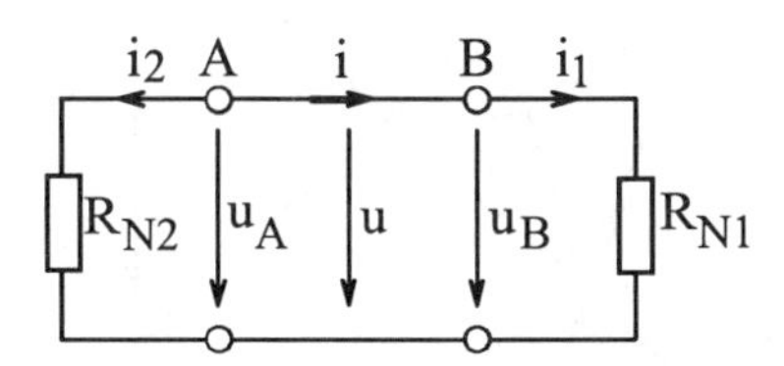

Bild 4-13: Ermittlung des statischen Arbeitspunktes A_I

Läuft eine Welle dagegen zum rechten Ende, so *sieht* sie die positive Eingangskennlinie. Diese Betrachtung erleichtert die schematische Anwendung des Verfahrens.

In Bild 4-14 wird zunächst durch grafische Lösung der Gleichung $i_1(u) = -i_2(u)$ der Ausgangspunkt A_I als Schnittpunkt der beiden Geraden gefunden.

Für die linke Seite werden die beiden Kennlinien $i_2(u)$ bzw. $i_1(u)$ in invertierter Form, also als $-i_2(u)$ und $-i_1(u)$ gebraucht. Auf der rechten Seite bleibt der Treiber immer gesperrt, d.h. lediglich $i_1(u)$ ist für den Punkt B eingezeichnet.

Der Schnittpunkt von $i_1(u)$ für den rechten Busabschluss mit $-i_2(u)$ vom linken Busabschluss liefert also A_I. Dies ist der Ausgangspunkt. Auf diesem Spannungswert liegen u_A und u_B bei $t \leq 0$.

Bei $t = 0$ wird nun also auf der linken Seite von LOW nach HIGH umgeschaltet. Der neue Arbeitspunkt ergibt sich als Schnittpunkt einer +Z-Geraden, beginnend im A_I-Punkt, mit der $-i_1(u)$-Kennlinie. Denn die vorher gültige $-i_2(u)$-Kennlinie wird *sprunghaft* durch die $-i_1(u)$-Kennlinie ersetzt, wobei sich eine Ausgleichswelle am Leitungsende A bildet.

Das Verhältnis von Spannung u zu Strom i dieser hinlaufenden Welle muss aber $Z = \frac{u_H}{i_H}$ entsprechen.

Der Schnittpunkt der +Z-Geraden mit der $-i_1(u)$-Kennlinie ist mit A(0) bezeichnet, da dieser den neuen Zustand am Punkt A im Zeitpunkt t = 0 darstellt. Die Parameter der hinlaufenden Welle, u_H und i_H, sind eingezeichnet. Sobald diese Welle nach der Laufzeit T am Endpunkt B der Leitung ankommt, stimmt die Relation von Spannung und Strom hier nicht mit der vorgefundenen Eingangskennlinie $i_1(u)$ überein.

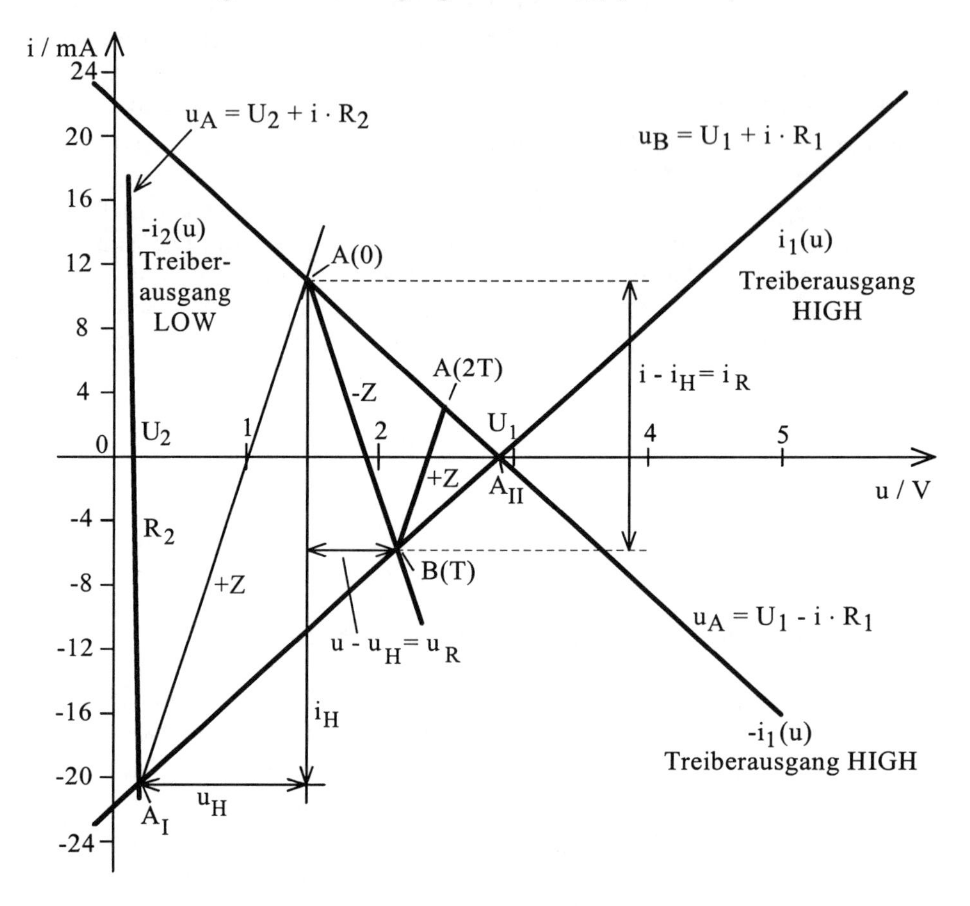

Bild 4-14: Treiberausgang links springt von LOW nach HIGH

Den Ausgleich übernimmt eine rücklaufende Welle, die sich aus der oben abgeleiteten Beziehung $\frac{u - u_H}{i - i_H} = -Z \left(= \frac{u_R}{i_R} \right)$ ergibt.

Man findet daher den Punkt B(T) als Schnittpunkt der -Z-Geraden, ausgehend von A(0), mit der $i_1(u)$-Kennlinie, die die Eingangskennlinie der Beschaltung an Punkt B (rechts) beschreibt. Nur so erfüllt die rücklaufende Welle die Beziehung $\frac{u_R}{i_R} = -Z$.

Die rücklaufende Welle trifft bei t = 2 T am vorderen Leitungsende A ein. Die Reflexion wird durch den Schnittpunkt einer +Z-Geraden, beginnend im B(T)-Punkt, mit der $-i_1(u)$-

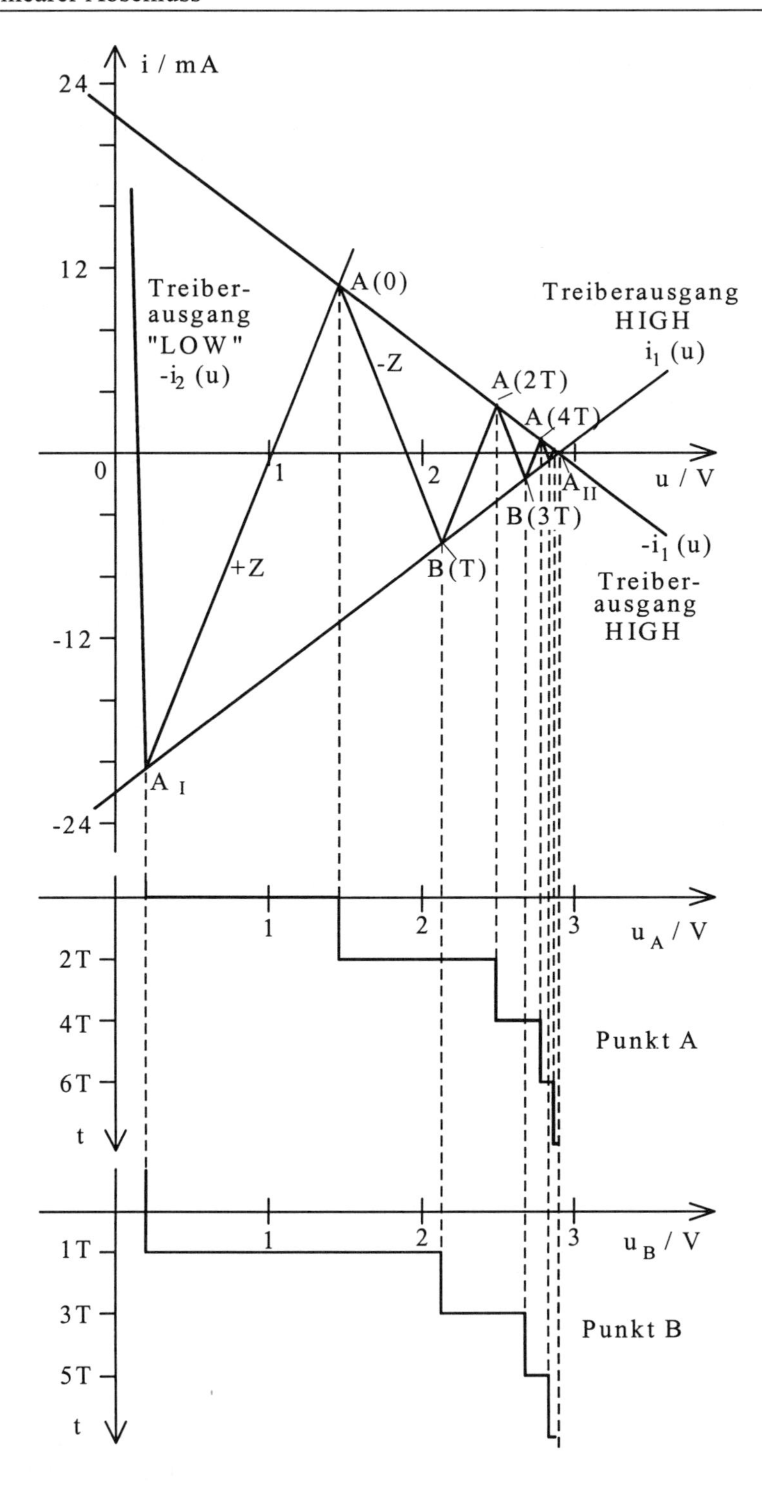

Bild 4-15: Konstruktion der Spannungen $u_A(t)$ und $u_B(t)$ für die Leitungsenden A und B

Kennlinie, d.h. der negativen Eingangskennlinie am linken Ende, ermittelt. Man findet so den Punkt A(2T). Die Punkte B(T), B(3T), B(5T), usw. werden also über eine -Z-Gerade auf der $i_1(u)$-Kennlinie, d.h. Eingangskennlinie am Punkt B, konstruiert. Die A-Punkte liegen auf der invertierten Eingangskennlinie des linken Randes. A(2T), A(4T), usw. werden mit der +Z-Geraden konstruiert, da jeweils eine hinlaufende Welle durch Reflexion entsteht.

In Bild 4-15 ist die anhand von Bild 4-14 beschriebene Konstruktion im oberen Teil übernommen und bis zum Zeitpunkt t = 6T zu Ende geführt. Hier ist zur besseren Übersichtlichkeit auf die Einzeichnung von hin- und rücklaufender Welle verzichtet worden. Es interessieren nur noch die ermittelten Punkte A_I, A(0), B(T), A(2T), B(3T), A(4T), … A_{II}, aus denen nun die Spannungsverläufe $u_A(t)$ am Anfang A der Leitung und $u_B(t)$ am Endpunkt B der Leitung ermittelt werden können. Zunächst werden die beiden Diagramme mit den markanten Zeitpunkten vorbereitet. Für $u_A(t)$ werden die normierten Zeiten 2T, 4T, 6T eingezeichnet und für $u_B(t)$ entsprechend 1T, 3T, 5T. Beide Spannungen beginnen mit dem statischen Ruhepunkt A_I vor dem Umschaltsprung von BUS LOW auf BUS HIGH am Punkt A. Durch Herunterloten der entsprechenden Werte wird zunächst $u_A(t)$ ermittelt. Der erste Sprung im Zeitpunkt t = 0 ergibt sich aus A(0), die Spannung u_A springt also auf etwa 1,4V. Der zweite Spannungssprung ergibt sich aus A(2T), das heißt nach zwei Laufzeiten T (hin und zurück!), zu ca. 2,5V bei t = 2T. Der dritte bei T4, der vierte bei T6.

In entsprechender Weise wird $u_B(t)$ durch Herunterloten konstruiert. Hier erfolgt der erste Sprung auf den Spannungswert B(T) von ungefähr 2,2V, sobald nach einer Laufzeit T die Welle den Punkt B erreicht hat. Bei 3T springt u_B auf ungefähr 2,7V, entsprechend dem Wert von B(3T).

Das langsame Einschwingen ergibt sich aus der zu starken Fehlanpassung an den Leitungsenden. Durch das zu niedrig gewählte Z, d.h. die steile Z-Kennlinie, werden große Reflexionen hervorgerufen. In der Praxis ist daher eine Leitung mit höherem Wellenwiderstand Z einzusetzen.

A_{II} ist der Schnittpunkt der $-i_1(u)$- und $+i_1(u)$-Kennlinien, wie anhand von Bild 4-16 gezeigt wird.

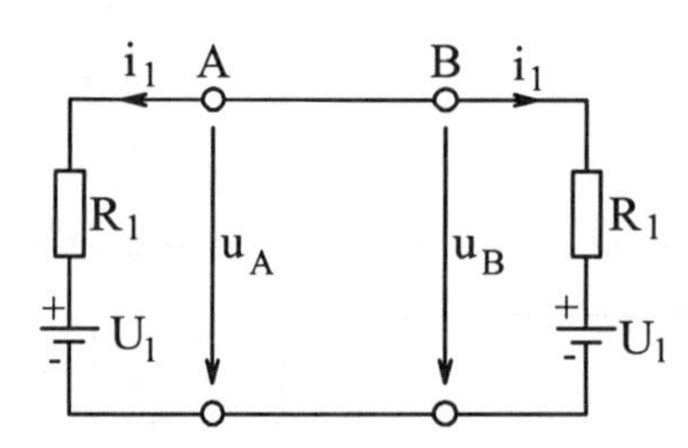

Bild 4-16: Ermittlung des statischen Arbeitspunktes A_{II}

Beide Abschlussschaltungen haben die Eingangskennlinie $i_1(u)$. Die grafische Lösung der Gleichung $-i_1(u) = +i_1(u)$ erhält man als Schnittpunkt der entsprechend beschrifteten Geraden. Der so gefundene Punkt A_{II} ist der asymptotische Endwert der Spannungen $u_A(t)$ und $u_B(t)$.

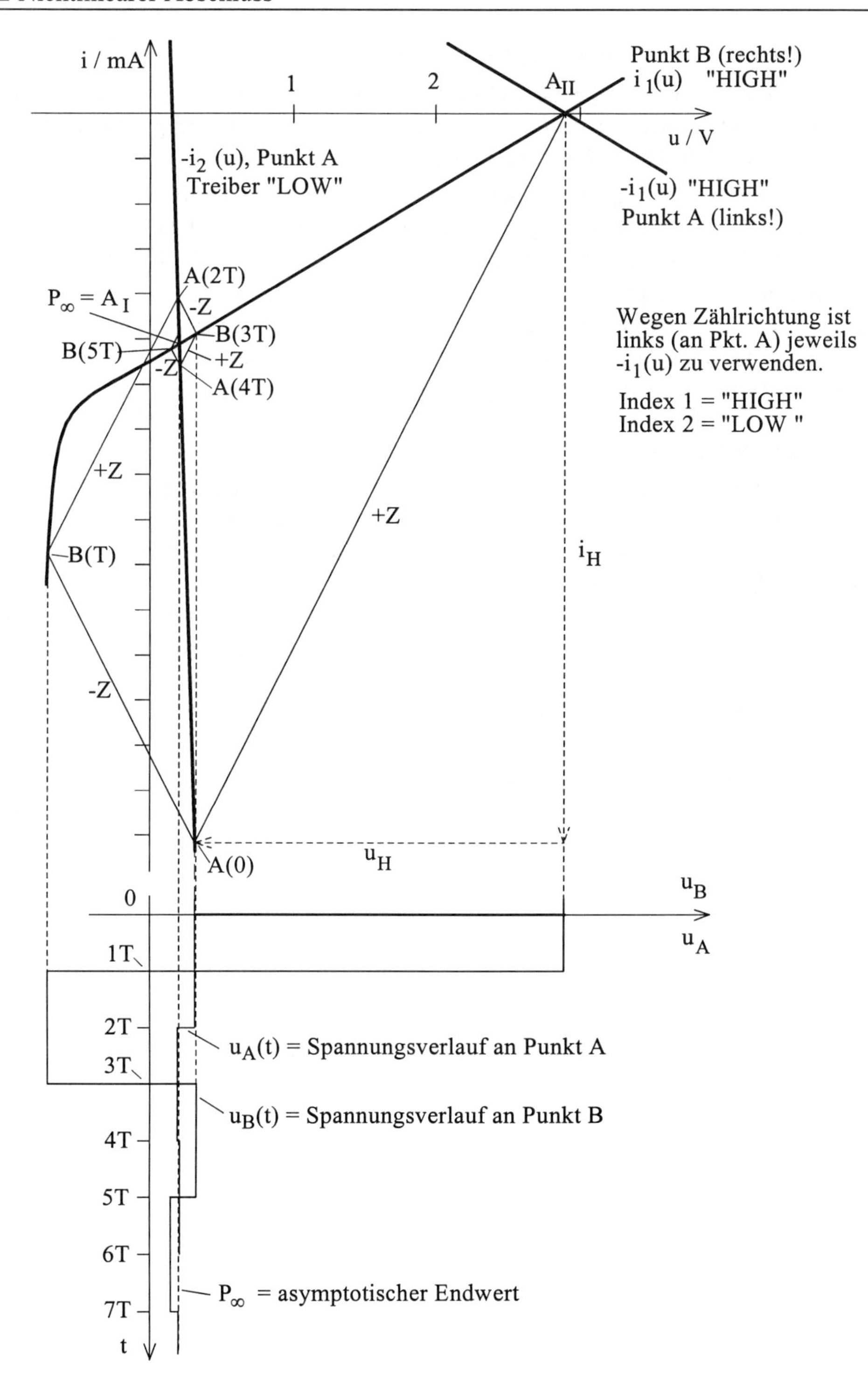

Bild 4-17: Rücksprung von HIGH auf LOW links an Punkt A

In Bild 4-17 wird schließlich noch der Rücksprung betrachtet.

Rechts bleibt immer der Schaltzustand HIGH, während links, an Punkt A, die Kennlinie von HIGH nach LOW *springt*. Beim Rücksprung wird die vollständige Kennlinie gebraucht, so dass die lineare Annäherung nicht genügt.

Dies ergibt sich aus den negativen Spannungswerten, die sich durch die Reflexion an Punkt B ergeben. Zur Unterdrückung dieser negativen Spannungsspitzen ist im Empfängerbaustein eine Diode vorgesehen, die das Abknicken der Kennlinie verursacht.

Die Konstruktion der Punkte erfolgt nach dem gleichen Schema, das an dem Beispiel *Sprung von LOW nach HIGH* ausführlich beschrieben wurde. Eine +Z-Gerade, beginnend im Ausgangspunkt A_{II}, wird mit $-i_2(u)$ zum Schnittpunkt gebracht. Auf den so gefundenen Spannungswert von A(0) springt die Spannung $u_A(t)$ bei $t = 0$. Eine –Z-Gerade, ausgehend von diesem Punkt, bringt B(T) auf $i_1(u)$ im abknickenden Teil. Man erkennt hier die spannungsbegrenzende Wirkung der Diode.

Als Nächstes wird wieder eine Gerade mit der Steigung +Z vom Punkt B(T) ausgehend gezeichnet. Als Schnittpunkt dieser Geraden mit der negativen Eingangskennlinie vom linken Ende, nämlich $-i_2(u)$, entsprechend LOW, findet man den Spannungswert, auf den u_A im Zeitpunkt 2T springt: A(2T).

Ausgehend von A(2T) wird nun wieder eine –Z-Gerade mit der $i_1(u)$-Kennlinie des rechten Endes zum Schnittpunkt gebracht. Dies ergibt den Punkt B(3T). Von diesem Punkt ausgehend, wird durch eine +Z-Gerade im Schnittpunkt mit $-i_2(u)$ der neue Spannungswert für den Zeitpunkt 4T an Punkt A gefunden: A(4T). Entsprechend sind die Punkte B(5T), A(6T) und B(7T) zu konstruieren.

Durch Herunterloten der Spannungswerte werden $u_A(t)$ und $u_B(t)$ konstruiert. Der asymptotische Endwert P_∞ entspricht dem Punkt A_I, dessen Konstruktion weiter oben beschrieben wurde. Der eingeschwungene Zustand ist für die Spannungswerte praktisch mit A(6T) und B(7T) erreicht.

5 Serielle Schnittstellen

5.1 Einleitung

Die serielle Schnittstelle ist in verschiedenen Formen weit verbreitet. Da die Datenübertragung bitseriell erfolgt, ist der Kostenaufwand für das Kabel relativ niedrig. Der Aufbau ist einfach, und es können größere Entfernungen überbrückt werden.

Ein Mikroprozessor verarbeitet die Daten parallel. Daher ist für eine Datenfernübertragung eine Parallel-Serien-Wandlung erforderlich. In Bild 5-1 ist hierfür das Schaltungsprinzip skizziert.

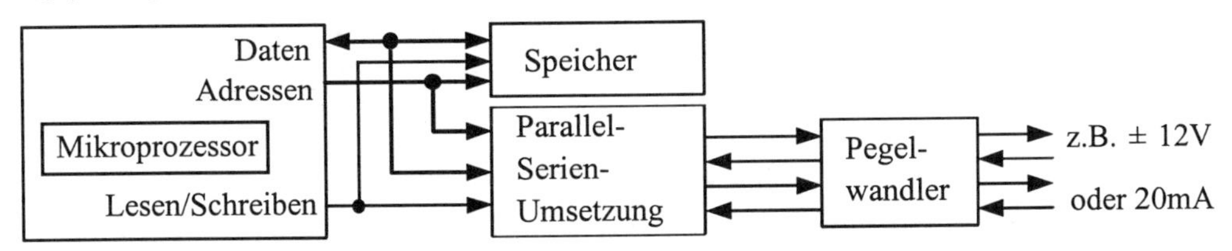

Bild 5-1: Parallel-Serien-Umsetzung und Pegelwandler

Spezielle ICs, wie z.B. der 8251 von Intel oder der 6850 von Motorola, übernehmen die Parallel-Serien-Umsetzung. Üblicherweise wird ein IC für die asynchrone Datenübertragung kurz UART (Universal Asynchronous Receiver/Transmitter) genannt. Ein IC mit der zusätzlichen Option, auch synchrone Übertragung zu ermöglichen, nennt man entsprechend USART (Universal Synchronous/Asynchronous Receiver/Transmitter).

Der Mikroprozessor spricht diese ICs wie Speicher über Adress-, Daten- und Steuerleitungen an. Der Ausgang der Serialisierungs-ICs wird dann noch mit geeigneten Pegelwandlern beschaltet, z.B. für den Betrieb mit ±12 V, entsprechend der RS-232-Schnittstelle, oder die Umwandlung zur Stromschnittstelle wird vorgesehen.

Auch für diese Treiberschaltungen werden ICs angeboten. So gibt es z.B. von Maxim Bausteine, die aus einer 5V Betriebsspannung die erforderlichen ±12V-Pegel intern erzeugen, um Betriebsspannungen mit ±12V einzusparen. Lediglich Pumpkondensatoren sind extern anzuschließen.

5.2 Übertragungsprotokoll

Im Übertragungsprotokoll wird als Erstes die Übertragungsart festgelegt. Wenn die Information zwischen zwei Teilnehmern abwechselnd ausgetauscht wird, spricht man von Halbduplex. Wird dagegen von beiden Teilnehmern gleichzeitig gesendet und empfangen, so nennt man dies Duplex- oder Vollduplexbetrieb. Bei nur einer Richtung der Datenübertragung hat man Simplexbetrieb.

Darüber hinaus werden im Übertragungsprotokoll die Übertragungsparameter und Protokollverfahren festgelegt.

5.2.1 Übertragungsparameter

Die *Übertragungsrate* wird in *Baud* angegeben. Sie entspricht bei dualer Codierung

Schritt/s = Bit/s = bps (bit per second) = 1 Baud.

Im Folgenden werden einige Beispielswerte für Baudraten aufgezählt:

150, 300, 600, 1200, 2400, 4800, 9600, 19200, 38400, 76800, 115200.

Die *Informationstransferrate* ist niedriger als die Übertragungsrate. Sie ergibt sich aus dem Verhältnis von Nutzinformation zu übertragener Information, die sich aus Nutzinformation und Steuerinformation zusammensetzt. Dies soll für das *Datenformat* des asynchronen Start-Stop-Verfahrens dargestellt werden (s. Bild 5-2).

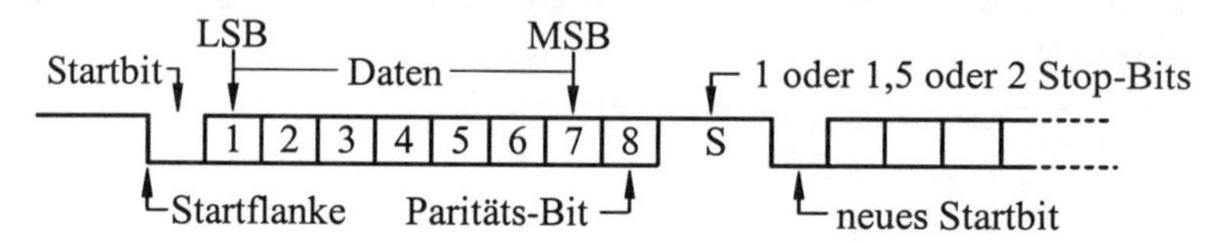

Bild 5-2: Start-Stop-Format

Bei der asynchronen Datenübertragung werden die Daten in einzelne Zeichen zerlegt. Dem Zeichen, das in dem dargestellten Beispiel aus 7 Bit – LSB (Least Significant Bit) ist das niedrigstwertige und MSB (Most Significant Bit) das höchstwertige Bit – besteht, wird ein Startbit vorangestellt und ein Paritätsbit angefügt. Abschließend folgt noch ein 1 oder 1,5 oder 2 Schritte langes Stop-Bit. In Sendepausen kann dieser Zeitraum auch beliebig lang sein, da der Empfänger durch die Startflanke des Startbits auf die nächste Bitfolge synchronisiert wird.

Legen wir 7 Nutzbits und bei je einem Start-, Paritäts- und Stop-Bit drei Bit Steuerinformation zugrunde, so ergibt sich eine Informationstransferrate von 7/10 der Baudrate.

Die Baudrate muss für Sender und Empfänger einheitlich festgelegt werden, ebenso die Codierung der Zeichen, z.B. 7-Bit-ASCII (s. Kap. 5.2.3) oder codeunabhängig. Auch die Verwendung des Paritätsbits muss gleich eingestellt werden.

Das Paritätsbit hat die Aufgabe, die Sicherheit der Datenübertragung zu erhöhen. Man unterscheidet zwischen gerader (even) und ungerader (odd) Parität (parity).

Bei gerader Parität prüft der Sender, ob die Anzahl der Einsen im Datenwort gerade ist. Das Paritätsbit wird dann so gesetzt, dass die Anzahl der Einsen - einschließlich des Paritätsbits - gerade wird. Der Empfänger prüft dann, ob das von ihm berechnete Paritätsbit mit dem übertragenen übereinstimmt.

Für ungerade Parität wird das Paritätsbit entsprechend so gesetzt, dass die Anzahl der Einsen ungerade ist, wieder einschließlich Paritätsbit.

Einzeln auftretende Fehler, sogenannte Einzelfehler, können mit dieser Methode erkannt werden.

5.2.2 Protokollverfahren

Im Protokollverfahren wird die Empfangs/Sendebereitschaft der Geräte mitgeteilt. Diese wird über die normale Datenleitung oder über zusätzliche Steuerleitungen angezeigt.

Auch eine Mischung aus beiden ist üblich. Das in der Praxis häufig angewandte *XON/XOFF-Protokoll* wird rein softwaremäßig realisiert. Wenn der Empfänger, z.B. ein Drucker, zunächst keine weiteren Daten entgegennehmen kann, weil der Datenpuffer voll ist, sendet er über die zweite Datenleitung das Steuerzeichen XOFF (13h, entsprechend DC 3 im ASCII-Code). Der Sender, z.B. der Computer, erkennt das Zeichen und unterbricht die Übertragung bis der Empfänger mit dem Steuerzeichen XON (11h, entsprechend DC 1 bei ASCII) seine Empfangsbereitschaft signalisiert. Die zugehörige Schaltung ist in Bild 5-9 (Zweidrahtverbindung) (Kapitel 5.3.6) dargestellt.

Mit zusätzlichen Steuerleitungen, z.B. RTS/CTS in Bild 5-11 (Vierdrahtverbindung) oder DSR/DTR in Bild 5-12 (Mehrdrahthandshake) kann die Empfangsbereitschaft hardwaremäßig, d.h. durch HIGH- oder LOW-Pegel, angezeigt werden. In der Praxis werden die unterschiedlichsten Kombinationen eingesetzt.

5.2.3 ASCII-Zeichen

Der 7-Bit-ASCII-Code (American Standard Code for Information Interchange) wurde übernommen als ISO-7-Bit-Code (International Organization for Standardization) und als CCITT-Nr. 5 (Comité Consultatif International Télégraphique et Téléphonique) sowie DIN-Vorschrift 66003 des DNA (Deutscher Normenausschuss). Mit sieben Bit können 128 Zeichen definiert werden. Das achte Bit bleibt Null oder wird als Paritybit verwendet. Bei Verwendung dieses Bits zum Umschalten erhält man den sogenannten erweiterten Zeichensatz mit 256 Zeichen, auf den hier nicht eingegangen wird.

Die Steuerzeichen des ASCII-Codes, geordnet nach Funktionsgruppen, sind im folgenden aufgelistet.

ASCII-Zeichen (Auszug)

1. Übertragungssteuerzeichen

SOH	(01h)	Start of Heading: Kopf einer Zeichenfolge mit Adressen oder Daten
STX	(02h)	Start of Text: beendet obige Zeichenfolge und leitet "Text" ein
ETX	(03h)	End of Text: beendet "Text" oder Zeichenfolge
EOT	(04h)	End of Transmission: Ende der Übertragung
ENQ	(05h)	Enquiry: Anforderung einer Antwort/Verwerfung eines Blockes
ACK	(06h)	Acknowledge: Bestätigung des fehlerfreien Empfangs eines Blocks
DLE	(10h)	Data Link Escape: Es folgt beliebiges Bitmuster
NAK	(15h)	Negativ Acknowledge: Aufforderung zur Wiederholung
SYN	(16h)	Synchronous Idle: Füllzeichen zur Synchronisation
ETB	(17h)	End of Transmission Block (mit nachfolgendem weiteren Block!)

2. Formatsteuerzeichen

BS	(08h)	Backspace: ein Schreibschritt zurück innerhalb der Zeile
HT	(09h)	Horizontal Tabulation: nächste Tabulatorposition
LF	(0Ah)	Line Feed: Zeilenvorschub
VT	(0Bh)	Vertikal Tabulator
FF	(0Ch)	Form Feed: erste Position des nächsten Formulars (bei Bildschirm: "LÖSCHEN")
CR	(0Dh)	Carriage Return: Erste Position derselben Zeile

3. Device-Control-Zeichen

DC 1 (11h) z.B. XON
DC 2 (12h)
DC 3 (13h) z.B. XOFF
DC 4 (14h)

Diese Zeichen wurden zum Ein- oder Ausschalten von Hilfsgeräten definiert.

4. Informationstrennzeichen zur Gliederung von Daten

US (1Fh) Unit Separator
RS (1Eh) Record Separator
GS (1Dh) Group Separator
FS (1Ch) File Separator

5. Codeerweiterungs-Steuerzeichen

SO (0Eh) Shift Out: Codeerweiterung: neue Schriftzeichen-Definition
SI (0Fh) Shift In: Beendet SO-Reihe
ESC (1Bh) Code-Umschaltung für Steuerzeichen

6. Sonstige

NUL (00h) Leeres Füllzeichen
SUB (1Ah) Substitution
SP (20h) Space = Zwischenraum
DEL (7Fh) Delete = Löschen, auch Pausenzeichen
BEL (07h) Klingel
CAN (18h) Cancel
EM (19h) End of Medium

Hier wurden nur die *Steuerzeichen* des ASCII- bzw. ISO-7-Bit-Codes aufgeführt. Weitere Zeichendefinitionen wie

große und kleine Buchstaben,

Ziffern und

Sonderzeichen

können der Tabelle *Mehrdrahtnachrichten und ISO-7-Bit-Code* in Kapitel 9.6 GPIB entnommen werden.

5.3 RS-232

5.3.1 Pegeldefinition

Die Pegeldefinition zählt zu den elektrischen Eigenschaften der RS-232-Schnittstelle. Sie ist in Bild 5-3 am Beispiel eines Sendeimpulses dargestellt.

Die typischen Pegelwerte von Datenleitungen betragen +12V für logisch "0" und -12V für logisch "1". Die Mindestwerte liegen bei +3V für logisch "0" und -3V für logisch "1" und die höchstzulässigen Werte bei +15V bzw. -15V. Ein Datenbit wird also als logisch "1" erkannt, wenn der Pegel $u < -3V$ ist, und als logisch "0" bei einem Pegel von über

+3V. Dagegen sind Melde- und Steuersignale *aktiv*, wenn die Spannung u > +3V ist, und sie sind *inaktiv*, wenn der Pegel u < -3V beträgt.

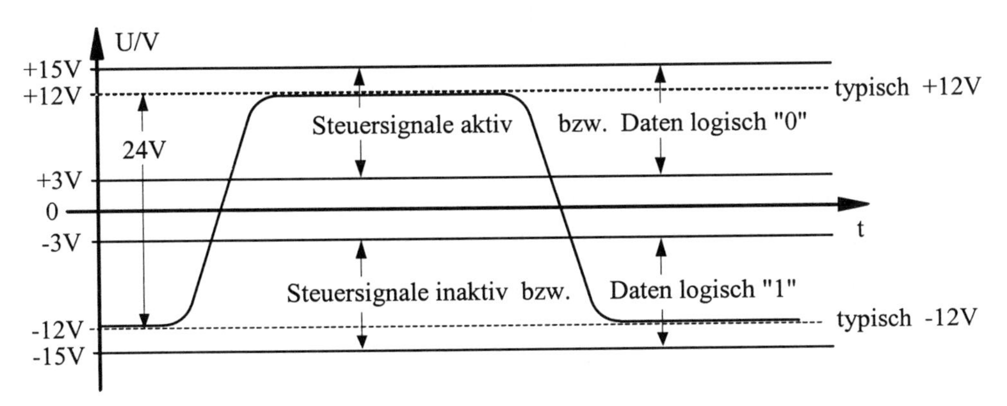

Bild 5-3: Pegeldefinition der RS-232 für Datenleitungen und Steuersignale

5.3.2 Geräte der Datenübertragungstechnik

Man unterscheidet zwischen DEE (Daten-End-Einrichtung) bzw. engl. DTE (Data Terminal Equipment) und DÜE (Daten-Übertragungs-Einrichtung) bzw. engl. DCE (Data Communication Equipment).

Zu den DEEs zählen z.B. Terminals, Computer und Drucker. Modems zur Datenfernübertragung über Telefonleitungen sind dagegen DÜEs. Im Bild 5-4 ist dargestellt, wie zwei DEEs über Modems, in diesem Beispiel Halbduplex für Wechselverkehr bei Zweidraht-Standleitung, verbunden werden.

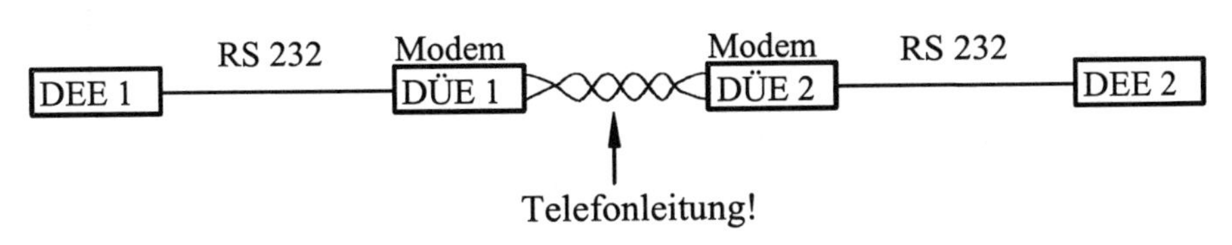

Bild 5-4: Datenkommunikation über Modems

DEE und DÜE sind jeweils über die RS-232-Schnittstelle verbunden. Man setzt sie aber auch für die Datenkommunikation zwischen zwei DEEs ein. Die unterschiedlichen Zusammenschaltungen werden in einem speziellen Kapitel *Verbindungsarten* behandelt.

5.3.3 Normungsgremien

Die RS-232-Schnittstelle wurde von EIA (Electronic Industries Association) funktionell, elektrisch und mechanisch standardisiert. Sie entspricht funktionell der V.24 und elektrisch der V.28 von CCITT (Comité Consultatif International Télégraphique et Téléphonique), die seit 1993 von der ITU-T (International Telecommunication Union - Telecommunications Standardization) abgelöst wurde. Mechanisch entspricht sie ISO 2110 (International Organization for Standardization).

DIN 66020 und DIN 66259 (Deutsches Institut für Normung) sind an diese Empfehlungen angelehnt.

Die übliche Bezeichnung *RS-232-C* wird hier mit *RS-232* abgekürzt. Das C bezog sich lediglich darauf, dass es sich um die dritte Version handelte. Seit längerem gibt es aber schon die fünfte Version, dementsprechend der Zusatz E zu wählen wäre.

5.3.4 Steckerbelegung

Als Steckverbindung der V.24 / RS-232 wird z.B. ein 25-poliger D-Sub-Stecker eingesetzt, der in Bild 5-5 von oben betrachtet dargestellt ist.

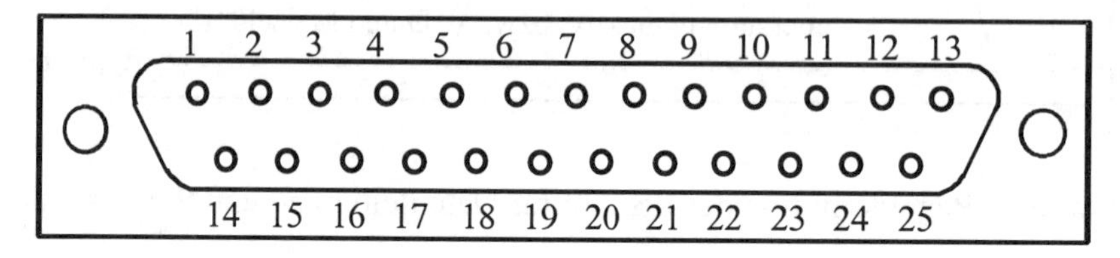

Bild 5-5: 25-poliger D-Sub-Stecker der RS-232-Schnittstelle

Die funktionalen Eigenschaften der RS-232 ergeben sich aus den in Bild 5-6 aufgelisteten Leitungen. Es sind nur die wichtigsten Leitungen aufgeführt, für Datenfernübertragung werden noch weitere Leitungen benötigt.

DIN 66020 (DEE)	Stift-Nr. (s. Stecker)	Bezeichnung			CCITT (DÜE)
E1	1	Schutzerde		Protective Ground	101
D1	2	Sendedaten	TxD	Transmit Data	103
D2	3	Empfangsdaten	RxD	Receive Data	104
S2	4	Sendeteil einschalten	RTS	Request to Send	105
M2	5	Sendebereitschaft	CTS	Clear to Send	106
M1	6	Betriebsbereitschaft	DSR	Data Set Ready	107
E2	7	Betriebserde	GND	Signal Ground	102
M5	8	Empfangssignalpegel	DCD	Data Carrier Detect Data Channel Received Line Signal Detect	109
T2	15	Sendeschritttakt von der DÜE	TC	Transmit Clock DCE	114
T4	17	Empfangsschritttakt von der DÜE	RC	Receiver Clock DCE	115
S1	20	Endgerät betriebsbereit	DTR	Data Terminal Ready	108
M3	22	ankommender Ruf	RI	Ring Indicator	125
T1	24	Sendeschritttakt zur DÜE		Transmit Clock DTE	113

Bild 5-6: Die Pinbelegung ausgewählter Signale der RS-232-Schnittstelle

Die Leitung TxD, oft auch TD abgekürzt, nimmt die Sendedaten auf, d.h. die Daten, die von der DEE an die DÜE übermittelt werden.

RxD, oder auch RD genannt, leitet die Empfangsdaten von der DÜE zur DEE.

RTS zeigt der DÜE an, dass Sendebetrieb gefordert wird.

CTS meldet die Sendebereitschaft der DÜE an die DEE. Dies ist sozusagen die Antwort oder Quittung auf RTS.

DSR übermittelt der DEE die Betriebsbereitschaft der DÜE.

GND ist die Signalerde oder auch Betriebserde. Für die Schutzerde ist ein eigener Anschluss vorgesehen.

DCD zeigt der DEE an, dass von der DÜE ausreichender Signalpegel des Datenträgers empfangen wird.

DTR zeigt die Betriebsbereitschaft einer DEE an und RI meldet einen ankommenden Ruf. Außerdem sind im Bild 5-6 noch drei unterschiedliche Taktleitungen für synchrone Übertragung von Daten aufgeführt.

Es werden meist nicht alle standardisierten Leitungen verwendet. Oft genügt daher der platzsparende 9-polige Stecker, wie er in Bild 5-7 dargestellt ist.

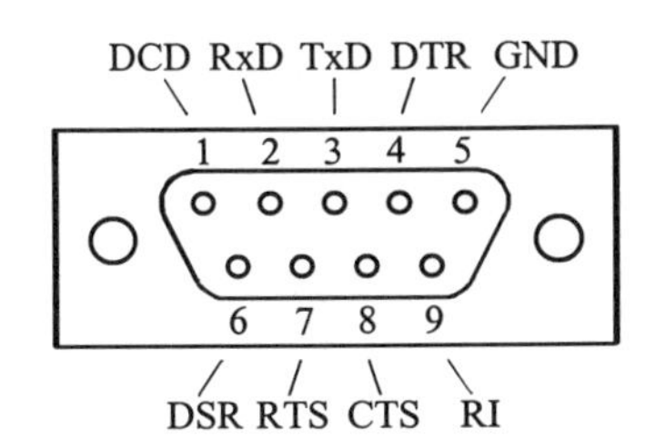

Bild 5-7: 9-poliger D-Sub-Stecker mit Pinbelegung der RS-232-Schnittstelle

Die Leitungen, die zur Datenübertragung eingesetzt werden, sollten entsprechend der in Bild 5-7 angegebenen Pinbelegung verdrahtet werden.

5.3.5 Übertragungsbeispiel

Als Beispiel für die Datenkommunikation von Datenendeinrichtungen DEE 1 und DEE 2 über entsprechende Modems DÜE 1 und DÜE 2 sind in Bild 5-8 die hierfür benötigten Interfacesignale zeitlich aufeinanderfolgend dargestellt.

Zur Vereinfachung der Darstellung ist für die Verbindung der beiden Modems eine Standleitung und Halbduplex vorgesehen.

Nach Einschalten der Modems erhalten die DEEs jeweils das DSR-Signal. Diese melden Betriebsbereitschaft mit DTR. Die DEE 1 fordert daraufhin den Sendebetrieb mit RTS an. Das Modem 1 gibt den Modulationsträger auf die Leitung und meldet dies mit CTS der DEE 1. Das Modem 2 erkennt den Datenträger, im Bild 5-8 kurz Träger genannt, und meldet dies mit DCD der DEE 2.

Die von der DEE 1 auf TxD übermittelten Daten werden moduliert von Modem zu Modem übertragen und anschließend auf RxD an die DEE 2 gegeben. Die DEE 1 zeigt das

Ende der Datenübertragung durch Deaktivierung der RTS-Leitung an. Das Modem 1 schaltet daraufhin den Träger ab.

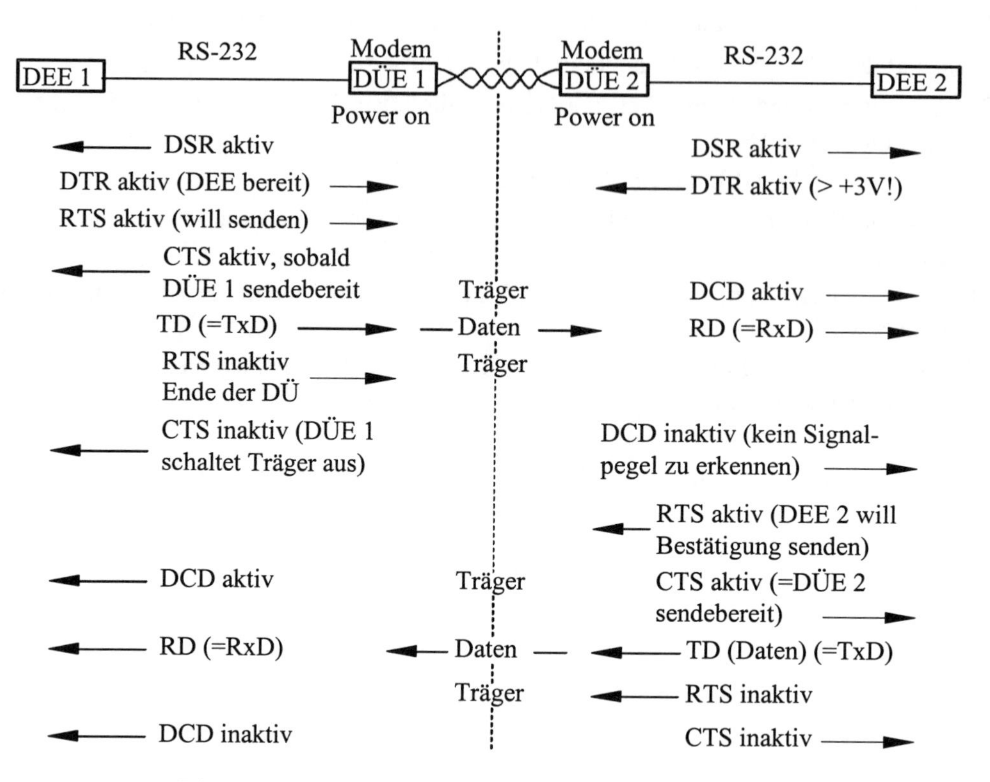

Bild 5-8: Schnittstellensignale bei Datenübertragung

Die andere Richtung der Datenübertragung beginnt mit der RTS-Aktivierung durch die DEE 2. Der weitere Signalverlauf entspricht dem soeben beschriebenen, jedoch sind dabei Sender und Empfänger ausgetauscht.

5.3.6 Verbindungsarten

DEE und DÜE haben gleiche Leitungsbezeichnungen. Der Gerätetyp entscheidet, ob eine Leitung als Eingang oder Ausgang betrieben wird.

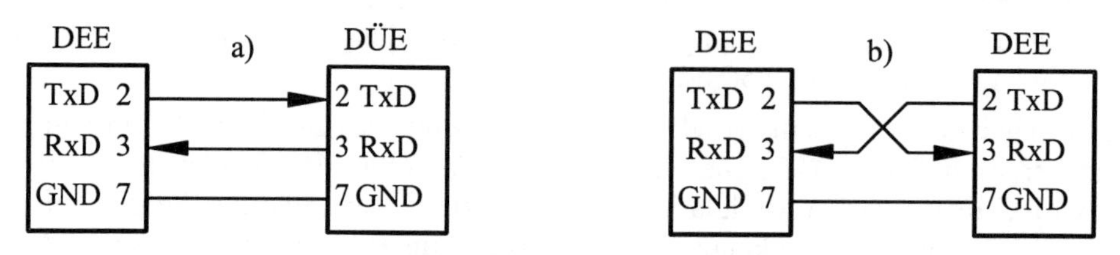

Bild 5-9: Zweidrahtverbindung

Daraus ergibt sich die an mehreren folgenden Bildern zu betrachtende Unterscheidung:

a) Geradeausverbindung zwischen DEE und DÜE

b) Kreuzverbindung zwischen DEE und DEE, auch Nullmodem genannt, da hierdurch die Modems ausgespart werden.

Bei der in Bild 5-9 dargestellten Konfiguration kann der Übertragungszustand nur über die Datenleitungen TxD und RxD mitgeteilt werden. Es kann also nur das oben beschriebene XON/XOFF-Protokoll eingesetzt werden.

Ganz ohne Rückmeldung wird die Datenübertragung in der Minimalkonfiguration nach Bild 5-10 durchgeführt.

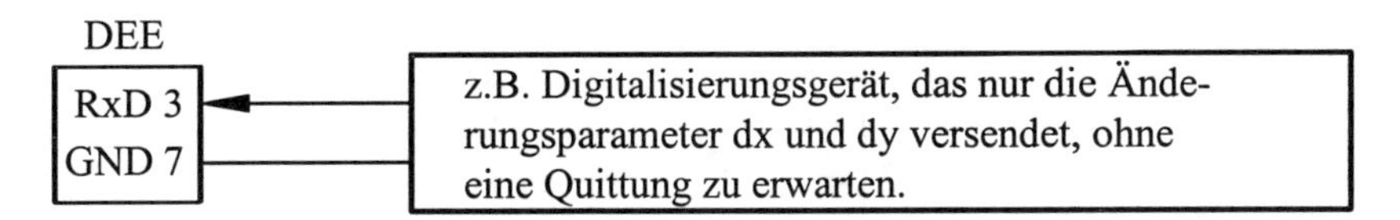

Bild 5-10: Minimalkonfiguration

In der Konfiguration nach Bild 5-11 sind zusätzlich zu den Datenleitungen noch Steuerleitungen zum Anzeigen der Sende- und Empfangsbereitschaft vorgesehen. Diese werden im Fall b), ebenso wie die Datenleitungen, über Kreuz angebunden.

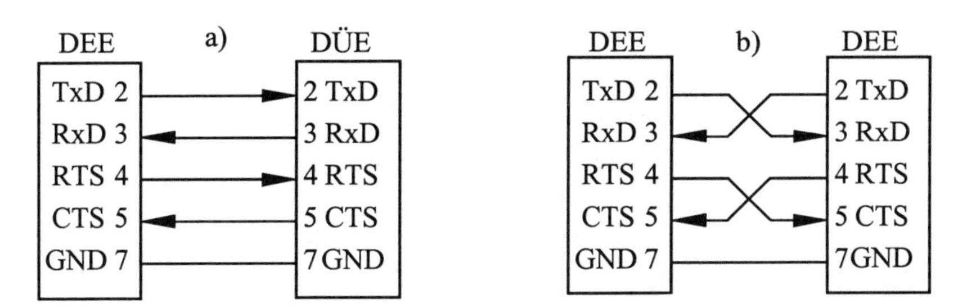

Bild 5-11: Vierdrahtverbindung

Die Konfiguration nach Bild 5-12 zeigt zusätzlich die Meldesignale DSR und DTR, wodurch die Betriebsbereitschaft signalisiert wird.

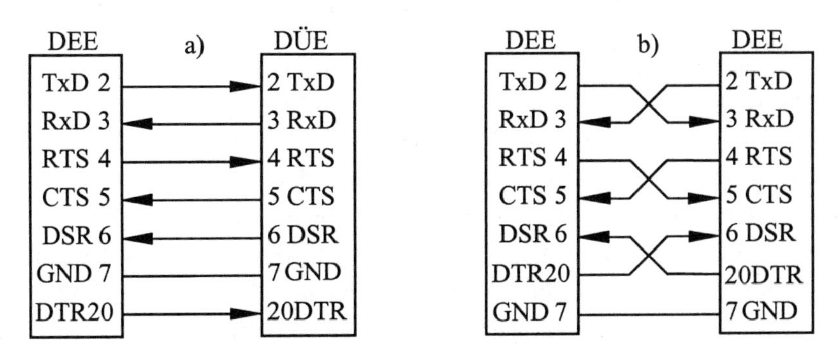

Bild 5-12: Mehrdrahthandshake

Auf die Überkreuzung von DSR und DTR nach Bild 5-12 b) kann man verzichten, wenn diese Signale jeweils im Stecker der beiden Geräte verbunden werden.

Welche Signale im Einzelfall zur Datenübertragung benötigt werden, hängt von den eingesetzten Geräten ab. Durch Nachschlagen in den Handbüchern – notfalls auch durch Messungen, z.B. mit einem Schnittstellentester – ist festzustellen, welche Signale geliefert und welche erwartet werden. Auch die pin-Belegung der Stecker ist zu überprüfen, um dann ein geeignetes Anschlusskabel herzustellen.

Bei synchroner Übertragung mit Takt ist aus den vorhandenen Taktausgängen eine geeignete Leitung auszuwählen und zu verschalten.

Ein Beispiel für synchrone Übertragung ist in Bild 5-13 dargestellt.

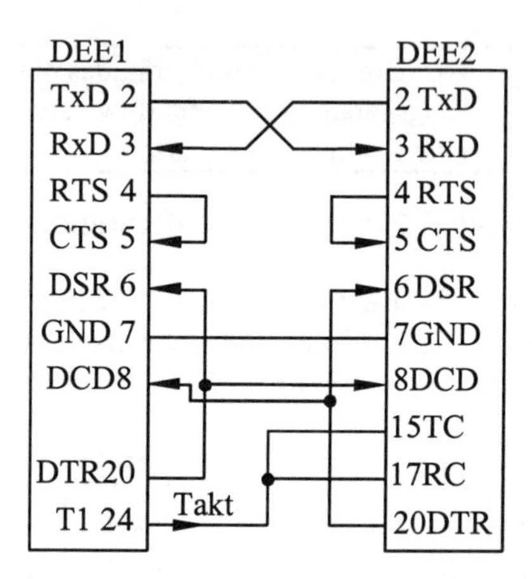

Bild 5-13: Synchrone Übertragung

Eine DEE liefert den Takt über die Leitung 24 (T1 entsprechend DIN 66020). Dieser wird mit den Takteingängen der zweiten DEE, Leitung 15 und 17, verbunden.

5.3.7 Kabellänge

Auf den Schnittstellenleitungen der RS-232 sind die Signale bipolar. Der Pegel darf von +3V bis +15V bzw. -3V bis -15V variieren. Dadurch können Entfernungen von ca. 15m bei einer Baudrate von 19200 Baud sicher überbrückt werden, wenn die Einstreuung von anderen Geräten nicht zu hoch ist. Dem kann aber durch Verwendung von abgeschirmten Kabeln entgegengewirkt werden. Mit kapazitätsarmen, doppeltgeschirmten Kabeln kann durch Verringerung der Impulsverzerrungen und weitergehender Unterdrückung von Einstreuungen sogar die doppelte und dreifache RS-232-Länge erreicht werden.

Eine deutliche Reichweitenverbesserung erzielt man durch symmetrische Signale, d.h. zwei Leitungen pro Signal, wie dies im nächsten Kapitel beschrieben wird.

Die dort beschriebenen Schnittstellen RS-422 und RS-485 arbeiten mit symmetrischen Treiberschaltungen beim Sender und mit Differenzverstärkern beim Empfänger.

Dagegen wird bei der RS-423 zwar auch noch mit asymmetrischen Signalen angesteuert aber mit Differenzverstärkern gegen einen gemeinsamen Rückleiter detektiert.

5.4 RS-422, RS-423, RS-485, RS-449

5.4.1 Überblick

Eine Verbesserung der Übertragungseigenschaften gegenüber der RS-232, bei der nur 15 m Entfernung bei 20 kBaud zu überbrücken sind, erreicht man durch Verwendung der RS-422 oder RS-423. Die Definition der RS-422 bezieht sich auf die zweifache Leitungsausführung pro Signal, d.h. symmetrische Signale werden vorgesehen. Eine zusätzliche Masseleitung ist optional. Es werden wesentlich höhere Datenraten erreicht:

10 MBaud bei 10...20 m

100 kBaud bei 1,2 km.

Durch die zusätzlichen Leitungen erhöhen sich die Kabelkosten. Dies kann bei den erhöhten Entfernungen beträchtlich sein. Um diese Kosten zu verringern, wurde in der RS-423 jeweils nur ein Leiter für das Signal, aber eine gemeinsame Signal-Rückleitung, vorgesehen. Diese Rückleitung dient als Referenzpegel, ist aber nicht identisch mit der Masse des Empfängers.

Die mit der RS-423 erzielte Übertragungsrate ist geringer:

100 kBaud bei 10...20 m

1 kBaud bei 1,2 km.

Die Entfernung und/oder Übertragungsgeschwindigkeit kann durch einen Abschlusswiderstand auf der Empfängerseite erhöht werden. Dies ist aber nur bei der RS-422 sinnvoll, da nur diese Schnittstelle für jedes Signal einen eigenen Hin- und Rückleiter hat.

Der Einfluss von Schnittstellenart und Abschlusswiderstand ist im Bild 5-14 dargestellt.

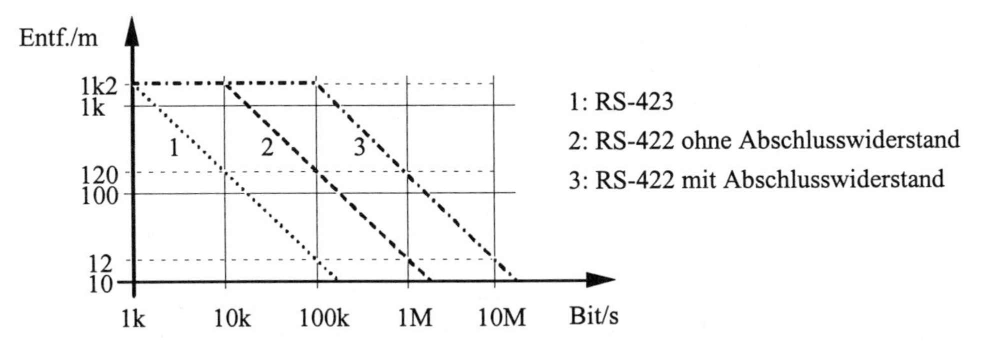

Bild 5-14: Kabellänge RS-422/423 und Bitrate

Aufgetragen ist die maximal zulässige Entfernung über der Bitrate für RS-423 sowie für RS-422 mit und ohne Abschlusswiderstand.

Bei Verwendung der RS-422 dürfen an einen Sender maximal 10 Empfänger angeschlossen werden. Dies ist der Übergang von einer einfachen Punkt-zu-Punkt-Verbindung zum Bus. Eine Weiterentwicklung dieser Schnittstelle stellt die RS-485 dar.

Durch Verwendung von TRISTATE-ICs können bis zu 32 Sender/Empfänger an einen Bus angeschlossen werden.

Daher bildet die RS-485-Schnittstelle die Grundlage verschiedener Bussysteme, z.B. für SCSI, CAN-Bus und DIN-Messbus.

5.4.2 RS-422

Funktionen nach: CCITT V.24 (DIN 66020 Teil 1)

CCITT X.21 und X.24 (DIN 66020 Teil 2)

Elektrische Eigenschaften : CCITT V.11/X.27 (DIN 66259 Teil 3)

Steckverbindung:

im Fernsprechnetz: 37-poliger Stecker nach ISO

im Datennetz: 15-poliger Stecker nach ISO

Pinbelegung des 15-poligen D-Sub-Steckers:

Pin 1 : Schutzerde

Pin 2 : T(A) Sendedaten

Pin 4 : R(A) Empfangsdaten

Pin 8 : GND Betriebserde

Pin 9 : T(B) Sendedaten

Pin 11 : R(B) Empfangsdaten

In Bild 5-15 ist der prinzipielle Aufbau für ein Signal der RS-422 dargestellt.

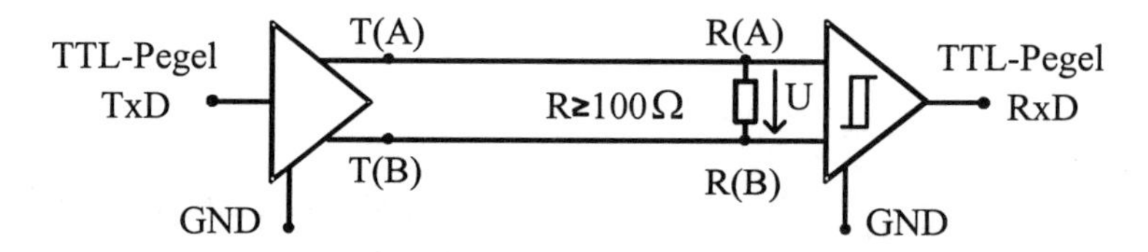

Bild 5-15: Schaltungsprinzip der RS-422-Schnittstelle

Der Treiberbaustein hat TTL-Eingangspegel und gibt das Signal auf zwei Leitungen. Die Leitungen werden mit A und B bezeichnet. Auf A wird für das normale Signal eine positive Spannung von z.B. 5V, auf B etwa 0V gelegt. Für das invertierte Signal wird die positive Spannung auf B und die 0V auf A geschaltet. Die Differenzspannung zwischen diesen Leitungen beträgt beim Sender mindestens 2V.

Eine Spannungsdifferenz größer als +0,2V wird beim Empfänger als HIGH-Pegel und eine Spannungsdifferenz kleiner -0,2V als LOW-Pegel definiert. Der Ausgangspegel der Empfängerschaltung ist wieder TTL. Durch die Unterscheidung einer positiven oder negativen Differenzspannung auf dem Leitungsende ist die Übertragung auch über größere Entfernungen relativ sicher. Um die Einstreuungen zu minimieren, werden die Leiter paarweise verdrillt (twisted pairs).

Der prinzipielle Aufbau einer RS-422-Verbindung ist in Bild 5-16 dargestellt.

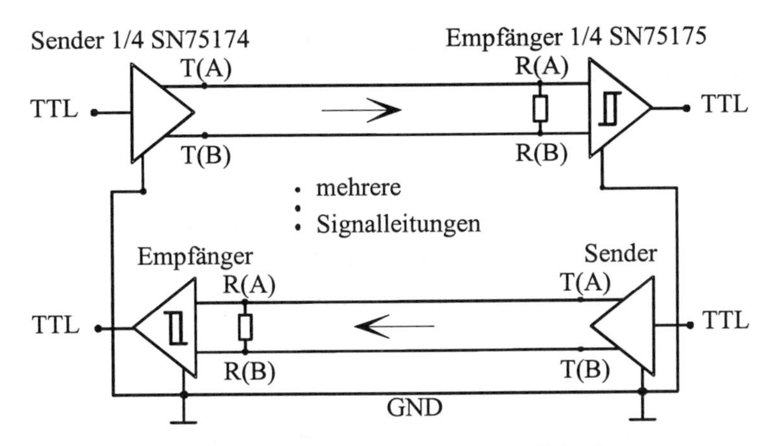

Bild 5-16: Beispiel RS-422, Vollduplex

Ein Sendesignal T, entsprechend dem Prinzipbild in Bild 5-15, sowie ein Empfangssignal R in der anderen Richtung sind vollständig dargestellt. Entsprechend wären mehrere weitere Signalpaare, soweit sie verwendet werden, vorzusehen. Die optionale gemeinsame Masse ist als GND (ground) eingezeichnet.

5.4.3 RS-423

Funktionen gemäß: V.24 (DIN 66020 Teil 1), CCITT X.21 und X.24 (DIN 66020 Teil 2)
elektrische Eigenschaften: V.10/X.26 entspricht RS-423 (DIN 66259 Teil 2)
Steckverbindung: 37-poliger bzw. 15-poliger Stecker (wie RS-422).

Pegeldefinition beim Empfänger:

Datenleitungen: Signalzustand "1", wenn A negativ gegen GND
"0", wenn A positiv gegen GND
Steuerleitungen: "Ein" (aktiv), wenn A positiv gegen GND
"Aus" (inaktiv), wenn A negativ gegen GND
Kein definierter Ausgang bei Differenz-Eingangsspannung: -0.2V < A-B < 0.2V
Im Bild 5-17 ist der prinzipielle Aufbau einer RS-423-Schnittstelle dargestellt.

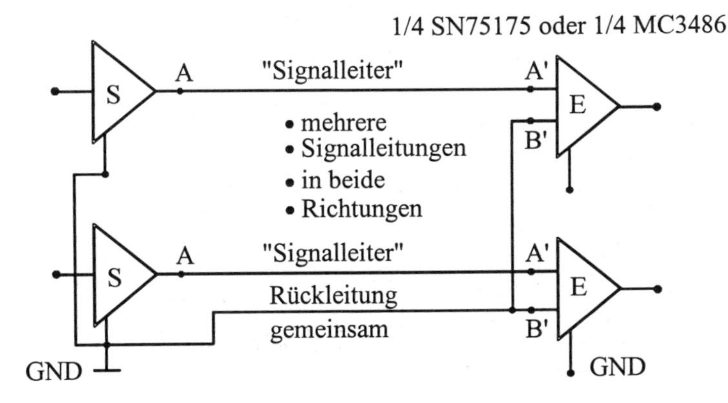

Bild 5-17: Schaltbild der RS-423-Schnittstelle für *eine* Richtung

Die gemeinsame Rückleitung dient als Referenzpegel für die Empfängerbausteine E. Nur *eine* Senderichtung ist dargestellt.

5.4.4 RS-485

Die Schnittstelle nach RS-485 ist eine Weiterentwicklung der RS-422. Der prinzipielle Aufbau ist in Bild 5-18 skizziert. Um im Ruhezustand definierte Pegel auf den Leitungen zu erhalten, werden meist zusätzlich zu dem Abschlusswiderstand von 150 Ω (220 Ω) entsprechend RS-485 sogenannte *Pullup-* und *Pulldownwiderstände* von z.B. 330 Ω (390Ω) vorgesehen.

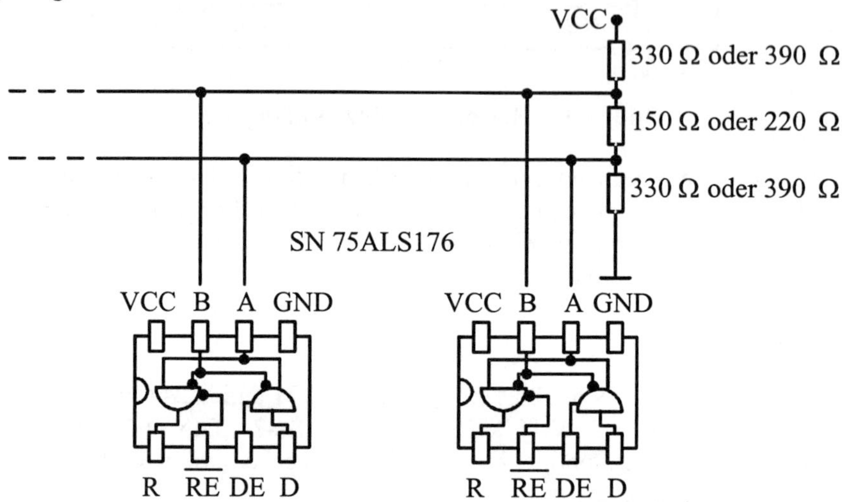

Bild 5-18: Schaltungsbeispiel für die RS-485-Schnittstelle

Die Bezeichnungen in Bild 5-18 haben folgende Bedeutung: R = empfangene Daten; D = zu sendende Daten; $\overline{RE}$ = Empfangsfreigabe; DE = Sendefreigabe,

VCC = Spannungsversorgung und GND = Masse.

Da bei RS-485 TRISTATE-TRANSCEIVER verwendet werden, können maximal 32 Sender/Empfänger an einen Bus angeschlossen werden.

Die Pegeldefinition für den Eingang ist in Tabelle 5-1 zusammengestellt.

Differenzeingang A minus B	Enable RE	Ausgang R
U ≥ 0,2V	LOW	HIGH
- 0,2V < U < 0,2V	LOW	undefinierten Zustand
U ≤ - 0,2V	LOW	LOW
don't care (irrelevant)	HIGH	Z (hochohmig abgetrennt)

Tabelle 5-1: Pegeldefinition des TRISTATE-TRANSCEIVERs

5.4.5 RS-449

Die RS-449 ist eine Erweiterung/Verbesserung der RS-232-Schnittstelle. Sie hat etwa zehn zusätzliche Signale. Die DEE erhält dadurch mehr Einfluss auf die DÜE (Modem). RS-449 ist nur die funktionale Definition, elektrisch ist RS-422 (für höhere *performance*!) und/oder RS-423 anzuwenden.

5.5 Stromschnittstelle

5.5.1 Prinzip

Aus der TTY-Schnittstelle zur Ansteuerung von Fernschreibern (TTY ist die Abkürzung für Teletype) wurde die Stromschnittstelle (engl. current loop) weiterentwickelt. Nach dem üblichen mittleren Betriebsstrom wird sie auch 20mA-Schnittstelle genannt. Eine direkte Weiterentwicklung war die V.24- bzw. RS-232-Schnittstelle, die bereits oben beschrieben wurde. Die elektrischen Eigenschaften der Stromschnittstelle sind im Teil 1 der DIN 66348 (von 1986) festgelegt.

Die prinzipielle Betriebsart nennt man *Einfachstrom*:

$I \geq 11mA$ = logisch "1" = Eins (Mark)

$I \leq 2,5mA$ = logisch "0" = Null (Space).

Das Signal wird also durch einen eingeprägten Strom realisiert, wodurch der Störabstand auf der gesamten Leitungslänge gleich ist. Die Stromschnittstelle eignet sich daher für Leitungslängen von 100m bis 10km. Die Übertragungsrate hängt von der Kabelart und Kabellänge ab. So kann z.B. ein verdrilltes Kabel von 250m Länge mit 1,5MBaud betrieben werden. Der prinzipielle Aufbau der Stromschnittstelle ist in Bild 5-19 skizziert.

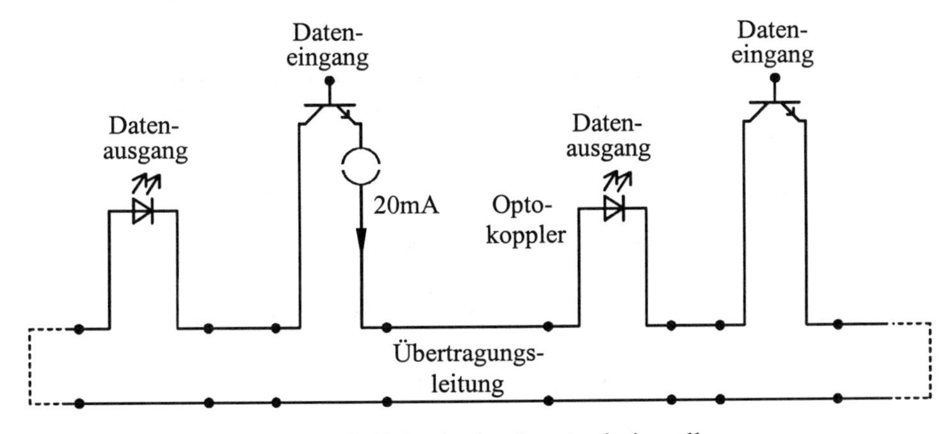

Bild 5-19: Prinzip der Stromschnittstelle

Es ist der Aufbau für Halbduplex dargestellt. Die beiden Teilnehmer können nur abwechselnd senden, während der jeweils andere empfängt. Die Stromquelle, die bei einem Teilnehmer vorzusehen ist, prägt 20mA in die Übertragungsleitung als geschlossenen Stromkreis ein. Dieser Strom kann durch den Transistor des Dateneingangs beim linken bzw.

rechten Teilnehmer bitweise unterbrochen werden. Der Stromfluss wird allgemein *Mark*, der Unterbrechungszeitraum *Space* genannt. Wegen der großen Entfernungen wird zur Potentialtrennung der Datenausgang über Optokoppler angeschlossen, die bei beiden Teilnehmern vorzusehen sind. Grundsätzlich ist über eine Zweidrahtleitung auch mit mehreren Geräten Halbduplexbetrieb möglich, wie dies in Bild 5-20 gezeigt wird.

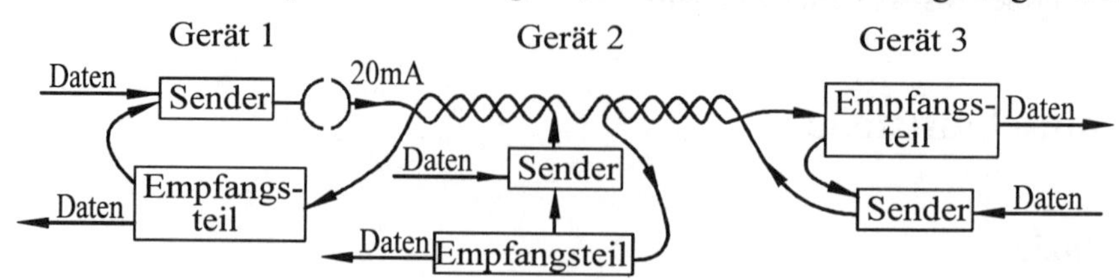

Bild 5-20: Halbduplex mit mehreren Geräten

Nur ein Gerät stellt eine 20mA-Stromquelle bereit, die einen geschlossenen Weg über die drei Geräte vorfindet. Welches Gerät gerade sendet und welches Gerät empfängt, muss im Protokoll festgelegt werden. Für gleichzeitiges Senden in beide Richtungen, d.h. Vollduplex, müssen zwei Stromquellen und zwei Leitungspaare vorgesehen werden. Dabei benötigt aber nicht jedes Gerät eine Stromquelle. Dies wird im folgenden Kapitel betrachtet.

5.5.2 Gerätearten

Da nicht für jedes Gerät eine Stromquelle erforderlich ist, werden die Geräte nach dem *Ausstattungsmerkmal* in Klassen eingeteilt:

CL 0 (keine Stromquelle)

CL 1 (eine Stromquelle)

CL 2 (zwei Stromquellen).

Je nach Verwendung der Stromquelle wird ein Gerät *aktives Gerät* genannt, wenn dessen Stromquelle benutzt wird, oder *passives Gerät*, wenn keine Stromquelle dieses Gerätes zum Einsatz kommt. Dies wird anhand von Bild 5-21 erläutert.

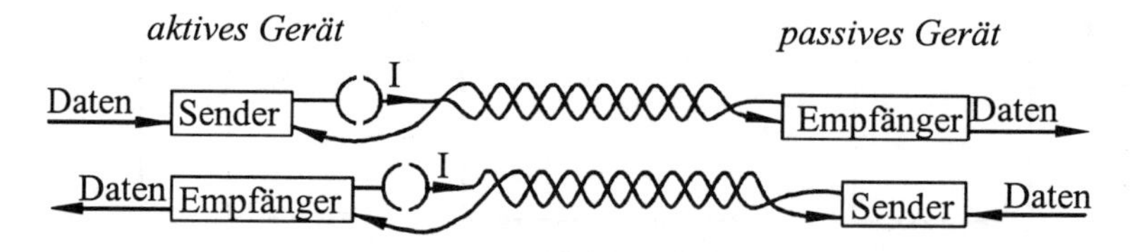

Bild 5-21: Aktives und passives Gerät für Vollduplexbetrieb

Das linke Gerät stellt für beide Übertragungsrichtungen je eine Stromquelle I zur Verfügung. Die Stromquellen des rechten Gerätes bleiben, sofern überhaupt vorhanden, unbenutzt. Es handelt sich hierbei um ein sogenanntes *passives Gerät.* Beide Geräte haben einen Sende- und Empfangsteil. Es ist also Vollduplexbetrieb möglich.

Im folgenden wird der Aufbau von Stromquelle, Sender und Empfänger im Einzelnen beschrieben.

5.5.3 Konstantstromquelle

Um den Einfluss der Kabellänge auf die Stromstärke zu minimieren, wird ein möglichst konstanter Strom eingeprägt. Dies wird in erster Näherung durch Verwendung einer relativ hohen Betriebsspannung und eines entsprechend großen Widerstandes erreicht, wie dies in Bild 5-22 gezeigt wird.

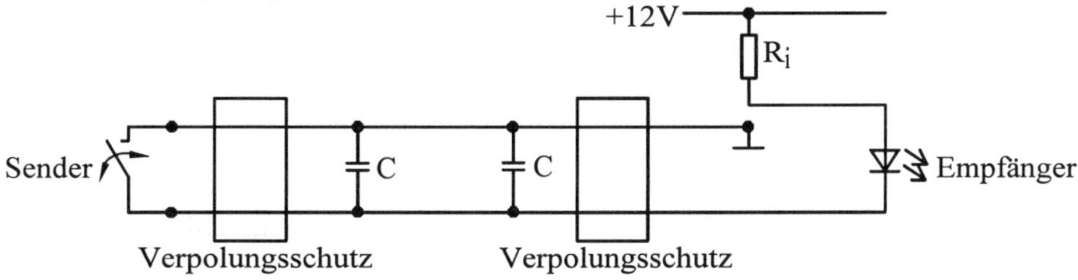

Bild 5-22: Einfache Stromquelle und Verpolungsschutz

Man sieht den geschlossenen Stromkreis von der Betriebsspannung mit +12V ausgehend über den Innenwiderstand R_i der *Stromquelle*, die Leuchtdiode des Empfängers, den Verpolungsschutz und über den stromunterbrechenden Sender zurück zum Erdungspol. Wegen der genannten Spannungsabfälle, die im Kapitel 5.5.6 gesondert betrachtet werden, kann der Innenwiderstand allgemein nicht hinreichend groß dimensioniert werden, so dass diese Ausführung der *Stromquelle* nur für geringere Entfernungen geeignet ist. Auch wirken sich dabei die in Bild 5-22 eingezeichneten Streukapazitäten C besonders impulsverzerrend aus. Diese fassen die kapazitive Belastung durch Bauteile und Kabel auf jeweils beiden Seiten zusammen. Daraus resultiert eine Herabsetzung der maximal zulässigen Baudrate.

Eine bessere Ausführung einer Konstantstromquelle ist in Bild 5-23 skizziert.

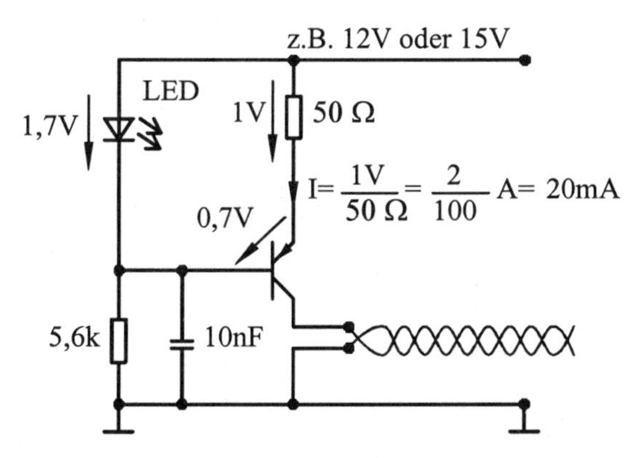

Bild 5-23: Stromquelle mit Bipolartransistor

Die Leuchtdiode LED wird hier zur Stabilisierung von 1,7V eingesetzt. Davon fallen etwa 0,7V an der durchgeschalteten Basis-Emitter-Diode des Transistors ab, so dass für den 50Ω-Widerstand 1V übrig bleibt. Der sich einstellende Strom I errechnet sich zu 20mA und wird in dieser Größe in das verdrillte Leiterpaar eingeprägt, da Emitter- und Kollektorstrom in etwa gleich groß sind.

Der Kondensator von 10nF stabilisiert die Schaltung nur wechselstrommäßig.

In besonders einfacher Weise kann eine Konstantstromquelle mit einem FET (Feldeffekttransistor) nach Bild 5-24 aufgebaut werden.

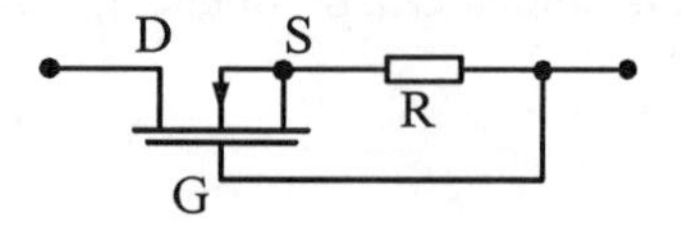

Bild 5-24: Stromquelle mit Feldeffekttransistor

Über den Widerstand R baut sich die erforderliche Ansteuerspannung U_{GS} des FET's auf. Die Stromstärke ist durch den Widerstandswert R über die Steuerkennlinie des Transistors einstellbar. In ähnlicher Weise wirkt die Schaltung nach Bild 5-25.

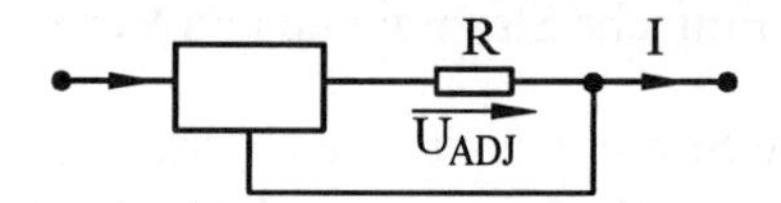

Bild 5-25: Stromquelle mit integriertem Regler

Ein integrierter Spannungsregler, z.B. der Typ LM 317, wird als Strombegrenzer beschaltet. Die Justierungsspannung U_{ADJ} über dem Widerstand R bestimmt die konstante Stromstärke I der Schaltung. Ein besonderer Vorteil der beiden letzten Schaltungen ist die Erdfreiheit.

5.5.4 Senderaufbau

In Bild 5-26 ist ein Sender mit dem integrierten Senderbaustein HCPL 4100 der Firma Agilent Technologies (bis 1999 Hewlett-Packard) dargestellt.

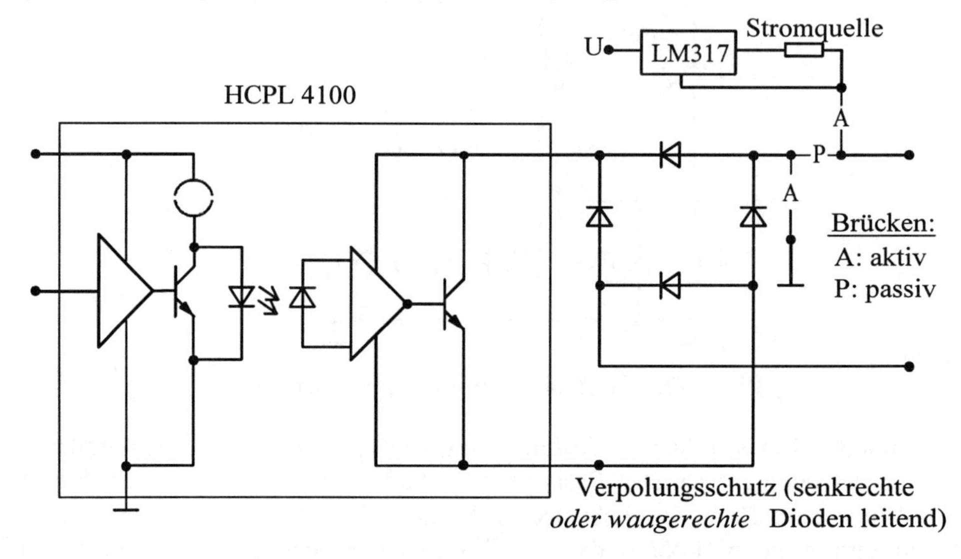

Bild 5-26: Sender mit Stromquelle, Verpolungsschutz und integriertem Senderbaustein

Hier ist auch auf der Senderseite eine galvanische Trennung durch einen Optokoppler vorgesehen. Der Ausgangstransistor dieses IC's unterbricht den Datenstrom, der über die eigene Stromquelle, hier mit dem LM 317 realisiert, gespeist werden kann. Dazu müssen die Brücken mit der Bezeichnung A = aktiv eingelegt werden. Für passiven Betrieb des Gerätes wird die Brücke P = passiv verwendet.

Zusätzlich eingezeichnet ist ein Verpolungsschutz durch vier Dioden. Je nach Stromrichtung leiten jeweils nur die senkrecht bzw. nur die waagerecht gezeichneten Dioden. Diese Maßnahme kann bei großen Entfernungen und nicht gekennzeichneten Kabeln nützlich sein, da hierdurch eine falsche Polung ausgeschlossen wird.

5.5.5 Empfängeraufbau

Der einfachste Aufbau eines Empfängers ist im Bild 5-27 dargestellt.

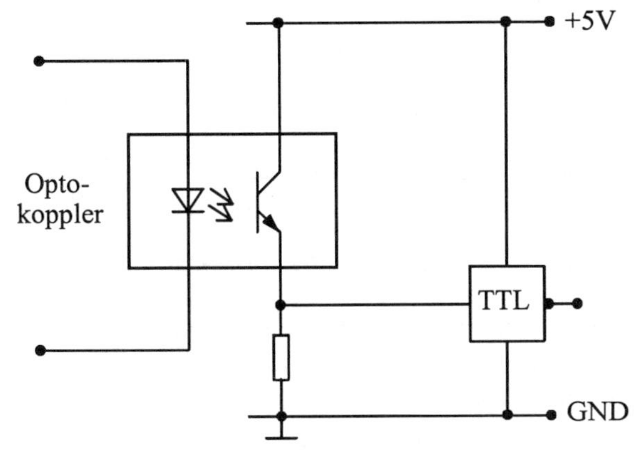

Bild 5-27: Einfachster Empfänger der Stromschnittstelle

Die Diode eines Optokopplers wird durch den Strom der Schnittstelle angesteuert. Die folgende TTL-Schaltung erhält je nach Schaltzustand des Optotransistors hohen oder niedrigen Spannungspegel am Eingang, wodurch das Signal verstärkt, aber auch invertiert wird.

Mehrere Nachteile ergeben sich aus diesem einfachen Aufbau. Die Schaltschwelle hat keine Hysterese und der Übergangsbereich ist sehr toleranzanfällig. Die Diode ist ohne Strombegrenzung ungeschützt starken Stromschwankungen ausgesetzt. Wegen dieser hohen Belastung ist die Diode starker Alterung unterworfen, wodurch sich das Stromübertragungsverhältnis verändern kann. Eine Schaltung zum Einstellen der Ansprechschwelle ist im Bild 5-28 skizziert.

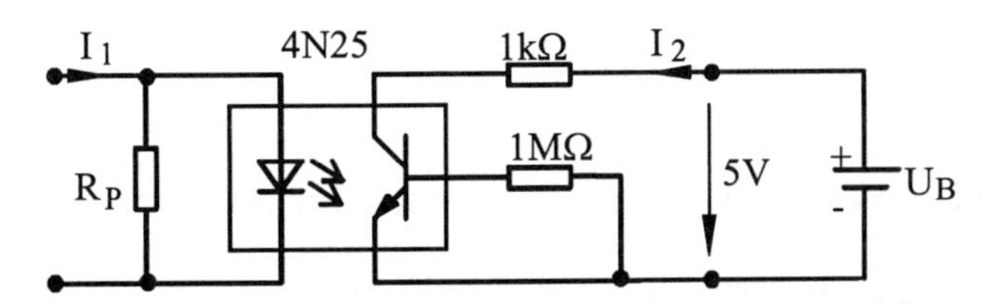

Bild 5-28: Mit R_P beschalteter Optokoppler zur Einstellung der Schaltschwelle

Parallel zur Eingangsdiode des Optokopplers 4N25 ist ein Widerstand R_P vorgesehen, der den Eingangsstrom I_1 ganz übernimmt, solange die Diode noch sperrt.

Die Stromübertragungskennlinie eines so beschalteten Optokopplers ist in Bild 5-29 für verschiedene R_P-Werte dargestellt.

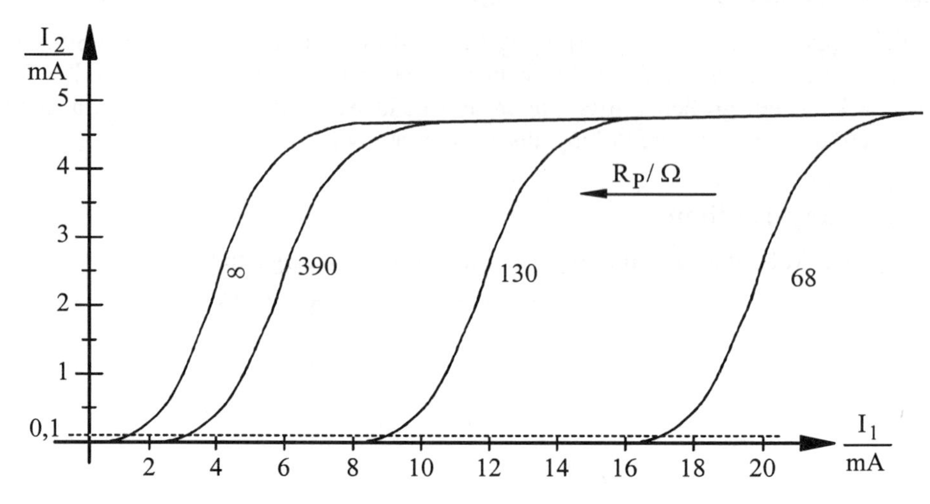

Bild 5-29: Stromübertragungskennlinien

Sobald sich eine Spannung von etwa 1,2V an R_P aufgebaut hat, beginnt die Lichtemission der Diode den Transistor aufzusteuern. Bei der Schwellenspannung von 1,2V fließt aufgrund der vorgegebenen Beschaltung ein Ausgangsstrom I_2 von ungefähr 0,1mA. Dieser wird z.B. bei $R_P = 130\Omega$ mit einem Eingangsstrom von etwa 9mA erreicht. Durch R_P lässt sich also in einfacher Weise die Ansprechschwelle für den Eingangsstrom einstellen. Auch Toleranzen können damit ausgeglichen werden.

Eine Empfängerschaltung mit dem integrierten Baustein HCPL 4200 der Firma Agilent Technologies (bis 1999 Hewlett-Packard) zeigt Bild 5-30.

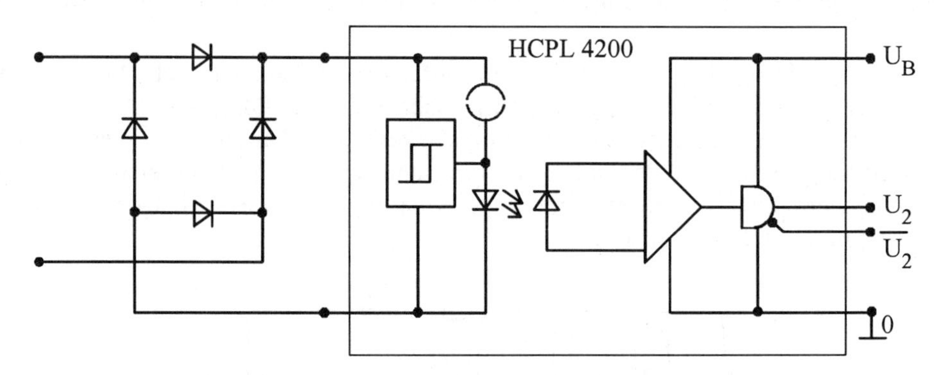

Bild 5-30: Empfänger mit integriertem Empfängerbaustein

Neben dem Verpolungsschutz wird nur noch ein IC benötigt. Der Baustein hat eine Eingangshysterese von typisch 0,8mA bei garantierten Schaltschwellen von 12mA für *Mark* und 3mA für *Space*. In Bild 5-31 ist die Ausgangsspannung als Funktion des Eingangsstromes I aufgetragen.

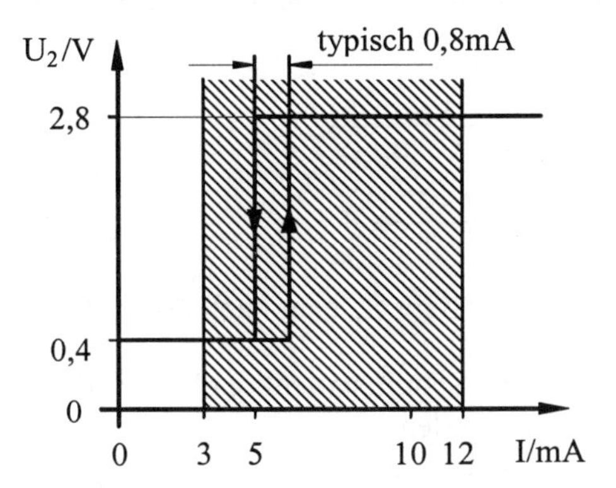

Bild 5-31: Streubereich der Hysterese des integrierten Empfängerbausteins HCPL 4200

Der Übergangsbereich der Hysterese - im Bild schraffiert - liegt zwischen 3 und 12mA.

5.5.6 Spannungsabfälle

Die Summe der Spannungsabfälle in dem geschlossenen Stromkreis hängt von den verwendeten Komponenten ab. So verbraucht der Verpolungsschutz mit je 2 Dioden bei Sender und Empfänger $4 \cdot 0{,}75V = 3V$. Das Kabel aus flexibler Cu-Litze habe z.B. 40Ω/km. Bei einer Entfernung von je einem km für Hin- und Rückleitung ergibt sich ein Widerstand von 80Ω. Ein Strom von 20mA erzeugt daran einen Spannungsabfall von 1,6V. Die Spannungsabfälle von Sender- und Empfängerteil sind ebenfalls zu addieren.

Auch die Stromquelle selbst benötigt eine Mindestspannung von z.B. 3V, wie dies aus der Ausgangskennlinie des Transistors in Bild 5-32 hervorgeht.

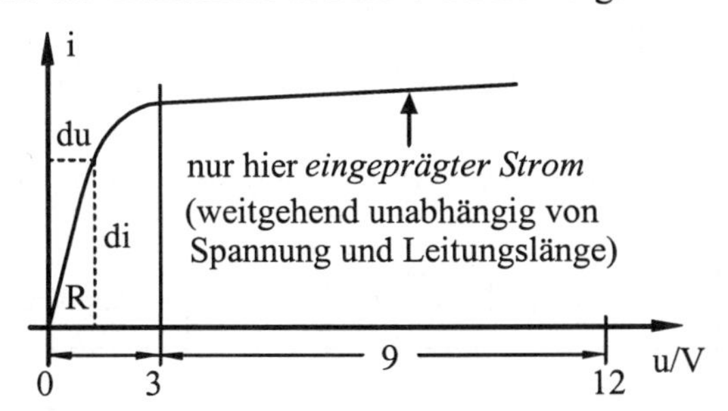

Bild 5-32: Ausgangskennlinie des Transistors

Im linken Bereich erkennt man den Widerstandsbereich des Transistors, der Wert R für einen Arbeitspunkt ergibt sich aus du/di. Erst ab einer Mindestspannung, im gezeichneten Beispiel ab 3V, wirkt der Transistor als *Konstantstromquelle*.

In der DIN-Norm ist als Bedingung für die Summe aller Spannungsabfälle gefordert, dass die Stromquelle bei 1kΩ Last noch mindestens 11mA liefern muss, d.h. es müssen dann noch $11mA \cdot 1k\Omega = 11V$ zur Verfügung stehen.

5.5.7 Steckerbelegung und Schnittstellenkoppler

Einen üblichen Stecker und die zugehörige Pinbelegung zeigt Bild 5-33.

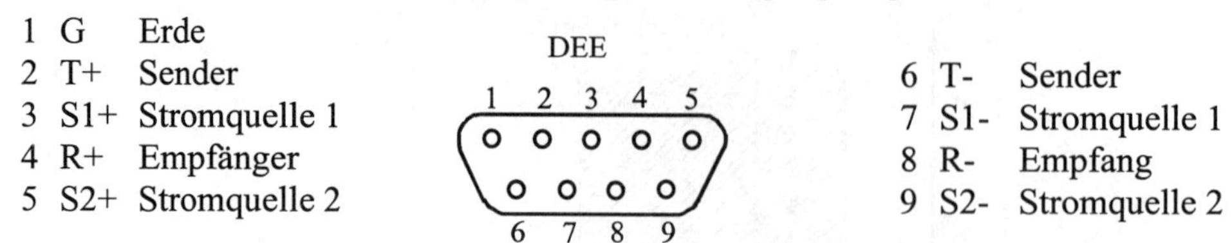

Bild 5-33: 9-poliger Stecker nach ISO 4902

Zur Verbindung von zwei DEEs sind Schnittstellenkoppler mit Buchsenleisten nach ISO 4902 auf beiden Kabelenden zu verwenden.

Als Beispiel ist das Verbindungsschema des Schnittstellenkopplers K1 und der zugehörige Buchsensteckverbinder, d.h. die Buchsenleiste, in Bild 5-34 skizziert.

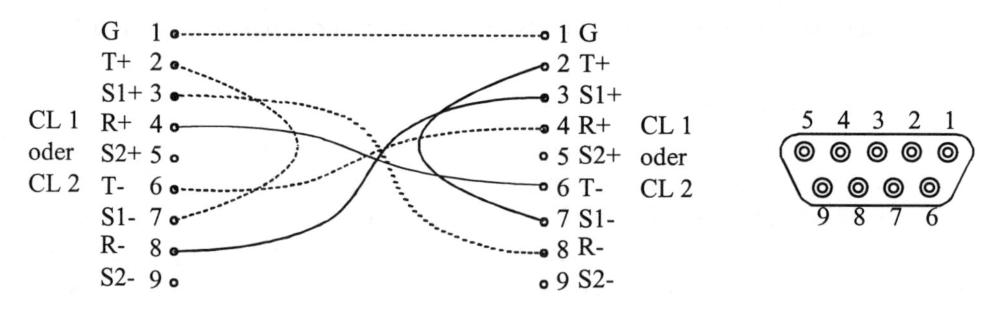

Bild 5-34: Verbindungsschema für Schnittstellenkoppler K1 und Buchsenleiste

Eine Stromrichtung ist im Bild durchgezogen, die andere gestrichelt dargestellt. Dieser Koppler-Typ ist zu bevorzugen, da er verwechslungssicher ausgelegt ist. Er ist allerdings nur verwendbar, wenn keines der Geräte der Klasse CL 0, d.h. keine Stromquelle eingebaut, angehört.

Das Verbindungsprinzip ist anhand der Skizze in Bild 5-35 leicht nachvollziehbar.

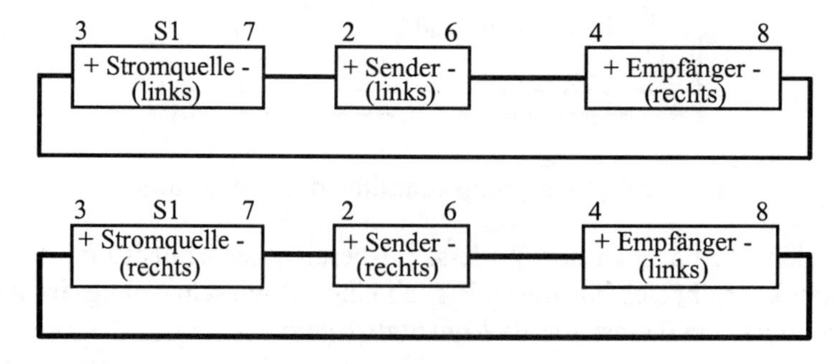

Bild 5-35: Verbindungsprinzip für Duplexbetrieb mit K1

Bei dieser Zusammenschaltung wird von jedem Gerät nur eine Stromquelle verwendet.

5.6 IrDA-Schnittstelle

Die Abkürzung IrDA steht für Infrared Data Association. Es ist also eine Übertragung mit infraroter (unsichtbarer) Strahlung vorgesehen. An den Ausgang des in der Einleitung UART genannten Parallel-Serien-Umsetzers wird anstatt eines RS-232-Pegelwandler-IC's ein IrDA-Codierer/Decodierer-IC angeschlossen. Dieser Baustein wandelt die zu sendenden Signale in Ansteuerimpulse für die „Licht emittierende Diode“ (LED) und erzeugt auch aus den durch die Empfängerdiode, eine Photodiode, empfangenen Impulsen wieder das ursprüngliche Muster des Start-Stop-Formats. Die Zusammenschaltung dieser Bauelemente ist in Bild 5-36 dargestellt.

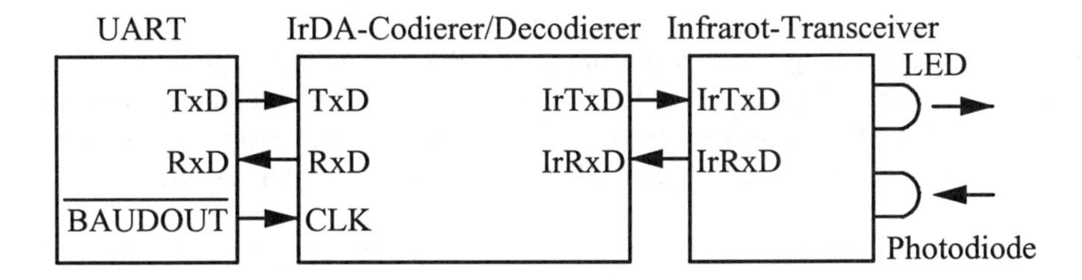

Bild 5-36: Blockschaltbild der IrDA-Schnittstelle

Die Codierung der TxD-Signale ist in Bild 5-37 schematisch skizziert. In diesem Beispiel ist ein beliebiges Bitmuster im Zeitraster T (entsprechend der Baudrate) dargestellt.

Jeweils ungefähr in der Mitte von LOW-Signalen wird ein HIGH-Impuls auf der Leitung IrTxD erzeugt, der die Infrarot-LED-Schaltung ansteuert.

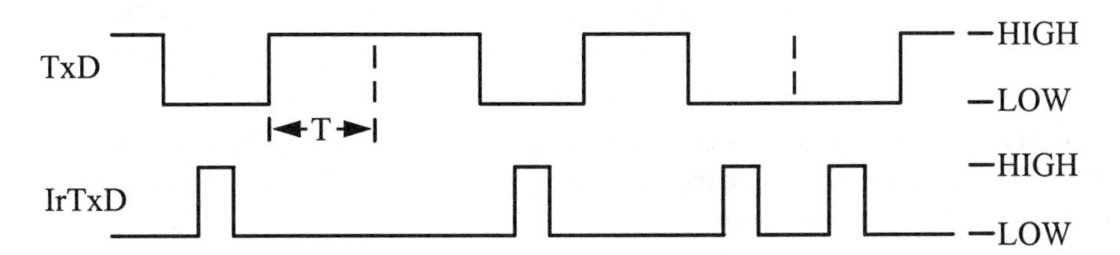

Bild 5-37: Codierung der Signale zur Ansteuerung der IrDA-Leuchtdiodenschaltung

Dazu wird mit einem Takt, der 16 mal der Baudrate entspricht, die achte, neunte und zehnte T16-Taktzeit ausgeblendet, um ungefähr in der Mitte von T einen Impuls mit der Länge von 3 · T16 zu erzeugen. Der Takt CLK wird als $\overline{\text{BAUDOUT}}$-Signal vom UART-IC geliefert und beträgt z.B. bei 115,2 kBit/s

$$115200/\text{s} \cdot 16 = 1{,}8432 \text{ MHz}.$$

Die IrDA-Codierfunktion ist in Bild 5-38 im Einzelnen aufgezeigt.

Nach sieben Taktzeiten T16 geht IrTxD nach HIGH und wird erst nach drei vollen T16-Taktzeiten wieder LOW. Dieser Impuls liegt nicht ganz in der Mitte, da bis zum Ende von T nur noch sechs weitere T16-Zeiten folgen.

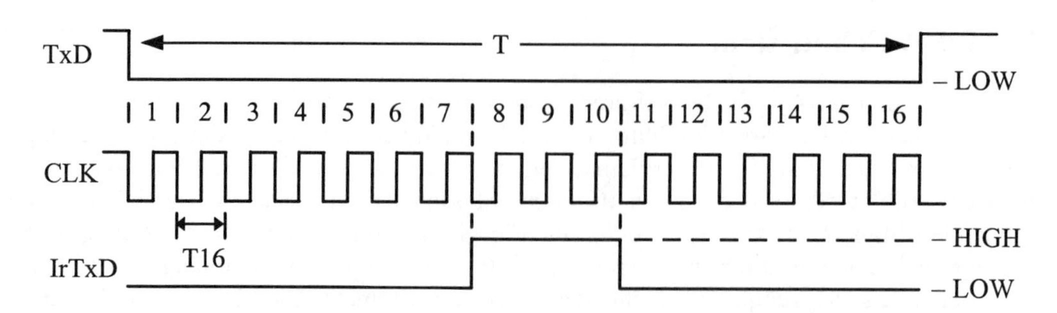

Bild 5-38: Erzeugung von IrTxD mit 16-fachem Takt

Für die Empfangsrichtung werden die durch die Photodiode erzeugten IrRxD-Impulse, die allgemein der Invertierung des IrTxD-Signals der Gegenseite entsprechen, durch den IrDA-Decodierer wieder in das ursprüngliche Muster des Start-Stop-Formats gewandelt. Die Decodierung der Empfangsimpulse IrRxD ist in Bild 5-39 dargestellt.

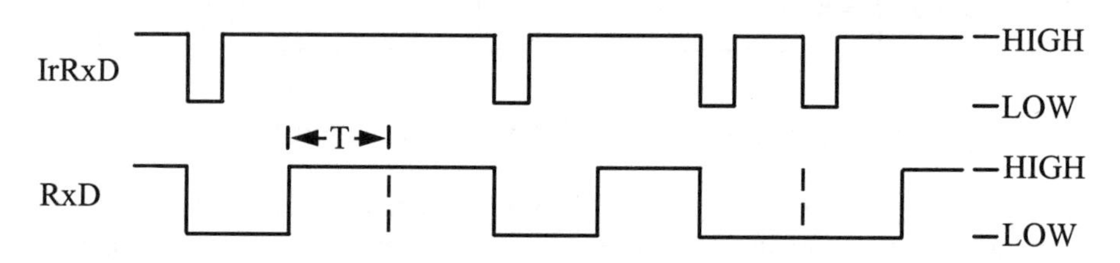

Bild 5-39: Decodierung der Empfangsimpulse IrRxD

Aus jedem LOW-Impuls der IrRxD-Leitung wird ein LOW-Pegel mit der Dauer T, entsprechend 16 T16-Zeiten, erzeugt. In der übrigen Zeit bleibt das Ausgangssignal HIGH. Damit erhält man RxD, dessen Verlauf dem gesendeten TxD entspricht.

Als Beispiel für geeignete integrierte Schaltungen sei der Codierer/Decodierer TIR 1000 der Firma Texas Instruments genannt, der beispielsweise den Infrarot-Transceiver Temic TFDS 3000 direkt ansteuern kann.

Aufgrund des Übertragungsprinzips mit Sender-LED und Empfängerdiode, wobei der Abstrahlwinkel 30° beträgt, sind nur kurze Entfernungen - allgemein unter 2 m - und auch nur mit direkter Sicht zu überbrücken.

Die Übertragungsrate wurde 1993 zunächst auf 115,2 kBit/s beschränkt.

Eine danach spezifizierte *schnellere* Fast IrDA kann bis zu 4 MBit/s übertragen, jedoch als synchrone Variante, die aber damit auch mehr Schaltungsaufwand erfordert.

Eine weitere Steigerung der Übertragungsrate auf maximal 16 MBit/s wurde mit Very Fast Infrared (VFIR) eingeführt. Am weitesten verbreitet ist aber die einfache IrDA-Schnittstelle mit maximal 115,2 kBit/s.

6 Parallele Schnittstellen

6.1 Schnittstellen-IC

Am Beispiel des Schnittstellenbausteins 8255 von Intel, der von dem Mikroprozessor 8085 direkt angesprochen werden kann, soll das Prinzip des Aufbaus einer einfachen parallelen Schnittstelle erläutert werden. Von anderen Firmen gibt es entsprechende ICs, so z.B. den 6820 von Motorola.

In Bild 6-1 ist die Ansteuerung eines 8255 durch einen Mikroprozessor schematisch dargestellt.

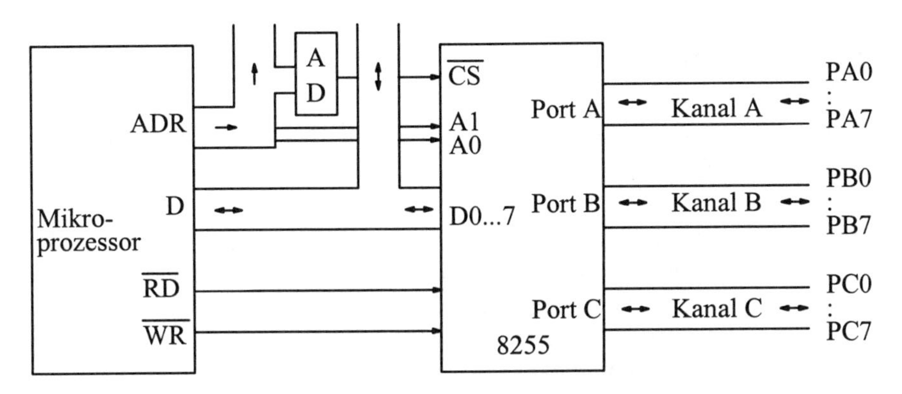

Bild 6-1: Zusammenschaltung von Mikroprozessor und Schnittstellen-IC

Aus dem Adressbus des Mikroprozessors gehen die Adressleitungen A0 und A1 direkt an den 8255. Weitere Adressleitungen werden in einem Adressdecodierer, im Bild mit AD abgekürzt, durch einen Vergleicher mit dem fest eingestellten Adressmuster des Parallelmoduls verglichen. Bei Gleichheit wird der 8255 über den Eingang Chip Select angesprochen.

Der Invertierungsstrich von $\overline{CS}$ soll zeigen, dass der *Chip* durch ein Active-LOW-Signal, d.h. mit niedrigem Pegel (bei TTL bedeutet das ≤ 0,8 V) *selektiert* wird.

Der Datenbus D des Mikroprozessors wird ebenfalls an die entsprechenden Datenleitungen D0 bis D7 des 8255 geführt. Ob geschrieben oder gelesen werden soll, geben die Signale $\overline{RD}$ und $\overline{WR}$ an (*read* bzw. *write*, beide wirken active LOW).

Der Schnittstellenbaustein hat vier Register mit je 8 Bit, auf die zugegriffen werden kann. Die Ein- und Ausgabe von Daten erfolgt über die drei *Datenports* Port A, Port B und Port C. Das vierte Register – im Bild nicht dargestellt – ist ein *Steuerregister*, in das die gewünschte Steuerung des Datenflusses eingeschrieben wird. Der Zugriff auf diese vier Register erfolgt über $\overline{CS}$, A0 und A1, wie in Tabelle 6-1 zusammengestellt.

Mit $\overline{CS}$ auf LOW, entsprechend logisch "0" bei positiver Logik, wird der 8255 angesprochen. Die Adressen A0 und A1 steuern den Pfad zu den vier Registern. Dagegen ist bei $\overline{CS}$ = logisch "1" kein Zugriff zum 8255 möglich und die Ausgangsstufen sind hochohmig abgetrennt, d.h. im 3. Zustand der Tristate-Schaltung.

$\overline{CS}$	AO	A1	Zuordnung
0	0	0	D0...7 an Port A
0	0	1	D0...7 an Port B
0	1	0	D0...7 an Port C
0	1	1	D0...7 an *Steuerregister*
1	-	-	hochohmig abgetrennt (Tristate)

Tabelle 6-1: Portzuordnung durch $\overline{CS}$, A0 und A1

Durch Einschreiben eines definierten Bitmusters in das *Steuerregister* wird die Betriebsart des Bausteins festgelegt.

In der Betriebsart 0 sind die 3 Datenports A, B und C einfache Ein- oder Ausgabekanäle, je nach Programmierung im Steuerregister. Nur einfache Peripheriegeräte sind damit steuerbar.

Bei Auswahl der Betriebsart 1 sind Port A und B wieder Ein- oder Ausgabekanäle, während Port C für die Realisierung von *Handshake*-Leitungen vorgesehen sind. Das Handshake-Prinzip wird weiter unten in einem gesonderten Kapitel beschrieben. Hier sei nur angedeutet, dass es sich hierbei um Steuersignale zur definierten Übergabe von Datenbytes handelt. Es können also komplexe parallele Schnittstellen aufgebaut werden.

In der Betriebsart 2 ist bidirektionaler Betrieb über Port A möglich, während die erforderlichen Steuersignale durch Port C zur Verfügung gestellt werden.

Auch Kombinationen dieser drei Grundbetriebsarten sind möglich. Wesentliches Merkmal ist die Ausgabe von jeweils 1 Byte, d.h. 8 Bit *parallel*. Die Übertragungsgeschwindigkeit der Ein- und Ausgabe von Daten ist durch die Arbeitsgeschwindigkeit des Mikroprozessors begrenzt. Folgende Programmierschritte sind durchzuführen: Anfangsadresse und Blocklänge laden, 1. Byte laden sowie 1. Byte ausgeben, nächste Adresse berechnen und abfragen, ob dies das letzte Byte war. Dies erfolgt dann Byte für Byte, bis der ganze Block übertragen ist. Diese zeitaufwendige Prozedur kann durch einen direkten Zugriff zum Speicher (DMA = Direct-Memory-Access) umgangen werden. Auch dieses Verfahren wird in einem gesonderten Kapitel genauer beschrieben.

6.2 Centronics-Schnittstelle

Diese Schnittstelle wurde vor Jahren von dem Druckerhersteller Centronics definiert. Da es sich um keinen echten Standard handelte, wurde die Centronics-Schnittstelle oft auch modifiziert.

Als Stecker wurde ein 36-poliger Amphenol-Stecker verwendet, der daraufhin allgemein Centronics-Stecker bezeichnet wurde. Die Stift-Nummerierung ist in Bild 6-2 dargestellt. Die zugehörige Belegung geht aus Tabelle 6-2 hervor. Für die einzelnen Stifte sind

Signal, Bedeutung und Richtung aus der Sicht des Druckers zusammengestellt. Diese 36-poligen Steckverbindungen findet man vorwiegend auf der Druckerseite.

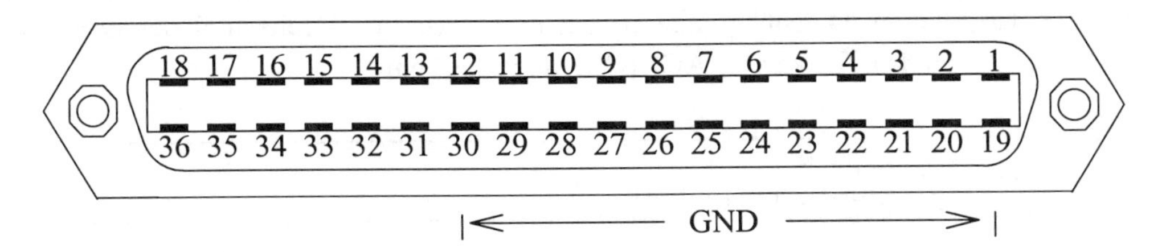

Bild 6-2: Lage der 36 Pole der Centronicssteckverbindung

Die Signale $\overline{\text{STROBE}}$, $\overline{\text{ACKNLG}}$, $\overline{\text{AUTO FEED}}$, $\overline{\text{INIT}}$, $\overline{\text{ERROR}}$ und $\overline{\text{SLCT IN}}$ sind *active LOW*, was durch den Überstrich gekennzeichnet ist. Die Pegeldefinition aller Signale entspricht TTL.

Stift	Signal	Bedeutung	Richtung für Drucker
1	$\overline{\text{STROBE}}$	Signal zur Datenübernahme	Eingang
2-9	DATA 1-8	Datenbits	Eingang
10	$\overline{\text{ACKNLG}}$	Quittungssignal vom Drucker	Ausgang
11	BUSY	Wartesignal, d.h. beschäftigt	Ausgang
12	PE	Meldesignal: "paper end"	Ausgang
13	SLCT	Drucker ist selektiert, d.h. Online	Ausgang
14	$\overline{\text{AUTO FEED}}$	Automatischer Zeilenvorschub	Eingang
15, 16	-	nicht benutzt	
17	GND	Masse Druckergehäuse (Chassis)	
18	+5V	Spannungsversorgung	
19-30	GND	parallele Masseleitungen	
31	$\overline{\text{INIT}}$	Druckerinitialisierung	Eingang
32	$\overline{\text{ERROR}}$	Druckerfehlermeldung	Ausgang
33	GND	Masseleitung	
34, 35	-	nicht benutzt	
36	$\overline{\text{SLCT IN}}$	spricht Drucker an	Eingang

Tabelle 6-2: Belegung des 36-poligen Centronicssteckers

Die Signale mit der Nr. 1 bis 12 können jeweils mit den gegenüberliegenden GND-Leitungen 19 bis 30 paarweise verdrillt werden, um Einstreuungen gering zu halten.

Die Daten werden *byteweise*, d.h. DATA 1 bis 8 jeweils *parallel*, durch den Übergabeimpuls $\overline{\text{STROBE}}$ für gültig (valid) erklärt. Sie sollen mindestens 0,5 μs vorher auf die Leitungen gegeben und frühestens 0,5 μs danach wieder gewechselt werden. Die Datenleitungen und der Übergabeimpuls sind für den Drucker *Eingangssignale*. Typische *Aus-*

gangssignale des Druckers sind das Quittungssignal $\overline{\mathrm{ACKNLG}}$ (Acknowledge) und das Wartesignal BUSY. Beide zeigen der Gegenseite, dem Rechner, an, dass die Daten gerade übernommen werden bzw. der Drucker anderweitig noch beschäftigt ist. Aus der in Bild 6-3 dargestellten Datenübergabe ersieht man, dass die Bereitschaft des Druckers erst mit der steigenden Flanke von $\overline{\mathrm{ACKNLG}}$ angezeigt wird.

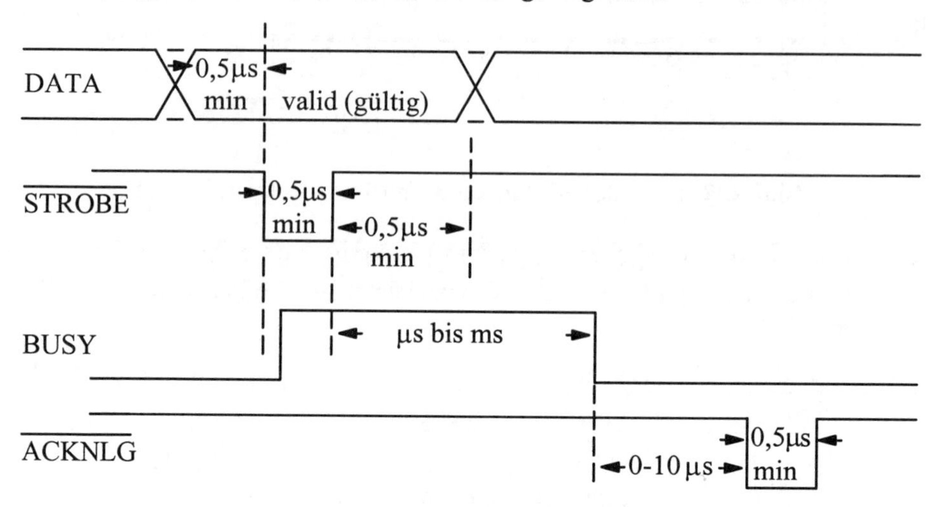

Bild 6-3: Datenübergabe der Centronics-Schnittstelle mit Quittierung

Da die Centronics-Schnittstelle nur ein Industrie-Standard ist, wurde sie selbst in dem Übernahmeverfahren (eine Art *handshake*) uneinheitlich betrieben. So wurde in einer Variante das $\overline{\mathrm{ACKNLG}}$-Signal vor der fallenden Flanke von BUSY gesendet. Die Bereitschaft des Druckers zur weiteren Datenübernahme konnte also nur aus der jeweils letzten Flanke der Signale $\overline{\mathrm{ACKNLG}}$ und BUSY sicher abgelesen werden.

Das Signal $\overline{\mathrm{ACKNLG}}$ zeigt das Ende der Zeichenübernahme oder von Druckoperationen an und gibt damit die weitere Datenübertragung frei. BUSY zeigt *auch* die Zeichenübernahme und Druckoperation an, zusätzlich geht BUSY auf HIGH, wenn der Drucker nicht selektiert ist oder wenn PE oder $\overline{\mathrm{ERROR}}$ aktiviert sind. Dies sind weitere in Tabelle 6-2 aufgelistete *Meldesignale*. Der Drucker zeigt mit PE (paper end oder paper empty) an, dass Papier nachgelegt werden muss. Mit $\overline{\mathrm{ERROR}}$, oft auch $\overline{\mathrm{FAULT}}$ bezeichnet, wird ein allgemeiner Fehlerzustand gemeldet.

Mit dem Signal $\overline{\mathrm{INIT}}$, auch $\overline{\mathrm{RESET}}$ oder $\overline{\mathrm{PRIME}}$ genannt, kann nach dem Einschalten des Rechners der Drucker initialisiert, d.h. in den Ausgangszustand gebracht werden. Die Auswertung dieses Signals ist aber uneinheitlich.

Das Signal SLCT (select) wird HIGH, wenn der Drucker selektiert wurde. Er zeigt damit an, dass er *online* ist. Mit dem Signal $\overline{\mathrm{AUTO\ FEED}}$ wird ein automatischer Zeilenvorschub erzielt. Mit $\overline{\mathrm{SLCT\ IN}}$ (select in, d.h. Eingang für den Drucker) kann der Drucker angewählt werden. Diese drei Signale SLCT, $\overline{\mathrm{AUTO\ FEED}}$ und $\overline{\mathrm{SLCT\ IN}}$ wurden oft nicht angeschlossen oder ausgewertet. Die entsprechenden Stifte konnten daher bei späteren Standardisierungsvorschlägen anderweitig belegt werden.

Auf der Seite des PC's ist ein 25-poliger D-Sub-Stecker vorgesehen (*Sub* ist die Abkürzung von *Subminiatur*). Wegen der geringeren Stiftanzahl können hier nur noch acht GND-Leitungen angeschlossen werden.

Die zulässige Kabellänge der Centronics-Schnittstelle ist 2 bis 3 m.

6.3 IEEE-1284-Schnittstelle

Die oben beschriebene Centronics-Schnittstelle ist für die Übertragung von Daten in nur *eine* Richtung vorgesehen. Um aber auch bidirektionale Datenübertragung über die *normale* parallele Schnittstelle zu ermöglichen, wurden von verschiedenen Firmengruppen entsprechende Standardisierungsversuche unternommen.

Der von IBM, Lexmark und XEROX erarbeitete Standard erhielt von IEEE (Institute of Electrical and Electronics Engineers) die Nummer 1284.

Die Firmen Intel, Xircom und Zenith bezeichneten ihren Vorschlag Enhanced Parallel Port (EPP), die Firmen Hewlett-Packard und Microsoft schlugen den Enhanced Capability Port (ECP) vor.

Seit 1994 sind im IEEE-1284-Standard unter anderem der EPP-, ECP- und Centronics-Mode definiert. Letzterer wird auch SPP (Standard Printer Port) genannt, da diese Betriebsart einer Standardisierung der ursprünglichen Centronics-Schnittstelle entspricht.

In Bild 6-4 ist für den EPP-Mode die Datenübergabe vom Rechner zu einem Peripheriegerät dargestellt.

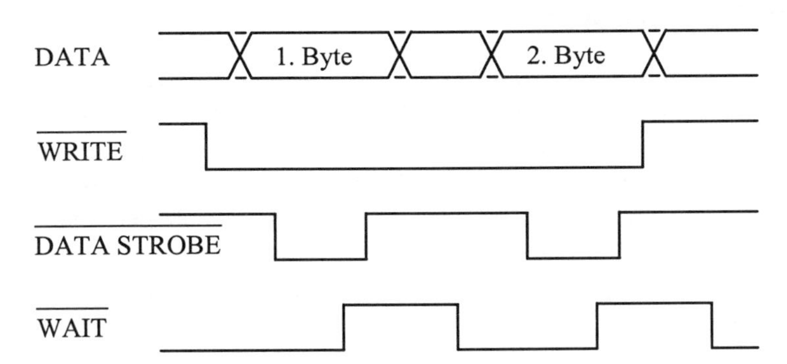

Bild 6-4: Datenübergabe der IEEE-1284-Schnittstelle im EPP-Mode

Die Daten werden auf die mit DATA bezeichneten Leitungen gelegt und gleichzeitig wird mit $\overline{\text{WRITE}}$ auf LOW angezeigt, dass Daten *geschrieben*, d.h. vom Rechner zum Peripheriegerät gesandt werden sollen. Das Signal $\overline{\text{DATA STROBE}}$ zeigt mit LOW die Gültigkeit der Daten an. Es wird wieder auf HIGH gelegt, sobald das Peripheriegerät mit $\overline{\text{WAIT}}$ auf HIGH gehend anzeigt, dass die Daten übernommen sind. Mit $\overline{\text{WAIT}}$ auf LOW wird wieder die Übernahmebereitschaft des Peripheriegerätes angezeigt.

Zum Lesen von Peripheriedaten durch den Rechner wird entsprechend $\overline{\text{WRITE}}$ auf HIGH gelegt, um diese Richtung des Datentransfers anzuzeigen.

Die Datenleitungen der Centronics-Schnittstelle verbleiben beim EPP-Mode auf den Stiften 2 bis 9. Sie werden nur umbenannt in AD1 bis AD8, da außer Daten auch Adressen zur Adressierung von unterschiedlichen Geräten über diese Leitungen gesandt werden. Zur Unterscheidung des Datentransfers vom Adressentransfer werden hier unterschiedliche Übergabesignale, $\overline{\text{DATA STROBE}}$ (auf Stift 14) und $\overline{\text{ADDRESS STROBE}}$ (auf Stift 36) verwendet. Die Übertragungsrichtung wird, wie oben beschrieben, durch das Signal $\overline{\text{WRITE}}$ (Stift 1) angegeben.

Auch vom Peripheriegerät zu bedienende Signale werden umbenannt. So wird $\overline{\text{ACKNLG}}$ (Stift 10) zu INTERRUPT und BUSY (Stift 11) zu $\overline{\text{WAIT}}$.

Durch den IEEE-1284-Standard mit bidirektionaler Datenübertragung und Ansprechbarkeit von bis zu 128 bzw. 256 Peripheriegeräten können nicht nur neue Gerätetypen, wie z.B. Scanner, sondern auch Gerätekombinationen wie Scanner, Fax und Drucker als Einheit an *eine* parallele Schnittstelle angeschlossen werden.

Mit einem Verteiler, auch Konzentrator, Sternverteiler oder Hub (engl.) genannt, können mehrere Einzelgeräte sternförmig an eine IEEE-1284-Schnittstelle angebunden werden. Man kann aber auch ganze parallele oder serielle Busse, wie z.B. SCSI oder Ethernet, über einen Adapter ansprechen.

Für den 1284-Standard sind weiterhin die 25- und 36-poligen Steckverbindungen vorgesehen, die Pinbelegung ist wegen der Aufwärtskompatibilität weitgehend beibehalten worden. Es werden aber auch kompaktere Stecksysteme vorgeschlagen und eingesetzt.

6.4 PCMCIA, Card Bus

PCMCIA (Personal Computer Memory Card International Association) ist als Schnittstelle für Speicherkarten von Laptops und Notebooks entstanden. Der erste Standard JEIDA (Japan Electronics Industry Development Association) entstand 1985 und wurde 1989 als PCMCIA-Schnittstelle vereinheitlicht. Inzwischen ist neben den Betrieb als Speicherschnittstelle auch der allgemeine Ein/Ausgabebetrieb getreten. Als Beispiele seien Modem und SCSI-, Ethernet- oder GPIB-Adapter genannt.

In Bild 6-5 ist die Draufsicht auf die zwei Kontaktreihen eines PCMCIA-Slots (Einschubschacht) dargestellt.

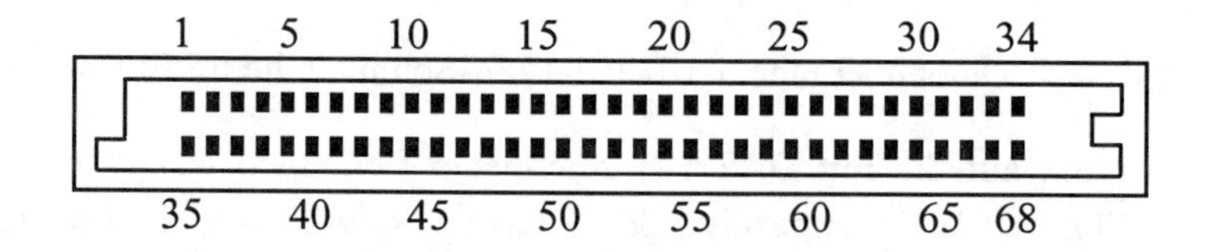

Bild 6-5: Nummerierung der Kontakte beim PCMCIA-Slot

Die Funktion der PCMCIA-Schnittstelle ergibt sich aus der folgenden Beschreibung der Kontaktbelegung.

Nr. 1, 34, 35 und 68 sind Masse-Kontakte (GND = Ground).

Nr. 2 bis 6 sind die Datenleitungen D3 bis D7.
Nr. 7 und 42 *aktivieren* (Chip *Enable*) die höherwertigen ($\overline{\text{CE2}}$) bzw. niederwertigen ($\overline{\text{CE1}}$) Datenleitungen.
Nr. 8; 10 bis 14; 19 bis 29; 46 bis 50 und 53 bis 56 sind die Adressen A10; A11, 9, 8, 13, 14; A16, 15, 12, 7, 6, 5, 4, 3, 2, 1, 0; A 17 bis 21 und A22 bis 25.
Nr. 9 ist ein Output Enable ($\overline{\text{OE}}$) und Nr. 15 ein Write Enable ($\overline{\text{WE}}$) für die Datenübergabe vom Controller zur Karte.
Nr. 16 ist ein Interrupt Request ($\overline{\text{IREQ}}$), eine Interruptanforderung, ausgehend von der Karte (z.B. Modem).
Nr. 17 und 51 sind zwei Kontakte für die Versorgungsspanung V_{CC}.
Nr. 18 und 52 sind Programmierspannungen V_{pp1} und V_{pp2}, allgemein höher als V_{CC}.

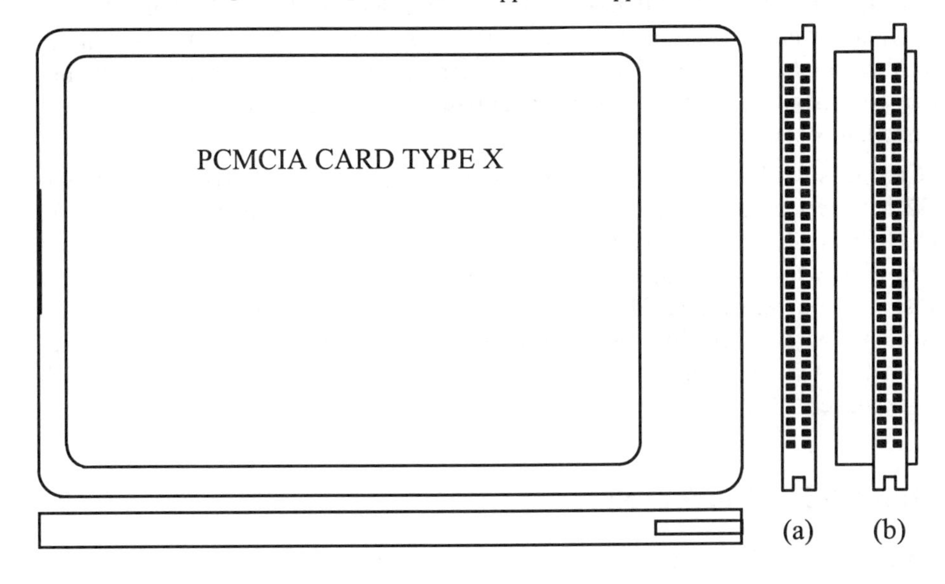

Bild 6-6: PCMCIA-Karte Typ I (a) und Typ III (b)

Nr. 30 bis 32 sind die Datenleitungen D0 bis D2.
Nr. 33 ist Write Protect (WP), damit signalisiert die Karte Schreibschutz.
Nr. 36 und 67 dienen der Kartendetektierung: Card Detect ($\overline{\text{CD1}}$ und $\overline{\text{CD2}}$).
Nr. 37 bis 41 sind die Datenleitungen D11 bis D15.
Nr. 43 gibt einer Speicherkarte das Signal zum Refresh (RFSH).
Nr. 44 und 45 geben Lesen ($\overline{\text{IOR}}$ = I/O Read) oder Schreiben ($\overline{\text{IOW}}$ = I/O Write) an.
Nr. 57 ist nicht belegt.
Nr. 58 setzt mit HIGH-Pegel die Karte zurück (RESET).
Nr. 59 zeigt $\overline{\text{WAIT}}$ an. Die Karte erzwingt damit einen Wartezyklus.
Nr. 60 bestätigt einen Eingang durch Input Acknowledge ($\overline{\text{INPACK}}$), dies wird von der Karte angezeigt.
Nr. 61 ermöglicht, zusammen mit I/O Read (Nr. 44) bzw. mit I/O Write (Nr. 45), den Zugriff auf Register der Karte ($\overline{\text{REG}}$).

Nr. 62 und 63 geben den Ladezustand der Batterien von Speicherkarten an (Battery Voltage Detect, BVD2 und BVD1) bzw. kennzeichnen Lautsprecherdaten (Speaker, $\overline{\text{SPKR}}$) und Kartenstatusänderungen (Status Changed, $\overline{\text{STSCHG}}$).
Nr. 64 bis 66 sind die Datenleitungen D8 bis D10.

Alle Signale mit Überstrich sind im LOW-Zustand aktiv.

Die Datenübergabe erfolgt asynchron.

Eine Karte hat die Abmessungen 5,4 cm x 8,56 cm bei einer Höhe von 3,3 mm (Typ I), 5 mm (Typ II) oder 10,5 mm (Typ III). Der Einschubschacht (Slot) muss mit der entsprechenden Höhe ausgelegt sein. PCMCIA-Karten vom Typ I (a) und Typ III (b) sind in Bild 6-6 dargestellt.

Direkter Nachfolger der PCMCIA-Schnittstelle ist der *Card Bus*. Es handelt sich aber auch hierbei nur um eine einfache parallele Punkt-zu-Punkt-Schnittstelle. Sollen mehrere Geräte über solche Schnittstellen angeschlossen werden, kann man entsprechend viele Adapter vorsehen. Daher verfügen auch einfache Notebooks oft über zwei PCMCIA-Schnittstellen-Slots.

Beim Card Bus wird die maximale Datenübertragungsrate von 20 MByte/s der PCMCIA auf 132 MByte/s erhöht. Dies wird durch direkte Anlehnung an die PCI-Spezifikation mit 32 Bit Datenbreite und synchroner Übertragung mit 33 MHz realisiert. Aufwärtskompatibilität wird durch Kartenkennzeichen erreicht, die den Betrieb nach PCMCIA oder als Card Bus einstellen. Die große Datenbreite unter Beibehaltung des 68-poligen Stecksystems wird durch Zusammenfassung der 16 Adress- und 16 Datenleitungen zu insgesamt 32 Adress/Datenleitungen ermöglicht. Die gemeinsame Nutzung erfolgt im Multiplexbetrieb.

6.5 Handshake-Verfahren

Anhand von Bild 6-7 wird das Prinzip des Handshake's erläutert.

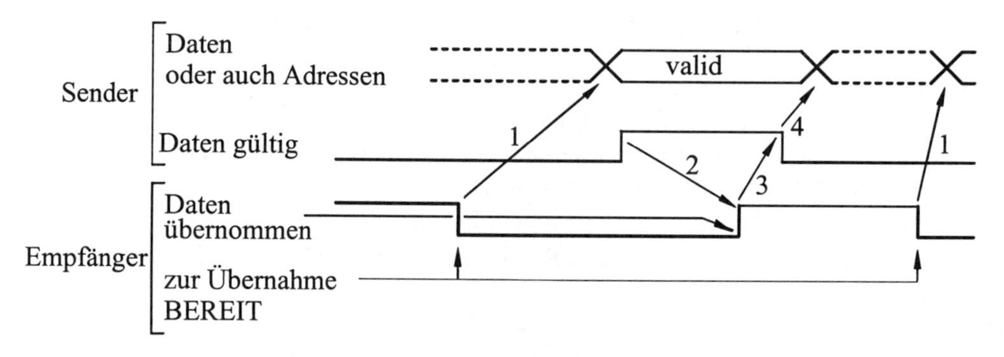

Bild 6-7: Handshake-Verfahren

Der Sender zeigt mit dem Signal *Daten gültig* die Bereitstellung der Daten an. Dieser Übergabeimpuls, oft auch STROBE genannt, definiert den Zeitbereich, in dem die Daten gültig (valid) sind. Die Übergabe erfolgt aber in Absprache mit dem Empfänger. Nur wenn er *zur Übernahme BEREIT* signalisiert, beginnt der Sender eine Datenübergabe. Dies wird im Bild durch den Pfeil 1 symbolisiert. Nachdem der Empfänger die Daten übernommen hat, quittiert er mit *Daten übernommen*. Da der Empfänger jetzt beschäftigt ist, wird das Empfängersignal – neben ACKNOWLEDGE für Bestätigung oder READY für BEREIT – oft auch BUSY genannt. Je nach Bezeichnung kann es active LOW oder active HIGH definiert werden. Die Aufeinanderfolge dieser Flanken stellt Pfeil 2 dar. Daraufhin (Pfeil 3) nimmt der Sender den Übergabeimpuls zurück und anschließend (Pfeil 4) die Daten. Erst wenn der Empfänger erneut die Übernahmebereitschaft anzeigt, beginnt der Sender die nächste Datenübergabe. Die Datenleitungen können dabei eine beliebige Anzahl haben, z.B. nur 1 Bit oder 1 Byte oder 1 Byte plus Parity Bit oder Vielfache davon. *Handshake* wird dieses Verfahren genannt, weil der Übergabemechanismus durch eine fest definierte Flankenfolge – quasi per *Handschlag* – gesichert abläuft.

6.6 Direct-Memory-Access (DMA)

Wie schon weiter oben angedeutet, kann zur Erzielung hoher Übertragungsraten ein direkter Speicherzugriff vorgesehen werden. Der Datenfluss wird dabei durch einen speziellen integrierten Baustein direkt zwischen RAM und Peripherie gesteuert. Eine entsprechende Schaltung mit dem so genannten DMA-Controller zeigt Bild 6-8.

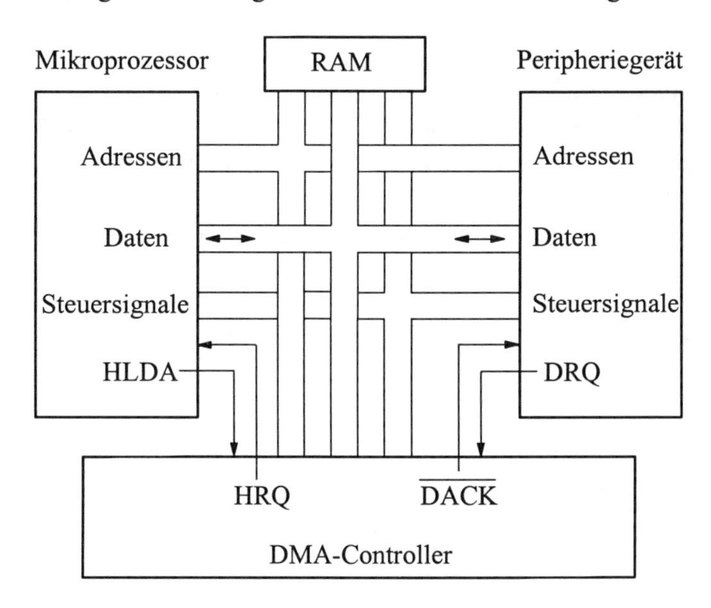

Bild 6-8: Direkter Speicherzugriff mit DMA-Controller

Zusätzlich zu den Steuersignalen, die den Datenfluss auf dem Bus steuern, werden weitere Signalleitungen zur Überwachung des Buszugriffs benötigt. Mit DRQ (DMA Request) meldet das Peripheriegerät den DMA-Zugriff an, mit HRQ (Hold Request) fordert der DMA-Controller die Freigabe des Busses durch den Mikroprozessor, der dieses mit HLDA (Hold Acknowledge) bestätigt. Nach Busfreigabe durch den Mikroprozessor erfolgt die Buszuteilung an die Peripherie durch den DMA-Controller mit $\overline{\text{DACK}}$ (DMA Acknowledge). Der in Bild 6-9 beispielsweise verwendete DMA-Controller 8237 der Firma Intel kann bis zu vier Peripheriegeräte verwalten. Im Bild sind nur die Steuersignale zum Regeln des Buszugriffs aufgeführt.

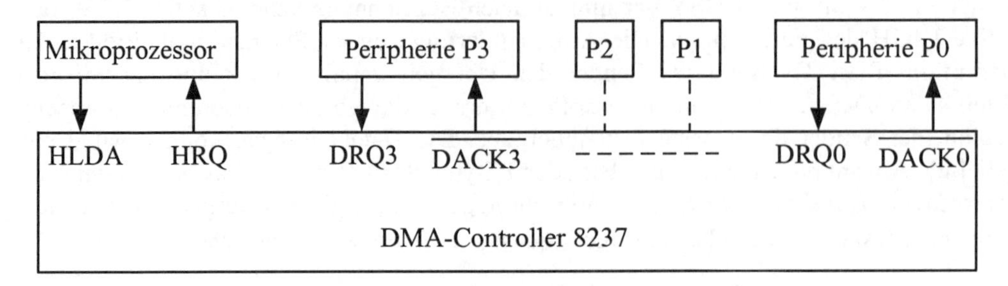

Bild 6-9: DMA-Controller 8237 für vier Peripheriegeräte

Die Anforderung eines DMA's durch ein Peripheriegerät P0, P1, P2 oder P3 erfolgt über die zugeordnete Leitung DRQ0, DRQ1, DRQ2 bzw. DRQ3. Bei gleichzeitiger Anfrage durch mehrere Peripheriegeräte hat P0 die höchste und P3 die niedrigste Priorität, wenn nicht durch Programmierung des DMA-Controllers eine andere Rangfolge festgelegt wird.

Um den Buszugriff entsprechend der höchsten Priorität der anfordernden Teilnehmer eindeutig freizugeben, wird ein *doppelter Handshake* eingesetzt. Einerseits zwischen Mikroprozessor und DMA-Controller mit den Signalen HRQ und HLDA und andererseits zwischen Peripheriegerät und DMA-Controller mit den Signalen DRQ und $\overline{\text{DACK}}$, wie dies bereits einleitend beschrieben wurde.

Anhand von Bild 6-10 wird dieser *doppelte Handshake* grob skizziert.

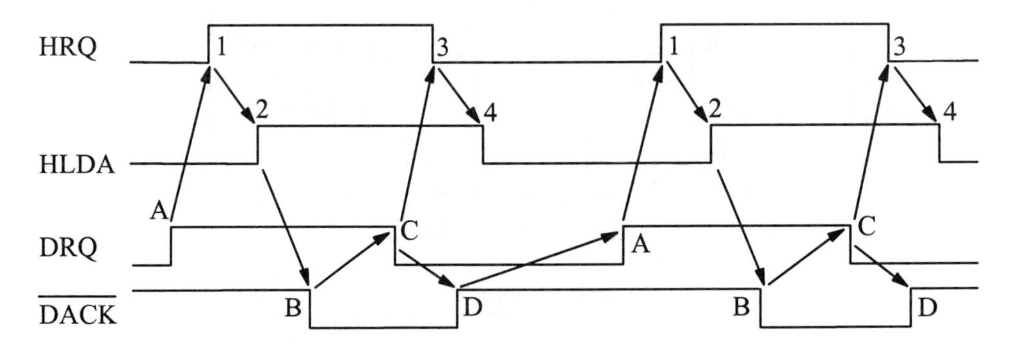

Bild 6-10: Doppelter Handshake beim DMA-Verfahren

Der Handshake zwischen DMA-Controller und Mikroprozessor ist mit arabischen Ziffern durchnummeriert, während der zwischen Peripherie und DMA-Controller mit Großbuchstaben gekennzeichnet ist.

Insgesamt sind zwei Doppelhandshakes dargestellt, der Ablauf ist folgendermaßen:

A: Ein Peripheriegerät P0, P1, P2 oder P3 (oder auch mehrere gleichzeitig) fordert einen DMA mit DRQ0, DRQ1, DRQ2 bzw. DRQ3 an.

1: Der DMA-Controller zeigt dies dem Mikroprozessor mit HRQ an.

2: Der Mikroprozessor zeigt mit HLDA = HIGH an, dass er den Bus freigibt. Dabei werden seine Ausgangsstufen hochohmig abgetrennt (Tristate).

B: Mit $\overline{\text{DACK0}}$, $\overline{\text{DACK1}}$, $\overline{\text{DACK2}}$ bzw. $\overline{\text{DACK3}}$ nach LOW zeigt der DMA-Controller dies dem anfordernden Peripheriegerät mit der höchsten Priorität an.

C: Nach der Datenübertragung wird DRQ von dem Peripheriegerät zurückgenommen.

3: Der DMA-Controller nimmt daraufhin HRQ zurück nach LOW.

4: Der Mikroprozessor setzt danach HLDA auf LOW und übernimmt den Bus.

D: Erst nach Rücknahme von $\overline{\text{DACK}}$ durch den DMA-Controller, d.h. nach Abschluss des Handshake's DMA-Controller mit Peripherie, beginnt einer neuer Zyklus mit A.

Auf diese Weise können einzelne Bytes sowie auch ganze Datenblöcke direkt zwischen RAM und Peripheriegeräten ausgetauscht werden. Da der DMA-Controller hardwaremäßig arbeitet, ist eine schnelle Datenübertragung gewährleistet.

6.7 First-In-First-Out (FIFO)

Ein FIFO ist ein Registersatz mit z.B. acht Bit parallel, bei dem Daten mit unterschiedlicher Geschwindigkeit eingegeben und ausgelesen werden können. Wie es der Name schon sagt, werden die Daten, die zuerst geladen werden auch wieder zuerst ausgelesen. Das Einschreiben erfolgt mit maximaler Geschwindigkeit, während die Abholung der Daten z.B. dem Druckvorgang angepasst werden kann, wenn es sich um eine Druckerschnittstelle handelt. Der Aufbau eines FIFO's ist in Bild 6-11 schematisch wiedergegeben.

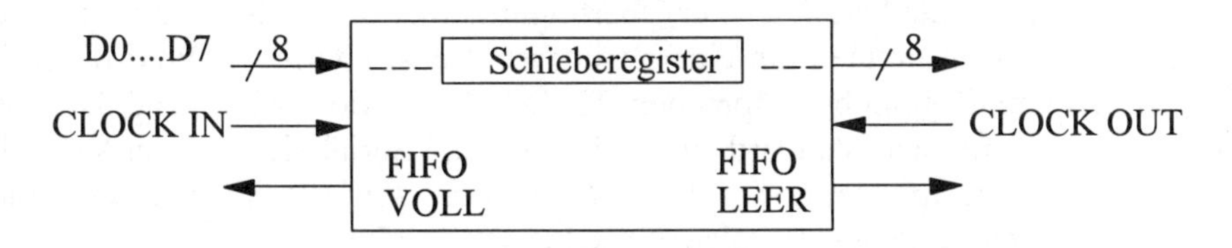

Bild 6-11: Prinzipieller Aufbau eines FIFO's

In diesem Beispiel sind 8 Datenleitungen D0 bis D7 vorgesehen. Diese dienen als Eingänge von Schieberegistern, von denen nur eines symbolisch dargestellt ist. Eingangstakt (CLOCK IN) und Ausgangstakt (CLOCK OUT) können unterschiedlich sein.

Da durch einen zu schnellen Ladevorgang bei langsamer Datenabholung die Register überlaufen könnten, ist eine Anzeige für FIFO VOLL vorgesehen, die den Sender veranlasst, den Datenstrom zu unterbrechen.

Entsprechend zeigt die Leitung FIFO LEER an, dass keine Daten mehr zur Verfügung stehen und die Fortsetzung der Datenübertragung erfolgen kann.

6.8 Monitor-Schnittstellen

Im PCI-Slot oder dem speziellen *Accelerated Graphics Port (AGP)* eines PC's befindet sich die Grafikkarte. Das Schnittstellenkabel zum Monitor führt teils analoge, teils digitale Signale.

Eine VGA-Karte (Video Graphics Array) erzeugt die analogen Signale Rot, Grün und Blau mit Digital/Analog-Wandlern, um damit Röhrenmonitore (engl. Cathode Ray Tube, CRT) direkt anzusteuern. Zusätzlich werden Vertikal- und Horizontalsynchronisationssignale benötigt. Wie aus Bild 6-12 hervorgeht, werden für Farb- und Synchronisationssignale zugehörige Masseleitungen (GND = ground) vorgesehen.

1 Rot 2 Grün
3 Blau
4 Monitor-ID2
5 GND TTL
6 GND Rot
7 GND Grün
8 GND Blau

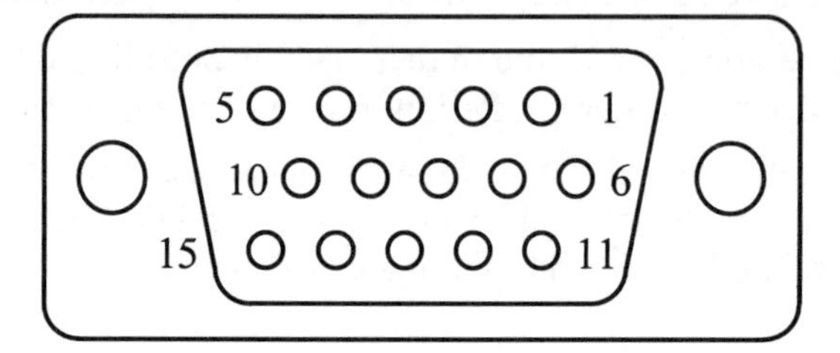

9 unbenutzt
10 GND Synchr.
11 Monitor-ID0
12 Monitor-ID1
13 Horizontalsynchr.
14 Vertikalsynchr.
15 Monitor-ID3

Bild 6-12: 15-polige D-Sub-Buchse der VGA-Schnittstelle mit Pinbelegung

Pin 5 liefert für Testzwecke TTL-Masse und Pin 9 ist unbenutzt. Pin 4, 11, 12 und 15 sind für die VGA-Karte Eingänge zur Monitor-Identifikation.

Für besonders hohe Ansprüche werden für die Farb- und Synchronisationssignale jeweils Koaxialkabel mit BNC-Anschlüssen vorgesehen.

Für den Anschluss von LCD- und TFT-Monitoren, die nur digitale Signale benötigen, wurden Videoschnittstellen entwickelt, die auch die Farbinformation digital übertragen. Es werden dafür spezielle ICs eingesetzt. Der Senderbaustein, *Panel Bus (oder Link) Transmitter*, serialisiert die Farbdaten zur Übertragung über drei Leiterpaare - parallel für Rot, Grün und Blau - zusammen mit einem weiteren Takt-Leiterpaar. Die differentiellen Signale mit kleinem Pegelhub entsprechen TMDS (Transition-Minimized Differential Signaling), dem allgemeinen Standard zur Codierung und Serialisierung von Videodaten. Der Empfängerbaustein im Monitor, der *Panel Bus (oder Link) Receiver* erzeugt die Videosignale zur Ansteuerung des digitalen Bildschirms (Display).

Mehrere digitale Videoschnittstellen werden auf dieser Basis angeboten. Dazu gehören folgende:

(1) DFP (Digital Flat Panel), eine von VESA (Video Electronic Standards Association) empfohlene 20-polige digitale Schnittstelle.

(2) DVI (Digital Visual Interface) mit 24-poligem Stecksystem ist der von DDWG (Digital Display Working Group) vorgeschlagene Standard.

(3) P & D (Plug & Display) bietet sowohl die digitalen als auch die analogen Signale sowie auch USB und IEEE-1394.

(4) Open LDI (Open LVDS (Low Voltage Differential Signaling) Display Interface).

(5) DISM (Digital Interface Standards for Monitor).

7 Mikrocontroller-Schnittstellen

7.1 Allgemeines

Der konventionelle Mikrorechner besteht aus vielen verschiedenen Komponenten wie

- Mikroprozessor als CPU (Central Processor Unit)
- Speicherbausteine oder -module (RAM, ROM, PROM/EPROM)
- parallele und serielle Ein/Ausgabebausteine oder E/A-Module
- Timer, Zähler, Analog/Digital-Wandler, Interruptcontroller.

Ein Mikrocontroller dagegen vereinigt alle benötigten Komponenten integriert auf einem Chip. Der Entwickler muss nur noch einen für seine Aufgabe geeigneten Mikrocontroller aus der angebotenen Vielfalt aussuchen und programmieren. Bei Aufgaben, die keine allzu große Rechenleistung und Speicherkapazität erfordern, ist der Einsatz eines Mikrocontrollers meist die preiswertere Lösung.

Man findet daher den Mikrocontroller auf allen Gebieten der Automatisierungstechnik, Nachrichten- und Datentechnik, Messtechnik, Energietechnik sowie Verkehrstechnik und Medizintechnik, um nur einige wichtige Anwendungsgebiete zu nennen. Durch die Herstellung in hohen Stückzahlen sank der Preis des Mikrocontrollers und seine Einsatzgebiete erweiterten sich auf die Kfz-Technik (z.B. ABS) und vielfältige Anwendungen in der Konsum- und Freizeitelektronik. So findet man ihn z.B. auch in Fernseh- und Videogeräten, Spielautomaten, Mikrowellenherden und Waschmaschinen.

7.2 Struktur und Schnittstellen

Am Beispiel des von der Firma Intel entwickelten 8-Bit-Controllers MC 8051, der in Lizenz auch von AMD, Siemens und Philips sowie vielen anderen Firmen hergestellt wurde, wird hier die grundlegende Struktur einer Mikrocontroller-Familie aufgezeigt.

Die charakteristischen Eigenschaften von Varianten der MCS-51-Familie (Mikrocontrollersystem) sind:

- für Steuer- und Kontrollfunktionen optimierte 8-Bit-CPU
- umfangreicher Befehlssatz (111 Befehle)
- 4 (8) kByte interner und maximal 64 kByte externer Programmspeicher
- 128 (256) Byte interner und maximal 64 kByte externer Datenspeicher
- 5 Interruptquellen mit zwei Prioritätsebenen (levels)
- 4 Ein/Ausgabeports mit je 8 bidirektionalen E/A-Leitungen
- zwei (drei) 16-Bit-Zähler mit interner oder externer Ansteuerung
- asynchrone vollduplexfähige serielle Schnittstelle, auch synchroner Modus
- interner Oszillator.

Die Struktur im Einzelnen wird für den MC 8051 dargestellt. Dazu dient das Blockschaltbild des MC 8051 in Bild 7-1, das insbesondere die Schnittstellenblöcke berücksichtigt.

Nicht eingezeichnet sind die Anschlüsse XTAL1 (External Crystal) und XTAL2 für den Quarz – der Oszillator ist auf dem Chip integriert – und die RESET-Leitung zum Zurücksetzen der CPU.

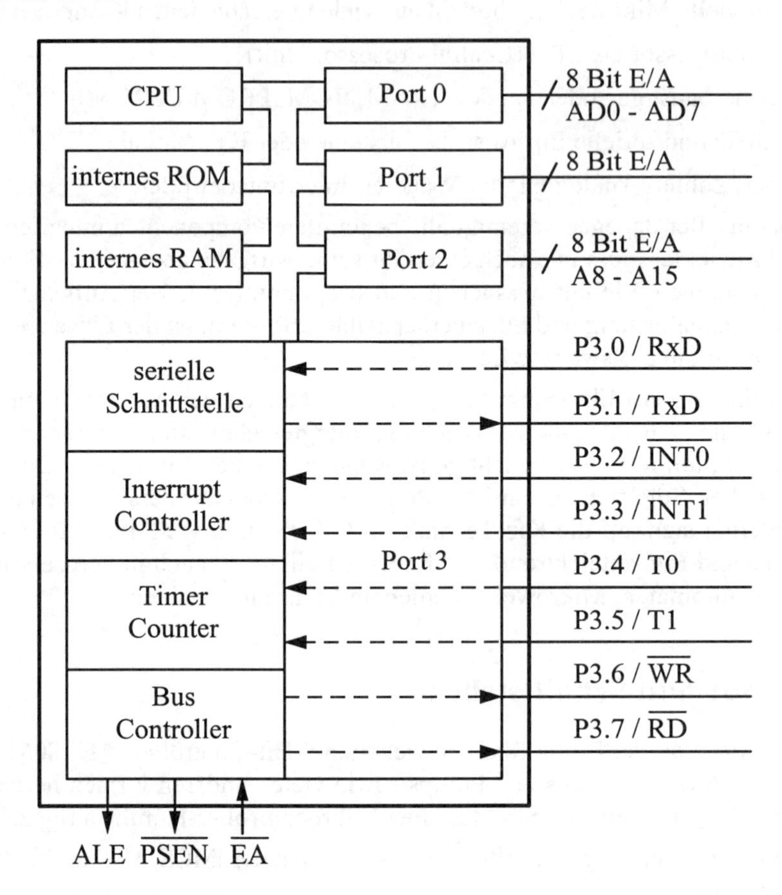

Bild 7-1: Blockschaltbild und Schnittstellen des Mikrocontrollers MC 8051

Die Zentraleinheit CPU des Mikrocontrollers ist busartig mit dem Programmspeicher ROM (Read Only Memory), dem Datenspeicher RAM (Random Access Memory) und allen Schnittstelleneinheiten verbunden. Folgende Schnittstellen werden beim MC 8051 angeboten:

Als parallele Schnittstellen dienen vier Datenports mit je 8 Bit Ein/Ausgabeleitungen. Die Ports sind wahlweise byte- oder bitweise adressierbar, wodurch auch einzelne Registerbits gesetzt oder abgefragt werden können.

Bei Verwendung von externem RAM und ROM wird Port 0 für den niederwertigen Teil (LOW-Byte) des externen Adressbusses und für den externen Datenbus verwendet. Diese acht Adress/Datenleitungen führen dann die Bezeichnung AD0 bis AD7 und werden durch *Multiplex* umgeschaltet. Der höherwertige Teil (HIGH-Byte) des Adressbusses wird auf Port 2 gegeben und wird mit A8 bis A15 bezeichnet.

Die Ports P1 und P3 stehen weiterhin als bidirektionale parallele Schnittstellen zur Verfügung, wobei P3 zusätzlich noch spezielle Ein- und Ausgabefunktionen besitzt, die im Folgenden beschrieben werden.

Als Erstes ist die serielle Schnittstelle zu nennen. Dafür werden P3.0 und P3.1 von Port 3 verwendet. Diese Anschlüsse stellen damit die bereits bei den einfachen seriellen Schnittstellen beschriebenen Empfangs- und Sendeleitungen RxD und TxD dar. Es ist der Betrieb als 8- oder 9-Bit-UART (Universal Asynchronous Receiver/Transmitter) mit programmierbarer Baudrate möglich, aber auch synchroner serieller Modus kann eingestellt werden. Dazu dient P3.0 als Empfangs/Sendeleitung und P3.1 als Synchrontakt entsprechend Bild 7-2.

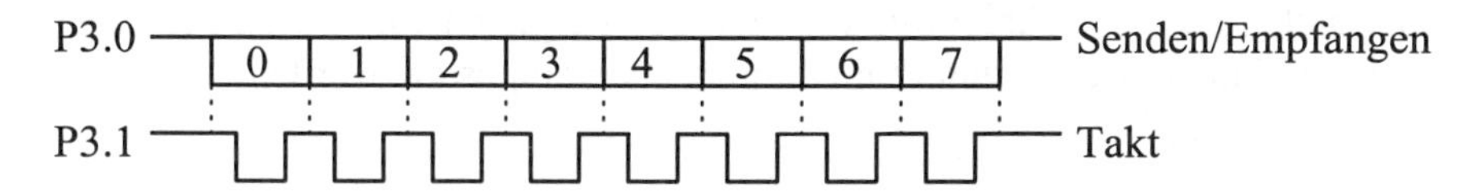

Bild 7-2: Synchronbetrieb der seriellen Schnittstelle des MC 8051

Da bei dieser Betriebsart jeweils über P3.0 gesendet oder empfangen wird, ist nur Halbduplexbetrieb möglich.

Über Port 3, nämlich P3.2 und P3.3, werden auch die zwei externen Unterbrechungsleitungen Interrupt 0 und 1 geführt. Diese werden neben drei internen Interrupts durch den Interrupt Controller ausgewertet. Als weitere spezielle Schnittstellen des Mikrocontrollers 8051 sind P3.4 und P3.5 nutzbar. Sie führen als Signal T0 und T1 zu zwei programmierbaren Aufwärtszählern, die je nach Betriebsart als Timer (Zeitzähler) oder als Counter (Ereigniszähler) verwendet werden. Für den Timerbetrieb wird der Zähler mit einem internen Takt hochgezählt, im Counterbetrieb dagegen über P3.4 bzw. P3.5 als externe Taktquellen. Bei Überlauf eines Zählers erfolgt ein Interrupt.

Die Signale P3.6/$\overline{\text{WR}}$ und P3.7/$\overline{\text{RD}}$ dienen als Schreib- und Lesesignal für externe Speicher und werden vom Bus-Controller aktiviert, wie auch ALE (Address Latch Enable) zum Zwischenspeichern der unteren Adressen A0 bis A7 in einem externen Latch (Auffangspeicher), da diese Leitungen auch als Datenbus benutzt werden, und ebenso $\overline{\text{PSEN}}$ (Program Store Enable), das den externen Programmspeicher aktiviert.

Das Signal $\overline{\text{EA}}$ (External Access) schaltet zwischen internem und externem Programmspeicher um.

Die Schnittstellen des betrachteten Mikrocontrollers bestehen also im Wesentlichen aus mehreren parallelen Ports zur Realisierung beliebiger paralleler Schnittstellen. Ein Teil dieser Ports kann aber auch umfunktioniert werden für serielle Schnittstellen, Interrupts und Timer/Counter-Eingänge.

Weitere Derivate der MCS-51-Familie zeichnen sich durch zusätzliche Parallelports und serielle Schnittstellen aus, wie auch durch einen integrierten Analog/Digital-Wandler mit speziellen Eingangsleitungen und ein komplexes Zählersystem, mit dem z.B. Pulsweitenmodulation ermöglicht wird. Auch Interruptsystem und CPU wurden leistungsfähiger. Als Beispiel sei hier der Mikrocontroller 80C517A von Infineon/Siemens genannt. Das C bezieht sich dabei auf die CMOS-Technologie. Im Vergleich zum 8051 sind bei dem 80C517A folgende Erweiterungen hinzugekommen:

(1) Fünf zusätzliche Ports zu den vier bidirektionalen Ports des 8051. Es stehen damit beim 80C517A sieben bidirektionale 8-Bit-Ports und zwei analoge Eingangsports mit 8 Bit bzw. 4 Bit zur Verfügung.

(2) Ein Analog/Digital-Wandler mit 10 Bit Auflösung. Die zwölf Analogeingänge der beiden zuletzt genannten Ports werden einzeln über einen programmierbaren Multiplexer auf den A/D-Wandler geschaltet. Der digitale Ergebniswert wird in einem Register abgespeichert.

(3) Eine zweite serielle Schnittstelle.

(4) Zwei zusätzliche 16-Bit-Zähler mit aufwendiger Vergleichslogik. Diese Zähler finden Verwendung als Timer oder Counter und können auch eingesetzt werden zur

- Frequenzmessung
- Pulsweitenmessung
- Pulsweitenmodulation (PWM) z.B. zur digitalen Ansteuerung von Leistungsstufen.

(5) Erweiterte Interrupt-Einheit mit zusätzlichen Interrupts für

- die zweite serielle Schnittstelle
- den Analog/Digital-Wandler
- die zusätzlichen Zähler (Timer/Counter)
- weitere externe Quellen.

Die Interruptquellen werden in vier Prioritätsebenen eingeteilt.

(6) Erweiterte CPU.

(7) Watch Dog zur Überwachung des Programmablaufs.

Diese Aufzählung von zusätzlichen Schnittstellen und Funktionen deutet am Beispiel eines MCS-51-Derivats die vielseitigen Einsatzgebiete von Mikrocontrollern an.

Als weitere auf dem Chip von Mikrocontrollern integrierte Funktionen/Schnittstellen seien beispielsweise noch genannt

- LED-Treiber zum direkten Betreiben von Leuchtdioden,
- LCD-Treiber zum Ansteuern von LCD-Monitoren,
- I^2C-Bus (Inter Integrated Circuit Bus), eine von der Firma Philips entwickelte multimasterfähige serielle Verbindung für ICs auf Platinen oder in Gehäusen,
- USB (Universal Serial Bus, wird weiter unten beschrieben),
- CAN-Bus (wird bei den Feldbussen behandelt).

Der Entwickler kann aus der Vielzahl von unterschiedlichen Typen den für die geplante Anwendung am besten geeigneten Mikrocontroller aussuchen.

8 Busse, Synchronisierung, Fehlererkennung

8.1 Busstrukturen

Einen Überblick über grundlegende Busstrukturen gibt Bild 8-1. Bei entsprechender Aneinanderreihung weiterer *Äste* kann auch eine so genannte *Baumstruktur* entstehen.

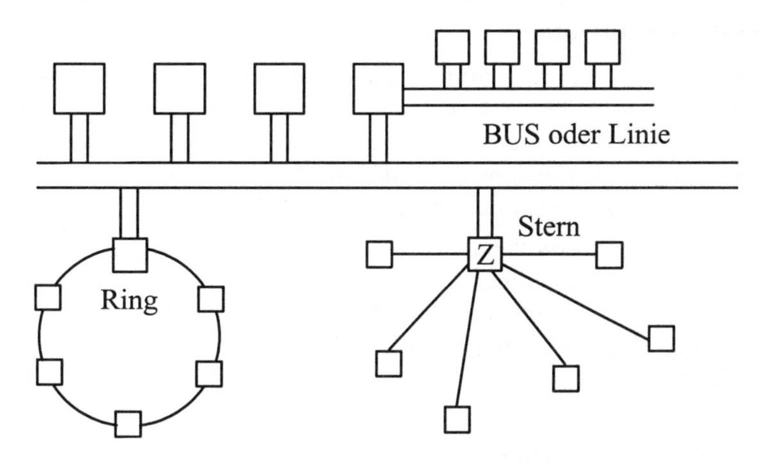

Bild 8-1: Busstrukturen

Bei der *Sternstruktur* ist die Zentraleinheit Z mit allen Teilnehmern sternförmig verbunden. Je nach Ausführung können Übertragungen von und zu verschiedenen Teilnehmern entweder gleichzeitig oder nacheinander erfolgen.

Die *Ringstruktur* ermöglicht nur die Datenübertragung von Nachbar zu Nachbar. Daten, die für einen Teilnehmer nicht bestimmt sind, werden von diesem unbearbeitet zum nächsten Teilnehmer weitergereicht. Jeder Teilnehmer erhält eine *Adresse*, um erkennen zu können, für wen die übertragenen Daten bestimmt sind.

Auch bei der Konfiguration als *BUS*, oft auch *Linie* genannt, muss durch eindeutige *Adressierung* sichergestellt werden, dass jeder Teilnehmer gezielt erreicht wird. Dazu vergleicht jeder Busteilnehmer die den Daten zugeordnete Adresse mit seiner eigenen. Bei einem Parallelbus werden die Adressen auf parallele Leitungen gelegt, während sie bei seriellen Bussen nur als Bitfolge mitgesandt werden können.

8.2 Buszuteilung

Der Buszugriff muss eindeutig geregelt werden, da auch mehrere Teilnehmer gleichzeitig den Zugriff auf den Bus anfordern können. Die Busanforderungen, z.B. über eine gemeinsame BUS-REQUEST-Leitung, müssen von einem *Schiedsrichter* (engl. Arbiter) auf ihre *Priorität* untersucht werden. Die Zuteilung erfolgt nach festgelegten Prioritätsregeln und kann durch ein spezielles Signal, z.B. BUS GRANT, angezeigt werden.

Die Zuteilungslogik kann zentral oder dezentral, d.h. auf alle Teilnehmer verteilt, aufgebaut werden. Entsprechende Verfahren werden weiter unten im Einzelnen beschrieben.

Prioritätsregeln sollten so festgelegt werden, dass ein Teilnehmer den Bus nicht völlig blockieren kann. Dies wird bei zyklisch rotierender Zuteilung a priori vermieden. Dazu ist aber nicht unbedingt die Ringstruktur erforderlich. Auch bei einem Bus mit Linienstruktur kann durch entsprechende Adressierung und festgelegte Vorgaben für die Datenweitergabe ein *logischer Ring* realisiert werden.

8.2.1 Zentrale Buszuteilung

Die Teilnehmer fordern von der zentralen Zuteilungslogik den Buszugriff an. Dies kann bei parallelen Bussen z.B. über Stichleitungen, die zu jedem einzelnen Teilnehmer führen, erfolgen. Über diese Leitungen ist die Identifizierung des anfordernden Teilnehmers möglich. Eine andere Möglichkeit stellt das so genannte *Polling-Verfahren* dar. Die Zentraleinheit fragt nacheinander den *Status* von allen Teilnehmern ab.

Die Zuteilung des Buszugriffs kann auch in einem festen Zeitraster erfolgen, ohne Anforderung der einzelnen Teilnehmer. Der Nachteil einer zentralen Zuteilung ist, dass der Bus völlig blockiert wird, wenn die Zentraleinheit ausfällt. Der Vorteil der zentralen Buszuteilung zeigt sich in geringem Schaltungsaufwand. Es ist ein einfaches und schnelles Verfahren.

8.2.2 Dezentrale Buszuteilung

Bei dezentraler Zuteilung hat jeder Teilnehmer eine Entscheidungslogik, mit der er feststellen kann, ob er den Buszugriff erhält. Die auf die einzelnen Teilnehmer verteilte Zuteilungslogik wird durch unterschiedliche Verfahren realisiert.

8.2.2.1 Parallel Polling

Bei diesem Verfahren geht von n Teilnehmern je eine Leitung an alle n-1 übrigen Teilnehmer, wie in Bild 8-2 schematisch dargestellt.

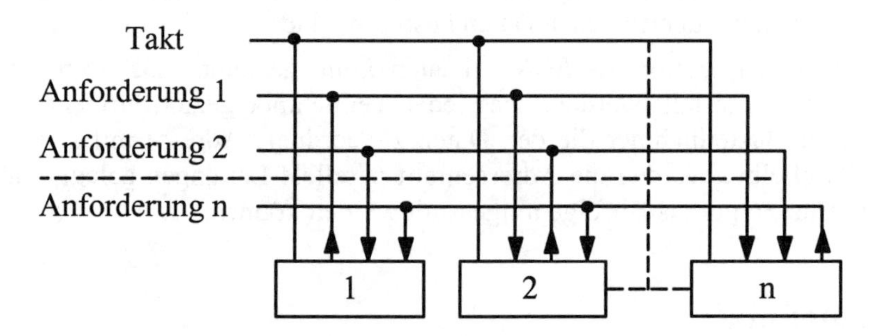

Bild 8-2: Parallel-Polling-Verfahren

Jeder Teilnehmer prüft, ob eine Anforderung höherer Priorität als die eigene vorliegt. Durch einen zentralen Takt wird die Entscheidung, welcher Teilnehmer den Buszugriff erhält, zeitlich koordiniert.

8.2.2.2 Daisy-Chain

Das Prinzip des Daisy-Chain-Verfahrens ist in Bild 8-3 skizziert.

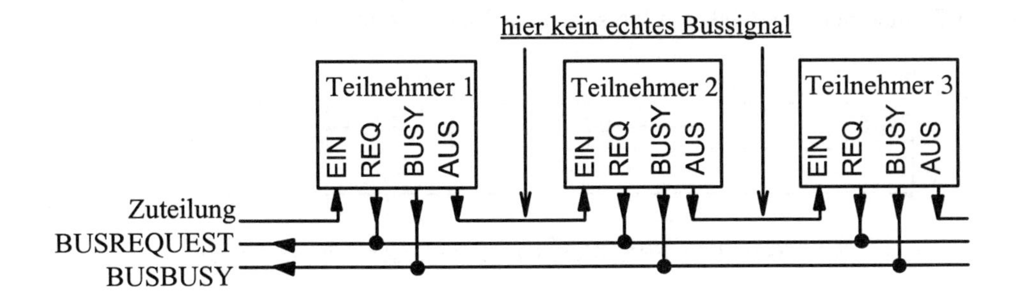

Bild 8-3: Daisy-Chain-Verfahren

Je ein Signal kann von allen Teilnehmern zur Anzeige der Busanforderung, z.B. REQ von BUSREQUEST, bzw. als Kennzeichnung für die Busbelegung, z.B. BUSY von BUSBUSY, angesprochen werden. Ein weiteres Signal wird von Teilnehmer zu Teilnehmer durchgereicht. Es handelt sich dabei um kein echtes Bussignal, an dem dann alle angeschlossen wären, sondern die Zuteilung wird dem Teilnehmer 1 an den Eingang EIN gelegt, während der Ausgang AUS zum Eingang EIN des Teilnehmers 2 geführt wird und so weiter. Verdeutlicht wird dies mit Bild 8-4.

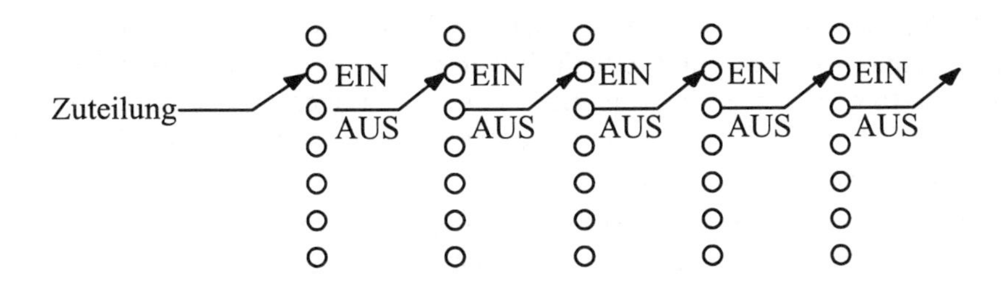

Bild 8-4: Zuteilungssignal der Daisy-Chain

Hier ist ein Auszug der Steckplätze von einzelnen Modulen gezeichnet. Man erkennt den *nicht busartigen* Verlauf des Zuteilungssignals. Die Aneinanderreihung in der Art einer *Gänseblümchenkette* inspirierte zu dem englischen Namen Daisy-Chain.

Nach einer Busanforderung durch einen Teilnehmer – oder von mehreren Teilnehmern gleichzeitig – erfolgt die Buszuteilung als HIGH-Signal auf der Zuteilungsleitung und wird von Teilnehmer zu Teilnehmer weitergereicht. Sobald diese Zuteilung (HIGH) den ersten anfordernden Teilnehmer erreicht, legt dieser seine Ausgangsleitung AUS auf LOW. Damit erhalten alle weiteren Teilnehmer LOW, d.h. keine Zuteilung.

Zur Kennzeichnung, dass der Bus belegt ist, wird nun noch die BUSY-Leitung aktiviert.

Die Priorität ergibt sich bei der Daisy-Chain aus der Platznummer. Ein wesentlicher Vorteil dieses Verfahrens ist die einfache Realisierung .

8.2.2.3 Zyklische Buszuteilung

In einem ringförmigen Bus wird ein Zeichen (englisch TOKEN) durchgereicht, wie dies in Bild 8-5 grob skizziert ist. Bei einem linienförmigen Bus wird es entsprechend von jedem Teilnehmer zum nächsten logischen Nachbarn weitergegeben.

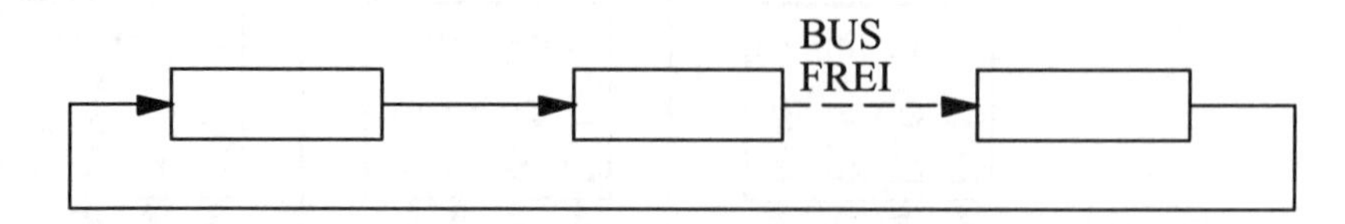

Bild 8-5: BUS-FREI-Zeichen bei zyklischer Buszuteilung

Das Zeichen kann z.B. mit der Kennung BUS FREI rotieren bis ein Teilnehmer den Bus übernimmt, sobald ihn das TOKEN erreicht hat. Je nach Topologie erhält man so einen TOKEN-Ring oder TOKEN-Bus.

8.2.2.4 CSMA/CD

Wegen des langen Namens wird meist nur die in der Überschrift genannte Abkürzung von *Carrier Sense Multiple Access / Collision Detection* benutzt. Es erfolgt also eine Träger-Abtastung bei Mehrfach-Zugriff und gleichzeitiger Kollisions-Abfrage. Bevor ein Teilnehmer zu senden beginnt, prüft er, ob Daten auf der Leitung liegen. Ist der Bus belegt, erkennt er dies und wartet eine definierte Zeit lang.

Sobald der Bus frei ist, gibt der Teilnehmer sein Datenpaket auf die Leitung. Wenn jedoch etwa gleichzeitig auch ein zweiter Teilnehmer erkannte, dass der Bus frei geworden war und daraufhin zu senden begann, gibt es eine Überlagerung der Datensätze. Wegen der Zunahme der Impulslaufzeiten mit der Leitungslänge ist diese zufällige Kollision umso wahrscheinlicher, je weiter die einzelnen Teilnehmer voneinander entfernt sind.

Man könnte nun einfach nur auf die Quittierung der erfolgreichen Datenübertragung durch den Empfänger warten und bei Ausbleiben dieser Quittung nach definierter Wartezeit und erneuter Busüberprüfung einen neuen Übertragungsversuch starten. Und dies immer wieder bis eine positive Rückmeldung erhalten wird.

Um die Zeit der missglückten Übertragung abzukürzen, kann der Sender die eigenen auf die Leitung aufgebrachten Signale direkt wieder lesen und damit überprüfen, ob die Übertragung einwandfrei ist. Beim Erkennen verfälschter Impulse kann die Aussendung von Daten sofort unterbrochen werden. Nach festgelegten Intervallen können dann neue Versuche gestartet werden. Bei Auftreten einer Kollision wird also die Übertragung schon zu Beginn abgebrochen. Das CSMA/CD-Verfahren wird z.B. bei Ethernet genutzt.

8.2.2.5 CSMA/CA

Mit CSMA/CA wird *Carrier Sense Multiple Access / Collision Avoidance* abgekürzt. Wie aus der Bezeichnung hervorgeht, soll bei diesem Verfahren die Kollision erst gar nicht auftreten sondern sie wird *vermieden*. Dazu muss vor der Versendung der eigentlichen Nachrichten eine Arbitrierung durchgeführt werden, bei der jeder den Bus anfordernde *Busmaster* feststellen kann, ob er die höchste Priorität besitzt und damit den Buszugriff erhält. Die Details eines solchen Verfahrens werden weiter unten (Kapitel 11) in der Beschreibung des CAN-Busses ausführlich erläutert.

8.3 Synchronisierung

Sowohl bei synchronen wie auch bei asynchronen Übertragungsverfahren ist eine definierte Synchronisierung erforderlich, um den Bereich gültiger Datenpegel eindeutig und sicher anzuzeigen. Bei *synchroner Datenübertragung* werden die Daten nur *synchron* zum *Takt* geändert, wie dies aus Bild 8-6 hervorgeht.

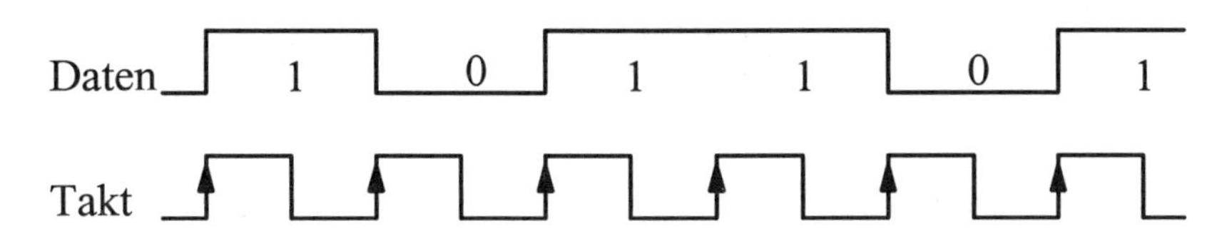

Bild 8-6: Synchroner Datentransfer mit Takt

In dem dargestellten Beispiel werden die Daten nur bei der ansteigenden Taktflanke – durch einen aufwärts gerichteten Pfeil gekennzeichnet – neu eingestellt, während sie mit der fallenden Flanke vom Empfänger übernommen werden können. Dabei ist die Anzahl der Datenleitungen irrelevant. Es können z.B. n = 1, 8, 16, 32 oder 64 Bit übertragen werden. Bei n > 1 handelt es sich um einen parallelen Bus, bei n = 1 um einen seriellen. Um bei seriellen Bussen auch noch die Taktleitung einzusparen, kann der Takt durch einen geeigneten Code in den Datenstrom integriert werden. Verfahren zur seriellen Datendarstellung werden in *Kapitel 10 Serielle Busse, LANs* behandelt.

Der Vorteil synchroner Datenübertragung ist die hohe erzielbare Übertragungsgeschwindigkeit, da nicht nach jedem Zeichen eine Quittung abgewartet werden muss. Besonders bei größeren Entfernungen ergeben sich erhebliche Kabellaufzeiten.

Zu den *asynchronen Übertragungsverfahren* zählt das bereits bei den einfachen seriellen Schnittstellen beschriebene *Start-Stop-Format*. Zur Synchronisierung dient dabei die Startflanke des Startbits, während für eine definierte Zeit ein fester Taktrahmen verabredet wird. Zum Ausgleichen von Toleranzen dient das Stop-Bit, dessen Ruhepegel als Ausgangspunkt für eine neue Startflanke dient. Ebenso *asynchron* ist das schon bei den parallelen Schnittstellen beschriebene *Handshake-Verfahren*, bei dem eine feste Flankenfolge verabredet wird. Da der Zeitpunkt des Pegelüberganges jeweils vom Sender und Empfänger nach Bedarf variiert wird, können so unterschiedlichste Geräte zeitoptimal kommunizieren.

8.4 Fehlererkennung

Um Fehler bei der Datenübertragung erkennen zu können, müssen zu der eigentlichen Information *redundante* Prüfbits hinzugefügt werden. Dies wird im Folgenden an einem einfachen Beispiel erläutert. Dazu sind in Tabelle 8-1 alle Codewörter aus *drei Informationsbits plus einem Prüfbit* zusammengestellt.

Bei drei Bit Informationen sind $2^3 = 8$ Kombinationen möglich. Durch Hinzufügen eines weiteren Bits verdoppelt sich die Anzahl möglicher Codewörter, von denen aber nur die Hälfte verwendet wird, während die zweite Hälfte als Sicherheitsabstand dient.

D	0		1		2		3		4		5		6		7	
a	0	0	0	0	0	0	0	0	1	1	1	1	1	1	1	1
b	0	0	0	0	1	1	1	1	0	0	0	0	1	1	1	1
c	0	0	1	1	0	0	1	1	0	0	1	1	0	0	1	1
P	0	1	1	0	1	0	0	1	1	0	0	1	0	1	1	0
K	g	u	g	u	g	u	g	u	g	u	g	u	g	u	g	u

Tabelle 8-1: Dualzahl D mit Paritätsbit P und Kennung K gerade/ungerade g/u

Die drei Informationsbits a, b und c sind zur besseren Übersicht als **D**ualzahlen **D** angeordnet. In der Zeile **P** wird das **P**aritätsbit **P** hinzugefügt und zwar für jede **D**ualzahl **D** sowohl das **g**erade (**g**) als auch rechts daneben das **u**ngerade (**u**) Paritätsbit.

Durch die **K**ennung **K**, die jedes Codewort erhält, kann zwischen **g**ültig (**g** wie **g**ültig und gleichzeitig wie **g**erade Parität beispielsweise; so gewählt, um eine einheitliche Kennung zu erzielen) und entsprechend **u**ngültig (**u** wie **u**ngültig und gleichzeitig wie **u**ngerade Parität) unterschieden werden.

Es wird hier also jede Dualzahl zusammen mit dem geraden Paritätsbit als *gültiges Codewort* definiert, das heißt zur Datenübertragung wird *gerade Parität* verwendet. Wird nun ein Codewort (einschließlich Paritätsbit) in *einem* Bit verfälscht, das heißt eine "0" wird zur "1" oder umgekehrt, so ist die Summe der Einsen nicht mehr geradzahlig. Die so entstandene Kombination ist also kein *gültiges Codewort*, denn bei gerader Parität muss die Quersumme über das gesamte Codewort 0 ergeben. Die Verfälschung von nur *einem* Bit führt also immer auf ein *ungültiges Codewort*. Bei zwei verfälschten Bits erhält man wieder eine gerade Anzahl von Einsen, diesen Fehlerfall kann man daher nicht erkennen.

Ein Maß für den Abstand der Codeworte voneinander ist die *Hamming-Distanz* h, auch d oder HD genannt. Damit wird auch ausgedrückt, in wie vielen Stellen sich gültige Codeworte unterscheiden. In dem oben beschriebenen Beispiel der Paritätsbildung ist $h = 2$, einfache Fehler sind damit erkennbar.

Die maximale Anzahl von erkennbaren Fehlern ist allgemein ausgedrückt h-1, da bereits bei h Fehlern wieder ein gültiges Codewort erreicht wird.

Zur Korrektur eines Fehlers ist mindestens $h = 3$ erforderlich.

Bei einer Hamming-Distanz von $h = 3$ sind Einfachfehler korrigierbar und Doppelfehler noch sicher erkennbar.

Im Folgenden werden drei grundlegende Verfahren zur Fehlererkennung – VRC, LRC und CRC – kurz vorgestellt.

8.4.1 VRC und LRC

Die Abkürzung VRC ist von *Vertical Redundancy Check* abgeleitet. Das heißt, dass in vertikaler Richtung eine zusätzliche Querparität – also ein Paritätsbit pro Byte – erzeugt wird. Redundant ist diese ergänzte Information zu nennen, weil sie jederzeit wieder aus dem vorhandenen Bitmuster rekonstruiert werden kann. Es handelt sich also nicht um eine unabhängige, neue Information.

Zur Erläuterung der Bezeichnung *vertikal* kann man die Darstellung eines Magnetbandes entsprechend Bild 8-7 heranziehen.

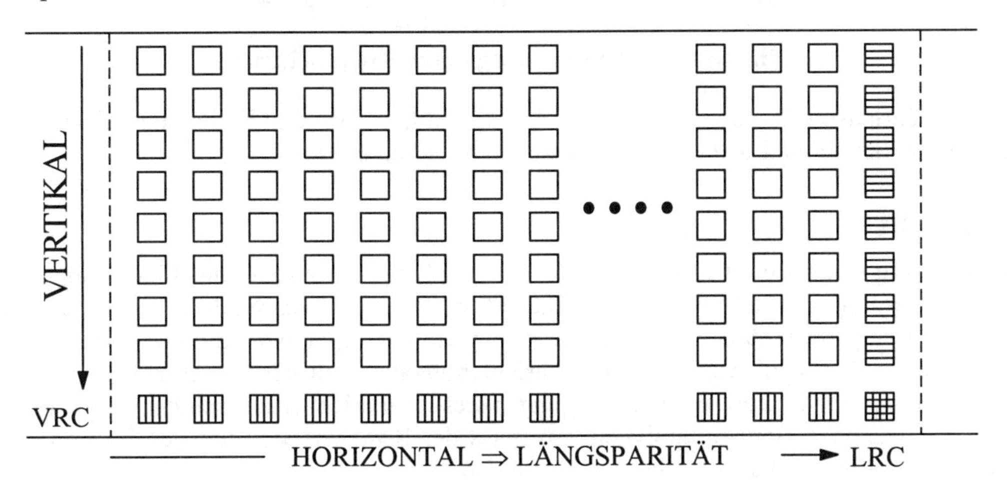

Bild 8-7: Vertikale und horizontale Bit-Ergänzung

Senkrecht, d.h. *vertikal* abgebildet ist jeweils ein Byte mit zusätzlichem VRC-Bit. Letzteres ist durch *vertikale Schraffur* gekennzeichnet.

Die Abkürzung LRC bedeutet *Longitudinal Redundancy Check*. Für jedes einzelne Bit wird in horizontaler Richtung ein zusätzliches Längs-Paritätsbit gebildet, in Bild 8-7 *horizontal schraffiert* dargestellt. Auch hierbei handelt es sich um eine redundante Information, die beim Empfänger aus dem übertragenen Muster erneut gebildet und mit dem mitgesandten Muster verglichen werden kann.

Erhöhte Sicherheit erhält man durch gleichzeitigen Einsatz von VRC und LRC, oft auch *Kreuzsicherung* genannt. Da hierbei die Datenmuster sozusagen *über Kreuz gesichert* werden, kann man selbst Doppelfehler noch erkennen, während Einfachfehler sogar korrigierbar sind. Auf diese Korrekturmöglichkeit durch Invertieren eines als falsch erkannten Bits sollte man aber zur Erhöhung der Sicherheit verzichten. Stattdessen kann ein neuer Übertragungsversuch angefordert werden.

Ein Beispiel für die Fehlererkennung durch Kreuzsicherung ist in Bild 8-8 dargestellt. Es werden 5 Byte gesendet, wobei jeweils nach einem Byte das Paritätsbit (VRC) eingefügt wird. Die im 3. Byte mit ① gekennzeichneten Fehler seien gesendete Einsen, die aber fehlerhaft als Nullen beim Empfänger ankommen. Auf das Paritätsbit ⓪ hat dies keine Auswirkung, da sowohl der Sender als auch der Empfänger als Paritätsbit eine "0" ergänzt. Der Doppelfehler kann also an dieser Stelle nicht erkannt werden. Dagegen erkennt der Empfänger an den mit ② gekennzeichneten Stellen, dass das vom Sender übermittelte LRC-Bit ("1") nicht mit dem im Empfänger gebildeten ("0") übereinstimmt.

1. Byte	0	1	1	0	1	0	0	0	→	1	VRC
2. Byte	1	0	1	1	0	1	0	1	→	1	
3. Byte	0	①	1	0	①	1	0	0	→	⓪	
4. Byte	0	0	0	1	0	0	0	1	→	0	
5. Byte	1	1	0	0	1	1	0	1	→	1	
LRC-Byte	0	②	1	0	②	1	0	1	→	③	

Bild 8-8: Fehlererkennung durch Kreuzsicherung

In dem Paritätsbit ③, das über das LRC-Byte gebildet wird, wirken sich die Fehler nicht aus. Beim Sender und beim Empfänger wird hier "1" erzeugt.

8.4.2 CRC

CRC ist die Abkürzung von *Cyclic Redundancy Check*. Der Nachrichtenblock entspricht dabei einer binären Zahl, die aber um eine definierte Anzahl von Nullen verlängert wird. Diese verlängerte binäre Zahl wird durch ein Generatorpolynom dividiert. Der dabei entstehende Rest wird dann an den Nachrichtenblock anstatt der Nullen angehängt und mit übertragen. Dividiert nun der Empfänger diese Nachricht (Nachrichtenblock + Rest) durch das gleiche Generatorpolynom, so muss der Rest, wie sich mit den binären Rechenregeln allgemein ableiten lässt, Null werden.

Die Operation *Division durch Generatorpolynom* lässt sich hardwaremäßig leicht als Schieberegister mit Rückkopplungen über EXOR (Addition Modulo 2) realisieren. Davon leitet sich auch die Bezeichnung *zyklisch* ab, da auch beliebig lange serielle Datenströme in das relativ kurze *rückgekoppelte* Schieberegister eingeschoben werden, wobei sich der Inhalt entsprechend den Rückkopplungen ständig ändert. Im Bild 8-9 wird an einem einfachen Beispiel das Prinzip der Rückkopplungen gezeigt.

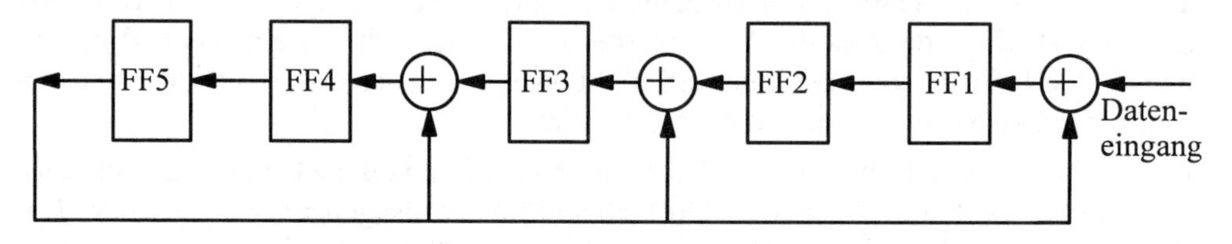

Bild 8-9: Rückgekoppeltes Schieberegister für CRC

Das abgebildete rückgekoppelte Schieberegister ist für die Division durch das Polynom $x^5 + x^3 + x^2 + 1$ geeignet. Der Datenstrom wird getaktet eingeschoben, schließlich noch die angehängten Nullen. Hier wären es fünf, entsprechend der größten Hochzahl. Im Ausgangszustand haben alle Flipflops (FF1 bis FF5) logisch "0" am Ausgang.

Nach Beendigung der Schiebeoperationen steht der *Rest* der Division im Schieberegister zur Verfügung und kann – an den eigentlichen Nachrichtenblock *angehängt* – mit übertragen werden.

9 Parallele Busse

Parallele Bussysteme wurden anfangs als *Rückwandverdrahtung* von Rechnern und Steuerungsgeräten für spezielle Prozessoren entwickelt, so z.B. für

- LSI-11 der Fa. DEC (Digital Equipment Corporation)
- Z80, Z8000 der Fa. Zilog
- 8080, 8085/86, 80286, 80386, 80486, ... der Fa. Intel
- 6800, 68000 der Fa. Motorola.

Weiterentwicklungen wurden dann allgemein für den Betrieb mit beliebigen Prozessoren spezifiziert.

Als *Peripheriebusse*, d.h. zum Verbinden von Rechnern mit Peripheriegeräten oder anderen Steuergeräten, entstanden SCSI (Small Computer System Interface) und GPIB (General Purpose Interface Bus). Da sie Geräte oder Geräteteile verbinden, handelt es sich hierbei nicht um Rückwandverdrahtungsbusse.

Neben den unten beschriebenen Bussen gibt es viele herstellerspezifische Daten- und Multiplexkanäle, auf die im Folgenden nicht eingegangen wird.

9.1 Entwicklungen von Bus-Standards

Zunächst wird anhand von älteren Bus-Beispielen der grundlegende Aufbau von einfachen parallelen Bussen dargestellt. Es handelt sich hierbei um typische Rückwandverdrahtungen.

9.1.1 Q-Bus

Der Q-Bus war ein für den LSI-11-Mikroprozessor von der Fa. DEC entwickelter Rückwandverdrahtungsbus. Interessant ist der grundlegende Aufbau, der beispielsweise für eine Busleitung in Bild 9-1 skizziert ist.

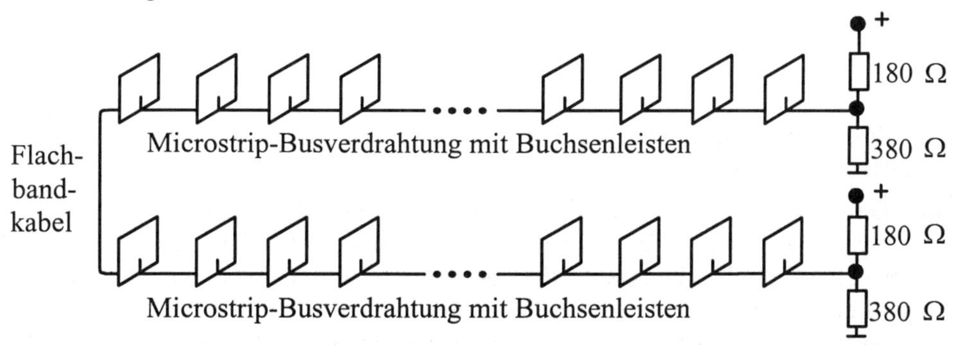

Bild 9-1: Rückwandverdrahtung des Q-Bus mit Microstrip und Flachbandkabel

Die Module sind mit Direkt-Steckung über die Buchsenleisten der Microstrip-Busverdrahtung parallel verbunden. Zwei oder mehrere solcher starren Rückwandverdrahtungen werden mit einem Flachbandkabel verbunden. Der Wellenwiderstand der Microstrip-Leitungen und des Flachbandkabels sind einheitlich mit Z = 120 Ω ausgeführt. Der Bus ist an beiden Enden mit Widerständen 180 Ω bzw. 380 Ω abgeschlossen. Der daraus resultierende Abschlusswiderstand errechnet sich zu

$$R_1 \| R_2 = \frac{180\Omega \cdot 380\Omega}{180\Omega + 380\Omega} = 122\Omega,$$

was wiederum etwa Z entspricht. Für geringere Entfernungen wurde auch eine größere Fehlanpassung mit den Widerständen 330 Ω bzw. 680 Ω zugelassen. Damit errechnet sich $R_1 \| R_2 = 222\Omega$.

Multimasterbetrieb war vorgesehen. Die Buszuteilung war vom Prozessormodul gesteuert und erfolgte über eine Daisy-Chain. Obwohl es sich um einen Firmenstandard handelte, wurden kompatible Module auch von anderen Herstellern angeboten.

9.1.2 Z80-Bus

Der Z80-Bus wurde in der Ausführung mit Karten im *Europaformat*, d.h. 100 mm x 160 mm, und mit 64-poligem Indirekt-Stecksystem auch ECB (Euro Card Bus) genannt. Der Aufbau ergibt sich aus Bild 9-2.

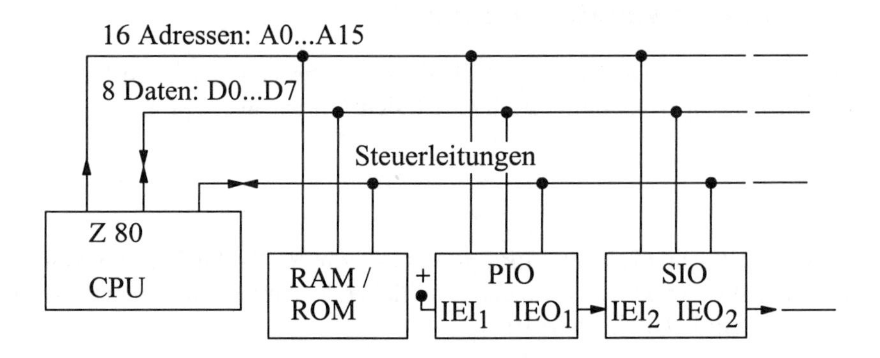

Bild 9-2: Aufbau eines Z80-Bus-Systems

Nur 16 Adress- und 8 Datenleitungen sind vorhanden. Zu den Steuerleitungen wird hier nur Grundsätzliches erwähnt.

Ein Speicherzugriff der CPU (Central Prozessor Unit) auf eine RAM- oder ROM-Karte erfolgt mit MREQ (Memory Request). Ein/Ausgabe wird mit IOREQ (In/Out-Request) eingeleitet. Eine Unterbrechungsanforderung von Ein/Ausgabemodulen über die INT (Interrupt)-Leitung bewirkt eine Abfrage des Interrupt-Vektors durch die CPU über eine Prioritätenkette als Daisy-Chain. Beispielhaft gezeichnet sind ein PIO (Parallel In Out)- und ein SIO (Serial In Out)-Modul. Die Daisy-Chain wird über IEI (Interrupt Enable In) und IEO (Interrupt Enable Out) der einzelnen Module durchgeschaltet.

Der ECB wurde in einfachen Mess- und Steuerungsgeräten eingesetzt.

9.1.3 S-100-Bus

Der S-100-Bus basierte auf dem 8080-Mikroprozessor und hatte je 50 direkte Steckanschlüsse auf beiden Seiten der Platinen. Die anfängliche Einprozessor-Ausführung mit 8 Bit Daten und nur 16 Adressen wurde im Jahre 1983 mit IEEE-696 auf Multimaster-Betrieb, 8/16 Bit und 24 Adressen erweitert.

9.1.4 MPST-Bus

Hierbei handelt es sich um einen parallelen Bus für *Mehrprozessorsteuersysteme* nach DIN 66264, der den Aufbau von Bearbeitungs- und Verarbeitungsmaschinen vereinheitlichen sollte. Es wurden Europakarten (100 mm x 160 mm) und Doppeleuropakarten (233,4 mm x 160 mm) mit 64-poligem DIN-41612-Stecksystem verwendet. Daten- und Adressbus waren nur 16 Bit breit. Multimasterbetrieb mit zentraler Arbitrierung und Interruptbehandlung sowie Power-Break-Down-Routine waren vorgesehen. Neben der Busspezifikation wurden auch zusätzliche Protokollebenen definiert. Die Datenübertragung erfolgte asynchron. Die DIN 66264 von 1983 wurde durch eine neue Fassung im April 1995 abgelöst.

9.1.5 STD/STE-Bus

Der STD-Bus hatte zunächst nur relativ kleine Platinen (114 mm x 165 mm) mit 56 direkten Anschlüssen und zwar je 28 auf jeder Seite. Acht Datenbit und 16 Adressbit waren die Grundausstattung. Durch eine Taktleitung vom Prozessor wurde die Datenübertragung synchronisiert. Mit Warte (Wait)-Zyklen wurde die Geschwindigkeit langsamerer Module angepasst. Der ersten Standardisierung als IEEE-961 folgte die erweiterte (Expanded) Version STE-Bus als IEEE-1000 im Jahre 1987 mit 20 Adressbit und indirekt steckbaren *Europakarten* und 64-poligem DIN-Stecksystem. Als weitere Fortentwicklung wurde der STD-32-Bus vorgeschlagen. Bis zu 32 Datenbreite und 32 Adressen sind vorgesehen. Daher der Name Standard-32. Zur Busansteuerung wird der EISA-Chipsatz verwendet. Der Bus stimmt aber nicht mit dem EISA-Bus überein.

9.2 Multibus I/II

Der von der Fa. Intel initiierte Multibus I wurde als IEEE-796 genormt. Die ursprünglichen 8 Datenbit wurden auf 16 Bit bei 24 Adressleitungen erweitert. Die Platinen waren noch direkt steckbar. Für neuere Mikroprozessoren und herstellerunabhängig wurde der Multibus II als IEEE-1296-Bus mit 32 Daten/Adressleitungen mit Multiplexbetrieb und 4 Paritätsbit definiert. Bis zu 20 Bus-Master mit zentraler Vergabe (Arbitrierung) sowie DMA-Betrieb und eine zusätzliche serielle CSMA/CD-Schnittstelle wurden vorgesehen.

Die Europakarte wurde *verlängert* auf 100 mm x *220 mm* ebenso die Doppelkarte auf 233,4 mm x *220 mm* entsprechend IEC und DIN. Als indirektes Stecksystem wird der dreireihige 96-polige DIN-Stecker eingesetzt. Die Signalpegel entsprechen der TTL-Spezifikation, wobei die Steuerleitungen als active LOW definiert sind. Die Datenübertragung erfolgt nach einer REQUEST PHASE mit Adressenübergabe in der REPLY PHASE mit Handshake. Die Siemens-Version des Multibus I heißt AMS-M-Bus. Hier werden *Europakarten* mit 96-poligem DIN-Stecker eingesetzt.

9.3 Futurebus

Dies ist ein als IEEE-869 seit 1987 definierter herstellerunabhängiger Multiprozessorbus für bis zu 32 Module. Die Buszuteilung wird in der *Arbitration-Phase* mit BUSREQUEST, Prioritätenvergleich und BUS BUSY behandelt. 32 Daten/Adressleitungen können wahlweise mit oder ohne Multiplexbetrieb eingesetzt werden. Eine zusätzliche serielle Übertragung ist auch hier vorgesehen.

Die *Europa-* und *Doppeleuropakarten* werden in der einfachen Ausführung über die Reihen a und c des DIN-41612-Steckers angeschlossen, während die Reihe b unbelegt bleibt. Eine Buserweiterung kann durch Mitbenutzung der b-Reihe und Hinzufügen eines zweiten Steckers erreicht werden. Daten- und Adressenübertragung erfolgt durch Handshake entsprechend Bild 9-3 mit TTL-Pegeln.

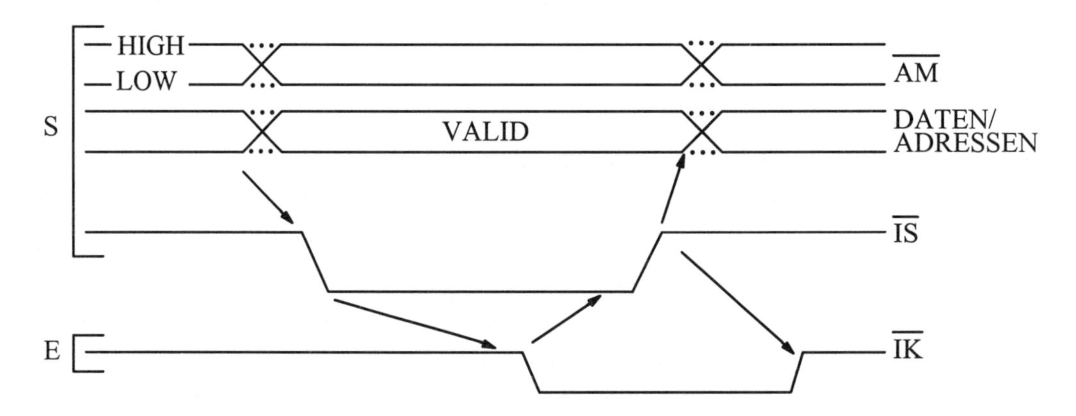

Bild 9-3: Daten/Adressenübertragung mit Handshake beim Future-Bus

Der Sender S legt die Adressen bzw. Daten auf die entsprechenden Leitungen und gibt mit $\overline{AM}$ (Address Mode) an, ob es sich um Daten (bei HIGH) oder Adressen (bei LOW) handelt. Nachdem die Information gültig (VALID) ist, wird dies mit $\overline{IS}$ (Information Strobe) angezeigt. Sobald der Empfänger E die Information übernommen hat, legt er $\overline{IK}$ (Information Acknowledge) auf LOW. Daraufhin nimmt der Sender das Signal $\overline{IS}$ wieder zurück auf HIGH und kann danach die Daten bzw. Adressen ändern. Der Empfänger zeigt die Bereitschaft, neue Daten zu empfangen, durch $\overline{IK}$ gleich HIGH an.

Eine Weiterentwicklung stellt der Futurebus^{+} dar, der von IEEE neben dem weiter unten beschriebenen VME-Bus für besonders hohe Anforderungen spezifiziert wurde. Eine Datenbusbreite von 32 bis 64 Bit sowie 128 Bit und sogar 256 Bit ist vorgesehen. Stecker, Karten und Rückwandverdrahtung (als Multilayer ausgeführt) wurden völlig neu konzipiert.

9.4 Nu-Bus

Der vom MIT (Massachusetts Institute of Technology) spezifizierte und durch die Firmen Western Digital und Texas Instruments weiterentwickelte Nu-Bus wurde 1987 als IEEE-1196 standardisiert.

Es werden 32 Daten/Adressleitungen im Multiplex-Verfahren betrieben. Die Buszuteilung bei Multimasterbetrieb ist auf die einzelnen Module verteilt und erfolgt, wie auch alle anderen Busoperationen, synchronisiert durch einen Zentraltakt von 10 MHz.

Es werden 96-polige DIN-Stecker und Platinen mit unterschiedlichen Formaten verwendet. Die bekannteste Nu-Bus-Anwendung ist wohl der Apple Macintosh Computer.

9.5 VME-Bus

Die Bezeichnung VME (Versa Module Europe) zeigt die Abstammung vom VERSA-Bus der Firma Motorola (VERSA = versatile, vielseitig), jedoch unter Verwendung von Europakarten. Mit der Standardisierung als IEC-821 bzw. IEEE-1014 wurde eine Daten- und Adressbreite von bis zu 32 Bit vorgesehen.

9.5.1 Mechanischer Aufbau

Es werden Europa- (100 mm x 160 mm) und Doppeleuropakarten (233,4 mm x 160 mm) mit 96-poligen DIN-41612-Steckern verwendet.

Der erste Stecker P1 nimmt 24 Bit Adressen und 16 Bit Daten auf. Der zweite Stecker P2 kann auf der Doppeleuropakarte zur Adress- und Datenerweiterung auf 32 Bit eingesetzt werden. Die Rückwandverdrahtung in einem 19"-Gehäuse ist auf beiden Seiten mit Widerständen von 330 Ω gegen +5 V und 470 Ω gegen Masse abzuschließen. Diese passive Terminierung kann auch durch einen entsprechenden aktiven Abschluss, wie in Kapitel 3 beschrieben, ersetzt werden.

9.5.2 Module und Busstruktur

Im Bild 9-4 sind drei Module des VME-Busses dargestellt sowie dessen Unterteilung in vier Subbusse:

(1) *Data Transfer Bus*

mit Daten- und Adressleitungen, Address Modifier, Address Strobe, Datentransfersteuersignalen (Data Strobe und Long Word), Bus Error, Data Transfer Acknowledge und Write-Signal.

(2) *Priority Interrupt Bus*

mit Interrupt-Request-Leitungen und Interrupt-Acknowledge-Leitungen.

(3) *Arbitration Bus*

mit Bus-Request-Leitungen, Bus-Grant-In- und Bus-Grant-Out-Leitungen sowie je ein Signal für Bus Busy und Bus Clear, mit dem der Arbiter im ersten Steckplatz (Slot 1) die Freigabe des Busses anfordern kann.

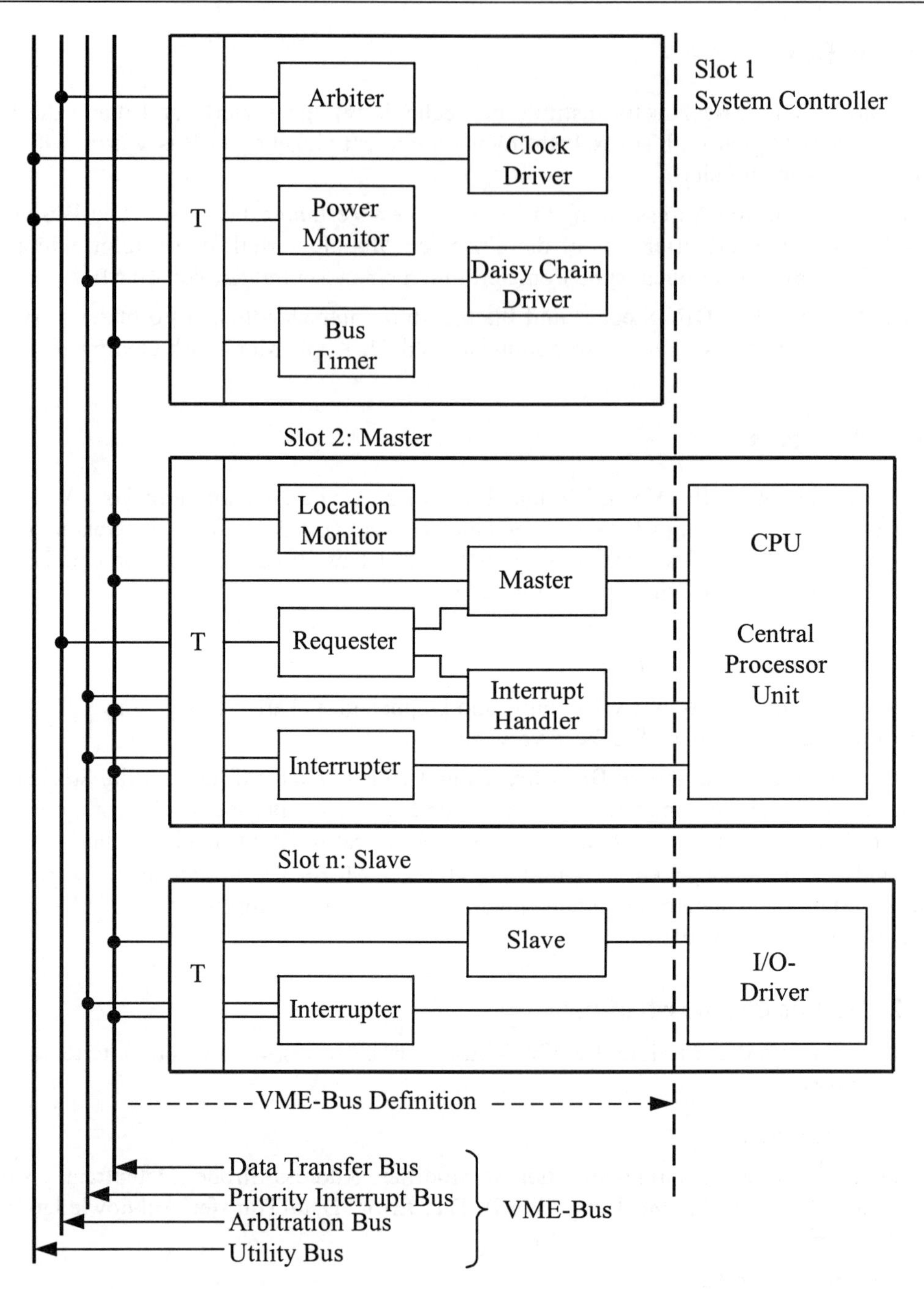

Bild 9-4: VME-Bus mit System Controller, Master- und Slavekarte

(4) *Utility Bus*

mit Signalleitungen für System Reset $\overline{\text{SYSRESET}}$ zum Rücksetzen des Systems für System Failure $\overline{\text{SYSFAIL}}$ zur Anzeige eines Systemfehlers und für AC Failure $\overline{\text{ACFAIL}}$

zur Meldung von Störungen in der Spannungsversorgung (ac = alternate current, Wechselstrom). Wenn $\overline{\text{ACFAIL}}$ aktiviert wird, kann eine Datenrettungsaktion eingeleitet werden, z.B. über einen nicht unterbrechbaren Interrupt (NMI = non-maskable interrupt). Zu dem Utility Bus gehört auch das Signal SYSCLK (System Clock), mit dem Synchronisierungen am VME-Bus vorgenommen werden können. Die VME-Bus-Spezifikation ist in Funktionsblöcke gegliedert. Der vordere Teil der drei skizzierten Module ist mit T wie Transceiver gekennzeichnet. Es handelt sich dabei um eine aufwendige Schnittstellenlogik mit Transceiver-Ansteuerung, da unterschiedliche Adress- und Datenbreiten verwendet werden und zum Teil auch Multiplex vorgesehen ist.

Auf dem ersten Steckplatz (*Slot 1*) ist der *System Controller* angeordnet. Dessen erster Funktionsblock ist der *Arbiter*, der Anfragen (Bus Request) von *Requestern* bearbeitet und den Buszugriff für *Master*-Module zuteilt. Der *Clock Driver* liefert einen 16 MHz-Takt (SYSCLK) über den Utility Bus an alle Module. Der *Power Monitor* überwacht die Spannungsversorgung und setzt $\overline{\text{SYSRESET}}$ sowie $\overline{\text{ACFAIL}}$. Durch den *Daisy Chain Driver* wird die $\overline{\text{IACKIN}}$ - $\overline{\text{IACKOUT}}$-Daisy-Chain initiiert. Der *Bus Timer* überwacht die Datenübertragung. Mit $\overline{\text{BERR}}$ (Busfehler) wird ein zu langer Transfer angezeigt.

In dem zweiten Steckplatz (*Slot 2*) ist eine *Master*-Karte vorgesehen. Der *Location Monitor* decodiert die Adressleitungen und aktiviert ggf. eine *Task* (Aufgabe). Ein *Master* kann die Kontrolle über den Datentransferbus erhalten. Der *Requester* wurde schon bei dem Funktionsblock *Arbiter* (in Slot 1) genannt. Er wird durch den *Interrupt Handler* oder den *Master* benutzt, um den Buszugriff zu erhalten. Der *Interrupter* arbeitet mit dem *Interrupt Handler* zusammen.

Die genannten Funktionsblöcke sind durch die VME-Bus-Spezifikation festgelegt. Die senkrechte gestrichelte Linie zeigt die Bereichsgrenze der VME-Bus-Definition auf.

Der rechts neben dieser Linie mit CPU bezeichnete Teil ist eine Steuereinheit, die Buszugriffe initiieren kann. Master sind beispielsweise Steuerrechner oder Netzcontroller. Aber auch Peripheriegeräte mit DMA-Controller können Masterfunktion haben.

Auf dem dritten Steckplatz in Bild 9-4, hier mit *Slot n* bezeichnet, da es auch jeder weitere Steckplatz sein könnte, ist beispielsweise einen *Slave*-Karte vorgesehen. Ein *Slave* wird allgemein von einem *Master* über den VME-Bus angesprochen. Es handelt sich dabei um Ein/Ausgabe-Gerätesteuerungen (I/O-Devices) wie auch um Speichermodule. Mit dem *Interrupter* kann eine Unterbrechung (Interrupt) angefordert werden.

9.5.3 Datentransfer

Die Datenbreite ist 8, 16 oder 32 Bit. Die Adressbitanzahl kann 16 (short), 24 (standard) oder 32 (extended) betragen. Die *Address Modifier* AM0 bis AM5 geben zusätzliche Informationen über die auf dem VME-Bus anliegende Adresse. Angezeigt wird die Anzahl der zu decodierenden Adressbits, die Zugriffsberechtigung und die Art des Datentransfers. Spezielle Datentransfer-Steuersignale ($\overline{\text{DS0}}$, $\overline{\text{DS1}}$) zeigen an, auf welche Weise die einzelnen Bytes eines *Langwortes* ($\overline{\text{LWORD}}$) übertragen werden sollen.

Mit dem Signal $\overline{\text{AS}}$ (Address Strobe) zeigt der *Master* dem Slave die Gültigkeit der Adressen an. Mit $\overline{\text{WR}}$ (Write) wird Schreiben als active LOW definiert, während HIGH den Lesevorgang angibt. Die Leitung $\overline{\text{DTACK}}$ (Data Transfer Acknowledge) wird von dem *Slave* als Bestätigung aktiviert, ebenso $\overline{\text{BERR}}$ (Bus Error) im Fehlerfall. Bleibt das Signal $\overline{\text{AS}}$ zwischen einem Lese- und einem Schreibzyklus aktiviert, so wird ein *Read-Modify-Write*-Zyklus durchgeführt. Dabei kann während des Auslesens und des wieder Einschreibens nicht unterbrochen werden, was für bestimmte Operationen in einem Multiprozessorsystem von Bedeutung ist.

9.5.4 Interruptsignale

Zur Anforderung einer Unterbrechung (Interrupt) dienen die Interrupt-Request-Leitungen $\overline{\text{IRQ1}}$ bis $\overline{\text{IRQ7}}$, wobei $\overline{\text{IRQ7}}$ die höchste Priorität hat. Mit dem Quittierungssignal $\overline{\text{IACK}}$ leitet der Interrupthandler des aktiven Masters einen Interruptquittierungszyklus ein, bei dem über die Adressleitungen A01 bis A03 und zusätzlich auch über die Datenleitungen D00 bis D07 Daten zur Priorität ausgetauscht werden.

Innerhalb der 7 Interruptebenen können mehrere Module über eine Daisy-Chain hintereinander geschaltet werden. Dazu dienen die Signale $\overline{\text{IACKIN}}$ (Interrupt Acknowledge In) und $\overline{\text{IACKOUT}}$ (Interrupt Acknowledge Out), wie dies in Bild 9-5 für die Interruptebene $\overline{\text{IRQ2}}$ angedeutet ist.

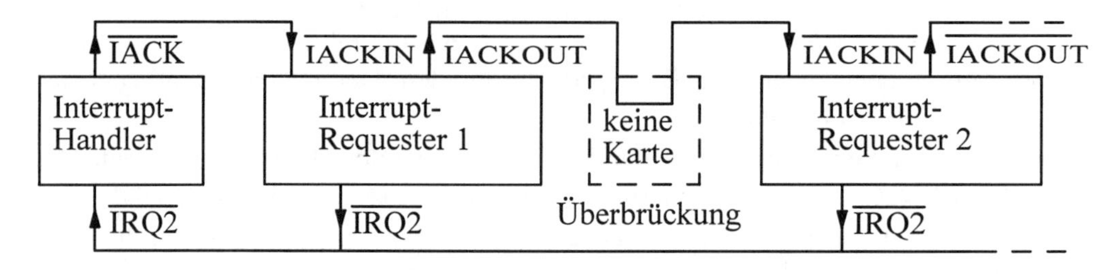

Bild 9-5: Interruptquittierungssignale in der Daisy-Chain

Der Interrupthandler gibt das Interruptquittierungssignal $\overline{\text{IACK}}$ auf die Leitung $\overline{\text{IACKIN}}$ des Interrupt Requesters, von wo es bis zum ersten anfordernden Teilnehmer in der Daisy-Chain weitergereicht wird. Bei unbelegten Steckplätzen müssen die Signale $\overline{\text{IACKIN}}$ und $\overline{\text{IACKOUT}}$ überbrückt werden.

9.5.5 Bus-Arbitrierung

Wenn mehrere Busmaster (CPU1, CPU2, DMA, ...) um den Buszugriff konkurrieren, muss ein Schiedsrichter (Arbiter) die Zuteilung regeln. Mit den Busanforderungssignalen (BUS REQUEST) $\overline{\text{BR0}}$ bis $\overline{\text{BR3}}$ wird der Zugriffswunsch dem Arbiter mitgeteilt, wobei $\overline{\text{BR3}}$ die höchste Priorität hat. Die Zuteilung erfolgt dann über $\overline{\text{BGIN0}}$ (BUS GRANT IN) bis $\overline{\text{BGIN3}}$ und $\overline{\text{BGOUT0}}$ (BUS GRANT OUT) bis $\overline{\text{BGOUT3}}$. Man erkennt schon an den Leitungsbezeichnungen, dass die Zuteilung innerhalb der vier Prioritätsebenen nochmals in Daisy-Chains durchgeschleift werden kann. Zur Anzeige, dass der Bus belegt ist, dient das Signal $\overline{\text{BBSY}}$ (Bus Busy).

Die einfachste Konfiguration ist der so genannte Option-One Arbiter. Nur über $\overline{\mathrm{BR3}}$ wird der Bus angefordert und die Zuteilung erfolgt über $\overline{\mathrm{BG3}}$ innerhalb einer Daisy-Chain, wie dies in Bild 9-6 vereinfacht dargestellt ist. Der Arbiter ist auf Platz 1 (Slot 1) des VME-Busses angeordnet. Über $\overline{\mathrm{BGIN3}}$ und $\overline{\mathrm{BGOUT3}}$ wird die Zuteilung weitergereicht. Auch hier müssen bei unbenutzten Steckplätzen die Ein- und Ausgangssignale, in dem behandelten Beispiel $\overline{\mathrm{BGIN3}}$ und $\overline{\mathrm{BGOUT3}}$, überbrückt werden.

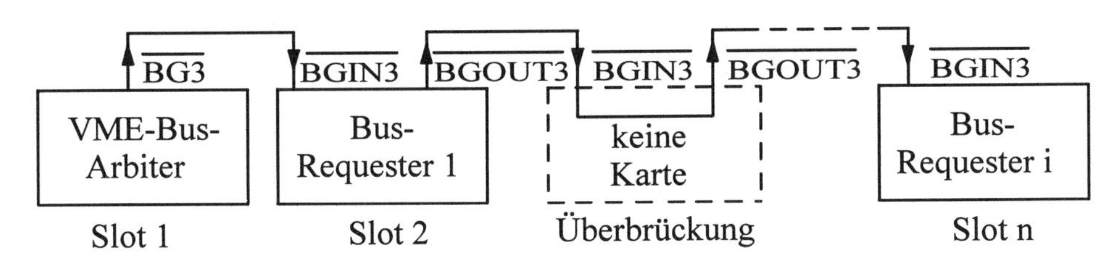

Bild 9-6: Option-One Arbiter

Eine weitere Variante stellt der Round-Robin Arbiter mit zyklisch wechselnden Prioritäten für $\overline{\mathrm{BR0}}$ bis $\overline{\mathrm{BR3}}$ dar.

9.5.6 Subbusse und Weiterentwicklung

Als zusätzlicher serieller Zweidrahtbus wurde als Erstes der *VMS-Bus* (VME Serial Bus) definiert. Die Informationsübergabe auf der Datenleitung SERDAT (Serial Data) wird durch einen Takt SERCLK (Serial Clock) synchronisiert.

Als weiteres Subsystem wurde der *VSB* (VME Subbus) eingeführt, um die Einsatzgebiete des VME-Busses zu erweitern, ohne die Grundspezifikation zu verändern. Über den P2-Stecker können in diesem Subsystem, das über eine eigene Platine verbunden wird, bis zu 6 Module noch schneller kommunizieren. Auch schnelle Speicher können darüber angeschlossen werden.

Eine andere Variante stellt der *VMX-Bus* (VME Extended Bus) dar, der aber keine große Verbreitung gefunden hat.

Ein eigenständiges Bussystem stellt der *VXI-Bus* (VME-Bus Extension for Instrumentation) dar. Diese VME-Bus-Erweiterung vereint die Vorteile des VME-Busses und die des im nächsten Kapitel beschriebenen GPIB, nämlich die einfache Programmierung von Messgeräten. Standardisiert wurde der VXI-Bus als IEEE-1155.

Abschließend sei noch erwähnt, dass der VME-Bus als VME64 auch für 64 Bit Datentransfer und 64 Adressen erweitert wurde. Der Daten/Adressbus arbeitet dabei mit Multiplex-Betrieb bei bis zu 80 MByte/s.

9.6 GPIB

Der GPIB (General Purpose Interface Bus) entstand aus dem HPIB (Hewlett Packard Interface Bus). Er wurde als *IEEE-488* und *IEC-625 genormt* und auch als DIN IEC-625 übernommen.

9.6.1 Gerätetypen und Busstruktur

Der *IEC-Bus*, wie der GPIB oft kurz genannt wird, dient zum Zusammenschalten von Messgeräten jeglicher Art, d.h. zum Aufbau von Mess- und Untersuchungssystemen. Es können bis zu 15 Geräte an einen Bus angeschlossen werden. Die unterschiedlichen Gerätetypen sind in Bild 9-7 schematisch an den Bus angeschlossen.

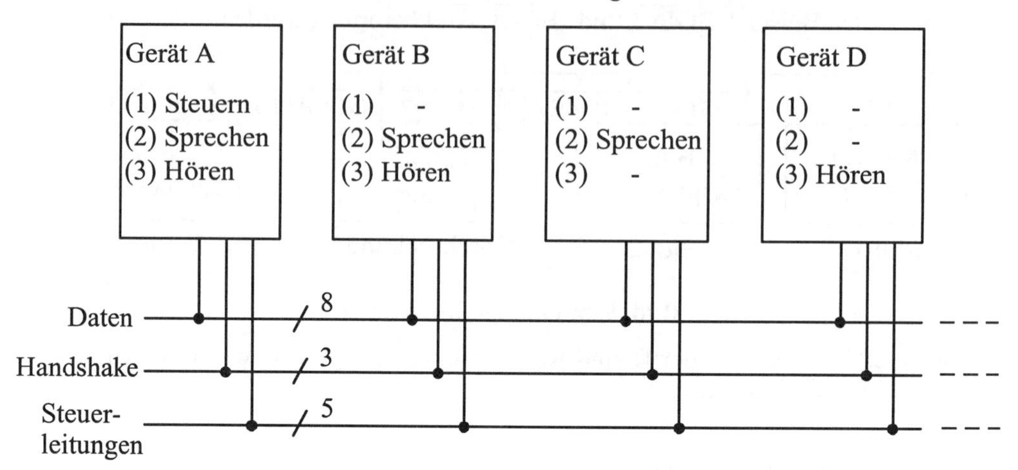

Bild 9-7: Gerätetypen des GPIB

Das Gerät A ist z.B. ein Rechner, der als *Controller* die Steuerungsfunktion übernimmt. Er kann auch *Talker* (Sprecher) und *Listener* (Hörer) sein. Das Gerät B, z.B. ein digitales Voltmeter, hat nur die Funktionen Sprecher und Hörer. Das Gerät C dagegen ist nur Sprecher und Gerät D nur Hörer, z.B. ein Plotter. Der Bus hat 8 Daten-, 3 Handshake- und 5 Steuerleitungen, insgesamt also 16 Leitungen.

9.6.2 Stecker und Signale

Die Stecker wurden bei IEEE-488 und IEC-625 zunächst unterschiedlich definiert.

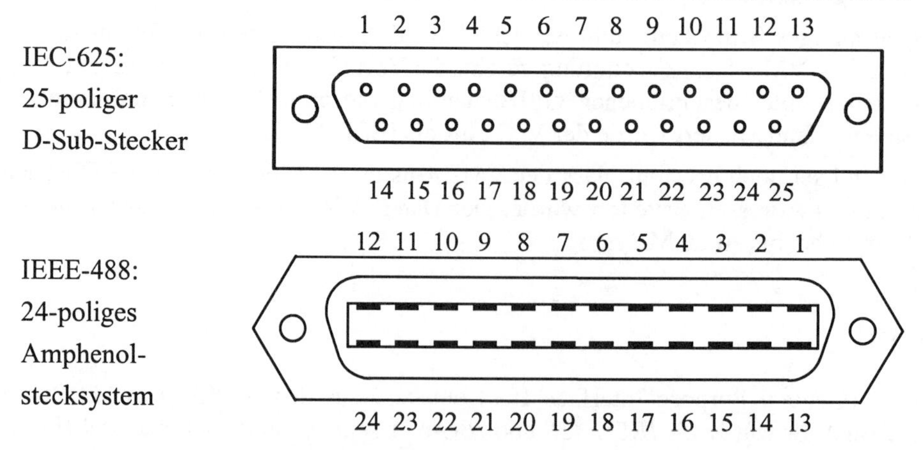

Bild 9-8: Standardisierte Stecker nach IEEE-488- und IEC-625-Norm

Die Kontaktnummerierung beider Stecksysteme ist in Bild 9-8 dargestellt. Um Verwechslungen mit der PC-seitigen Druckerschnittstelle bzw. mit der 25-poligen RS-232-Variante zu vermeiden, hat sich das 24-polige Stecksystem durchgesetzt. Die zugehörige Kontaktbelegung geht aus Tabelle 9-1 hervor. Die Bezeichnung der Signale ist jeweils die Abkürzung der englischen Beschreibung.

Kontakt-Nummer		Bezeichnung der Signale	Bedeutung
IEC-625	IEEE-488		
1 - 4	1 - 4	DIO1 - DIO4	Data In Out
5	17	REN	Remote Enable
6	5	EOI	End Or Identify
7	6	DAV	Data Valid
8	7	NRFD	Not Ready For Data
9	8	NDAC	Not Data Accepted
10	9	IFC	Interface Clear
11	10	SRQ	Service Request
12	11	ATN	Attention
13	12	-	Abschirmung
14 - 17	13 - 16	DIO5 - DIO8	Data In Out
18 - 25	18 - 24	GND	Ground

Tabelle 9-1: Kontaktbelegung bei IEEE-488 und IEC-625

Neben den acht bidirektionalen Datenleitungen, die Daten und Kommandos übertragen, gibt es die Übergabesignale DAV, NRFD und NDAC sowie die Steuerleitungen ATN, IFC, SRQ, REN und EOI, deren Funktion weiter unten beschrieben wird. Zunächst wird der Handshake zur Datenübergabe anhand von Bild 9-9 beschrieben.

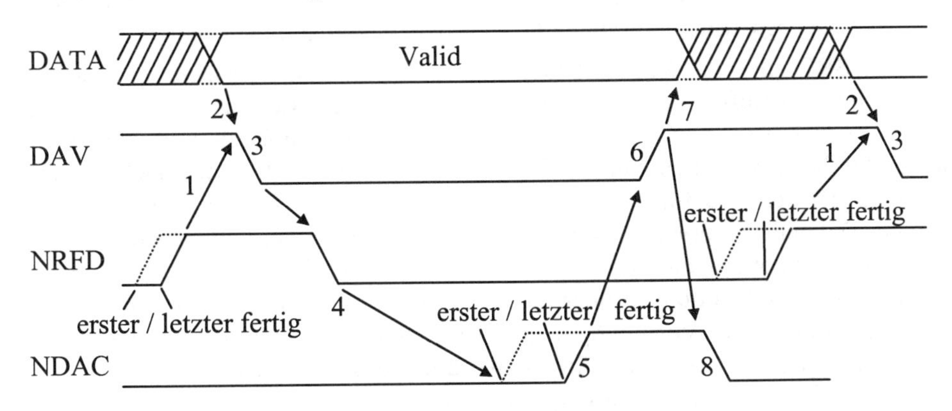

Bild 9-9: Datenübergabe mit Handshake durch DAV, NRFD und NDAC

Als Erstes (1) müssen alle Empfänger mit dem Signal NRFD die Bereitschaft zur Datenübernahme anzeigen. Die Signale des IEC-Busses sind einheitlich active LOW definiert, d.h. negative Logik liegt zugrunde, so dass die Bedeutung des Signals *nicht fertig* (Not Ready For Data) bei LOW-Pegel gilt. Da mehrere Geräte diese Leitung gleichzeitig nach

LOW ziehen, ist für deren Ansteuerung ein Schaltkreis mit Open-Collector-Endstufe zu verwenden. Wie schon in Kapitel 3.3 beschrieben, wird damit ein logisches ODER (WIRED OR) realisiert. Die Aussage *nicht fertig* wird also angezeigt, wenn einer *oder* mehrere Teilnehmer NRFD auf LOW ziehen. In Bild 9-9 ist der Zeitpunkt gestrichelt angedeutet, in dem der erste Teilnehmer fertig ist, die Leitung NRFD geht aber erst auf HIGH, wenn auch der letzte Teilnehmer bereit ist. Bezüglich der Aussage *fertig für die Übernahme* erhält man also eine logische UND-Verknüpfung: Der erste, zweite, ... *und* der letzte Teilnehmer sind also bereit, wenn NRFD nach HIGH geht. Das entsprechende Signal bei der Centronics-Schnittstelle heißt BUSY (beschäftigt = nicht fertig), wird dort aber nur von einem Teilnehmer, z.B. durch den Drucker, betätigt.

Sobald der Sender NRFD auf HIGH erkennt, kann er mit DAV die Daten Valid (gültig) anzeigen (3), die aber vorher (2) auf den Datenleitungen anliegen müssen. Das DAV-Signal entspricht dem STROBE der Centronics-Schnittstelle. Danach (4) können die Empfänger NRFD wieder auf LOW legen. Der Sender darf aber die Daten noch nicht ändern, denn für die Anzeige der erfolgten Datenübernahme gibt es das Signal NDAC, das dem ACKNLG der Centronics-Schnittstelle entspricht. In Bild 9-9 ist gestrichelt angedeutet, wann der erste Empfänger übernommen hat, wobei NDAC erst dann nach HIGH geht, wenn auch der letzte Teilnehmer NDAC nicht mehr nach LOW zieht (5). Auch dieses Bussignal ist mit Open-Collector-Treibern anzusteuern. Das langsamste Gerät bestimmt die Datenübertragungsgeschwindigkeit, denn erst wenn das letzte Gerät NDAC auf HIGH legt, kann der Sender DAV auf HIGH setzen (6). Frühestens gleichzeitig oder kurz danach (7) können die Daten gewechselt werden. Die Empfänger setzen NDAC wieder auf LOW (8), sobald sie DAV auf HIGH erkennen. Der Beginn der nächsten Datenübergabe ist wieder mit den Nummern 1 bis 3 gekennzeichnet.

Im Folgenden wird die Funktion der fünf Steuerleitungen kurz beschrieben. Mit ATN (Attention = Achtung) wird angegeben, dass Kommandos, d.h. Schnittstellennachrichten folgen. Durch IFC (Interface Clear) werden alle Funktionseinheiten der Geräte in einen definierten Ausgangszustand gesetzt, z.B. nach dem Einschalten der Steuereinheit.

Das Signal SRQ (Service Request) kann durch beliebige Geräte betätigt werden, der Controller leitet daraufhin eine Serienabfrage ein. Da diese Leitung auch von mehreren Teilnehmern gleichzeitig auf LOW gesetzt werden kann, müssen hier wieder Open-Collector-Treiber vorgesehen werden. Mit REN (Remote Enable) wird nach Einschalten des Systems die Fernsteuerung freigegeben. Das Signal EOI (End Or Identify) zeigt des *Ende* einer Datenübertragung an, wenn ATN nicht aktiviert ist, und es dient der Einleitung einer Parallelabfrage durch den Controller, auch *Identifizierung* genannt, wenn ATN gesetzt ist. Diese fünf Leitungen übertragen so genannte *Eindrahtnachrichten*, da für jeden Befehl ein Draht zur Verfügung steht. Dagegen werden *Mehrdrahtnachrichten* über die Datenleitungen übertragen, wie dies weiter unten beschrieben wird.

Neben den Übergabesignalen und Steuerleitungen sind insgesamt sieben bzw. acht Anschlüsse für GND (Masse) vorgesehen. Die wichtigsten Signale, insbesondere die Handshake-Leitungen, können damit paarweise verdrillt werden.

Wie schon oben erläutert wurde, müssen die Leitungen NRFD, NDAC und SRQ mit Open-Collector-Schaltkreisen angesteuert werden. Alle anderen Leitungen können Open-Collector- oder Tristate-Treiber erhalten, da jeweils nur ein Sender auf diese zugreift.

Wenn aber Parallelabfrage (parallel polling) verwendet werden soll, ist auch für die Datenleitungen Open-Collector vorzusehen. Durch Verwendung von Tristate sind höhere Übertragungsgeschwindigkeiten möglich. Allerdings ist der IEC-Bus insgesamt nicht für hohe Geschwindigkeiten konzipiert, so hat er z.B. keinen Abschluss mit Wellenwiderstand Z, sondern 3 kΩ gegen +5 V und 6,2 kΩ zur Masse hin.

Diese Widerstandskombination ist in jedem Gerät fest eingelötet, also nicht nur in den Endgeräten, wie bei schnellen Bussystemen üblich. Dadurch erhöht sich die Strombelastung, zusätzlich zu der vorhandenen TTL-Einheitslast, auf insgesamt 3,2 mA pro Gerät, wenn die Treiberstufe den Pegel auf LOW zieht.

Da die Treiberausgänge mit maximal 48 mA belastet werden können, errechnet sich daraus die zulässige Anzahl von Geräten auf 48 mA : 3,2 mA = 15.

9.6.3 Struktur der Geräte

Der Aufbau eines GPIB-Gerätes lässt sich unterteilen in:

Leitungstreiber und -empfänger — Nachrichtendecodierung

Schnittstellenfunktionen — Gerätefunktionen.

In Bild 9-10 sind Struktur und Signalwege des GPIB dargestellt.

Der aus 16 Leitungen (Steuer-, Daten- und Handshakeleitungen) bestehende GPIB wird durch Leitungstreiber und -empfänger angekoppelt. Die Steuer- und Handshakesignale gehen direkt an die Schnittstellenfunktionen. Externe Mehrdrahtnachrichten durchlaufen zunächst die Nachrichtendecodierung oder gehen direkt zu den einzelnen Funktionen, wenn es sich um uncodierte Geräte- oder Schnittstellennachrichten handelt. Die zehn Schnittstellenfunktionen C, DT, DC, PP, RL, SR, L(E), T(E), SH und AH werden in der Norm durch Zustandsdiagramme eindeutig definiert.

Diese beschreiben auch die gegenseitige Beeinflussung der einzelnen Schnittstellenfunktionen. Besonders komplex ist das Zustandsdiagramm der C-Funktion einer Steuereinheit. Bei mehreren Geräten mit Controller-Funktion darf jeweils nur eine Steuereinheit diese Funktion ausüben. Die Übergabe der Kontrolle an ein adressiertes Gerät erfolgt mit einem speziellen Befehl.

Die Schnittstellenfunktion DT (Device Trigger) dient zur Freigabe einzelner und auch mehrerer Geräte durch den Controller. Mit DC (Device Clear) werden Geräte in den Ausgangszustand gebracht, dazu wird die Eindrahtnachricht IFC (Interface Clear) übermittelt. Die Funktion PP (Parallel Poll) leitet mit den Signalen ATN und EOI (vgl. auch Signalbeschreibung weiter oben) eine Parallelabfrage ein. RL (Remote/Local) schaltet zwischen Fernsteuerung und Bedienpult um. Mit SR (Service Request) wird eine Bedienungsanforderung abgegeben.

L(E) ist die Abkürzung von Listener (Extended), d.h. es handelt sich hierbei um die Hörerfunktion. Dabei deutet Extended die Erweiterbarkeit auf 2 Byte Adressen an. Entsprechend ist T(E) = Talker (Extended) die (auf 2 Byte erweiterbare) Sprecherfunktion. SH (Source Handshake) ist die Handshakequelle, mit der die Signale NRFD und NDAC abgefragt werden. Die Handshakesenke AH (Acceptor Handshake) kontrolliert das Signal DAV. Die Datenübergabe mit den Handshakesignalen wurde bereits oben behandelt.

Die beschriebenen Schnittstellenfunktionen des GPIB sind also genormt, während die Gerätefunktionen durch den Entwickler festgelegt werden.

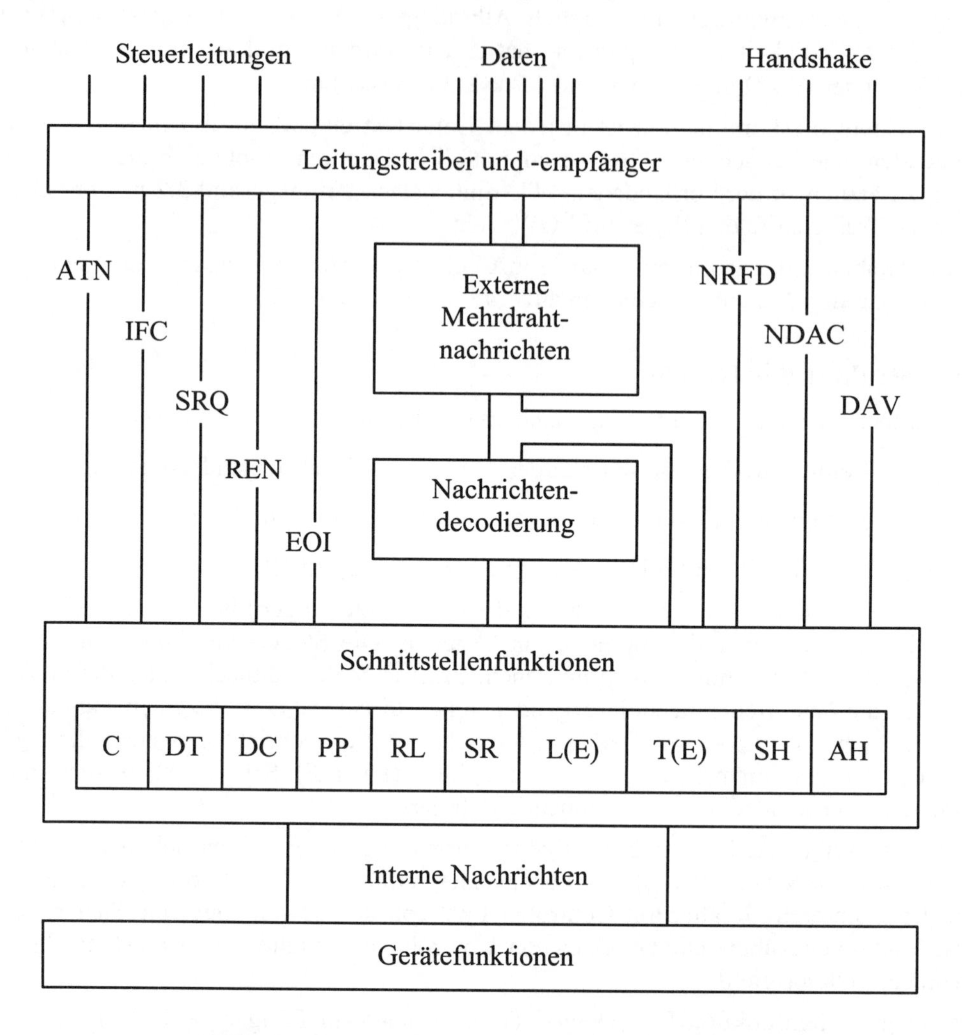

Bild 9-10: Struktur und Signalwege des GPIB

Die Kommunikation zwischen diesen beiden Funktionsgruppen erfolgt über interne Nachrichten. Dazu gehören z.B.:

pon (power on), ein Reset-Impuls beim Einschalten der Versorgungsspannung,

rdy (ready), gibt die Bereitschaft zur Datenübernahme an,

nba (new byte available), teilt der SH-Funktion mit, dass ein weiteres Byte zur Übertragung verfügbar ist,

rsv (request service), eine Mitteilung an die SR-Funktion, daraufhin wird das Signal SRQ aktiviert,

lon (listen only), das Gerät wird als Hörer eingestellt, hier aber nicht über den Bus, ton (talk only), entsprechende Einstellung des Gerätes als Sprecher.

Insgesamt sind 19 interne Nachrichten genormt.

9.6.4 Nachrichtenarten

Zunächst sind die *internen* Nachrichten zur Kommunikation zwischen Geräte- und Schnittstellenfunktionen zu nennen. Diese wurden bereits behandelt.

Die eigentlichen GPIB-Nachrichten sind die *externen* Nachrichten zwischen den Geräten. Man unterscheidet dabei zwischen Gerätenachrichten über die Datenleitungen bei ATN = 0, z.B. Einstellarten oder Messwerte, und Schnittstellennachrichten. Letztere heißen Eindrahtnachrichten, wenn jeder Nachricht eine eigene Steuerleitung zugeordnet ist, z.B. ATN, IFC, SRQ, oder aber Mehrdrahtnachrichten, wenn sie bei ATN = 1 codiert über die Datenleitungen übermittelt werden. Dabei wird zwischen folgenden Gruppen unterschieden:

ACG = ADDRESSED COMMAND GROUP (Gruppe der adressierten Befehle)

UCG = UNIVERSAL COMMAND GROUP (Gruppe der Universalbefehle)

LAG = LISTENER ADDRESS GROUP (Gruppe der Höreradressen)

TAG = TALKER ADDRESS GROUP (Gruppe der Sprecheradressen)

PCG = PRIMARY COMMAND GROUP (Gruppe der Primärbefehle)

SCG = SECONDARY COMMAND GROUP (Gruppe der Sekundärbefehle)

$d_7\,d_6\,d_5 \rightarrow$	000		001		010		011		100		101		110		111	
ATN →	0	1	0	1	0	1	0	1	0	1	0	1	0	1	0	1
0 0 0 0	NUL		DLE		SP	↑	0	↑	@	↑	P	↑	`	↑	p	↑
0 0 0 1	SOH	GTL	DC1	LLO	!	H	1	H	A	S	Q	S	a	n	q	n
0 0 1 0	STX		DC2		"	ö	2	ö	B	p	R	p	b	a	r	a
0 0 1 1	ETX		DC3		#	r	3	r	C	r	S	r	c	c	s	c
0 1 0 0	EOT	SDC	DC4	DCL	$	e	4	e	D	e	T	e	d	h	t	h
0 1 0 1	ENQ	PPC	NAK	PPU	%	r	5	r	E	c	U	c	e		u	
0 1 1 0	ACK		SYN		&	a	6	a	F	h	V	h	f	P	v	P
0 1 1 1	BEL		ETB		'	d	7	d	G	e	W	e	g	C	w	C
1 0 0 0	BS	GET	CAN	SPE	(	r	8	r	H	r	X	r	h	G	x	G
1 0 0 1	HT	TCT	EM	SPD	)	e	9	e	I	a	Y	a	i		y	
1 0 1 0	LF		SUB		*	s	:	s	J	d	Z	d	j	C	z	C
1 0 1 1	VT		ESC		+	s	;	s	K	r.	[	r.	k	o	{	o
1 1 0 0	FF		FS		,	e	<	e	L		\		l	d	|	d
1 1 0 1	CR		GS		-	n	=	n	M		]		m	e	}	e
1 1 1 0	SO		RS		.	↓	>	↓	N	↓	^	↓	n	↓	~	↓
1 1 1 1	SI		US		/		?	UNL	O		_	UNT	o		DEL	

↑ $d_4\,d_3\,d_2\,d_1$ ↑ ACG ↑ UCG ↖ LAG ↗ ↖ TAG ↗ ↖ SCG ↗

Tabelle 9-2: GPIB-Mehrdrahtnachrichten (ATN = 1) und ISO-7-Bit-Code (ATN = 0)

In Tabelle 9-2 sind die Mehrdrahtnachrichten des GPIB neben dem ISO-7-Bit-Code zusammengestellt. Als Umschalter wirkt die Steuerleitung ATN: Bei ATN = 0 gilt der ISO-7-Bit-Code und bei ATN = 1 handelt es sich um GPIB-Mehrdrahtnachrichten. Verwendet werden die Datenbits DIO 1 bis DIO 7, in der Tabelle abgekürzt mit d_1 bis d_7, während DIO 8 als Paritätsbit eingesetzt werden kann.

Man findet in der Tabelle z.B. die Gruppe der Universalbefehle (UCG) unter $d_7d_6d_5$ = 001 mit ATN = 1. Dazu gehört dann beispielsweise der Befehl DCL (Device Clear) mit $d_7d_6d_5d_4d_3d_2d_1$ = 0010100. Zur Gruppe der adressierten Befehle (ACG) gehört z.B. TCT (Take Control) mit $d_7d_6d_5d_4d_3d_2d_1$ = 0001001. Damit übergibt die aktive Steuereinheit die Kontrolle an das adressierte Gerät. ACG, UCG, LAG und TAG sind Primärbefehle (PCG). Die Bedeutung der Sekundärbefehle (SCG) hängt von dem Primärbefehl PCG ab.

Bei ATN = 0 werden Gerätenachrichten im ISO-7-Bit-Code auf den Datenleitungen übermittelt. Als Endezeichen nach der Übertragung von Datenbytes ist ein ISO-7-Bit-Zeichen zu bevorzugen, das in Einstellsequenzen und Zahlenfolgen allgemein nicht vorkommt. Üblicherweise werden die Zeichen LF (Line Feed = neue Zeile) oder CR (Carriage Return = Wagenrücklauf) verwendet, die in der Tabelle unter $d_7d_6d_5$ = 000 bei ATN = 0 zu finden sind. Beim Senden von beliebigen Binärdaten ist diese Kennung nicht eindeutig, da diese Kombinationen schon im Datenblock vorkommen können. Durch Verwendung der Leitung EOI (End Or Identify) kann aber eine eindeutige Kennzeichnung des Datenübertragungsendes erfolgen. Gebräuchlich ist auch, CR und LF zusammen mit EOI einzusetzen, damit das Gerät eines beliebigen Herstellers *irgendwie* das Ende erkennt. Beim Zusammenschalten von Geräten verschiedener Hersteller ist daher auf die Definition des Endezeichens zu achten.

9.6.5 Geräteaufbau

Grundsätzlich kann ein Mikroprozessor so programmiert werden, dass er die GPIB-Schnittstellenfunktionen ausführt. Dies ist allerdings sehr aufwendig und unnötig, da von vielen Herstellern spezielle Schnittstellen-ICs angeboten werden.

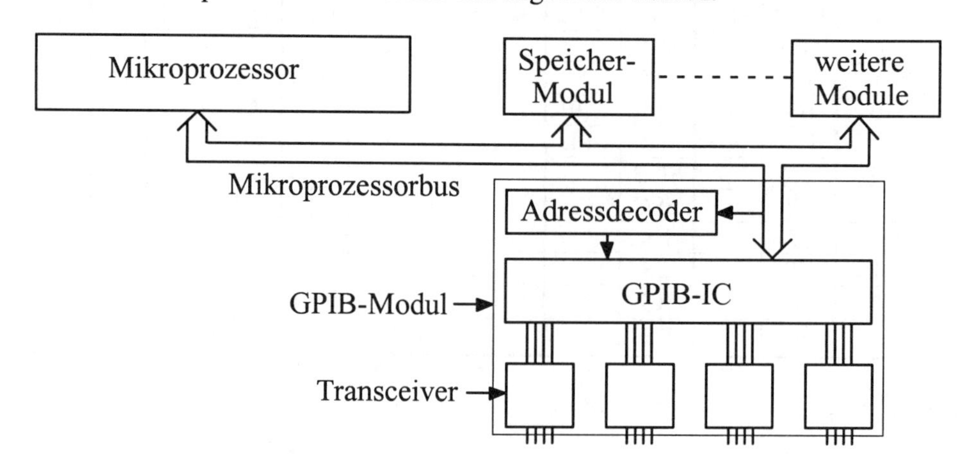

Bild 9-11: GPIB-Modul am Mikroprozessorbus mit anderen Modulen

Wenn kein Mikroprozessor vorgesehen ist und die C-Funktion nicht benötigt wird, sind schon ganz einfache Hardware-ICs hinreichend. Diese gibt es auch mit 48 mA-Treibern, so dass sie direkt an den GPIB angeschlossen werden können. Hat das Gerät einen Mikroprozessor zur Ansteuerung der Schnittstelle zur Verfügung, kommt ein Aufbau nach Bild 9-11 in Betracht. Der Mikroprozessor spricht den GPIB-Baustein direkt an, wobei eine Adressdecodierung vorzusehen ist. Über spezielle Transceiver (aus *Trans*mitter und Re*ceiver* gebildet) wird der Bus angeschlossen. In diesem Bild sind vier Vierfach-Transceiver vorgesehen. Es können entsprechend auch zwei Achtfach-Transceiver eingesetzt werden.

9.6.6 Gerätesysteme

In Bild 9-12 ist ein einfaches System mit einem Sprecher und zwei Hörern skizziert.

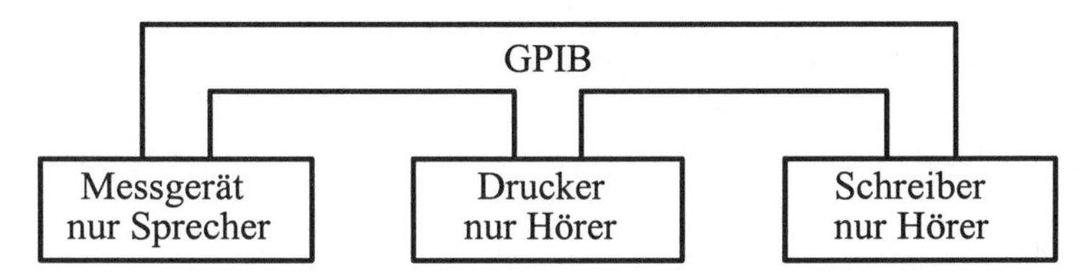

Bild 9-12: Einfaches GPIB-System ohne Controller

Ein Messgerät, z.B. ein digitales Voltmeter, gibt laufend Daten an einen Drucker, der damit Tabellen ausdruckt, und an einen Schreiber, um gleichzeitig Messkurven darzustellen. Da ein Controller nicht vorgesehen ist, müssen die Geräte manuell eingestellt und durch einen *externen Trigger* gestartet werden.

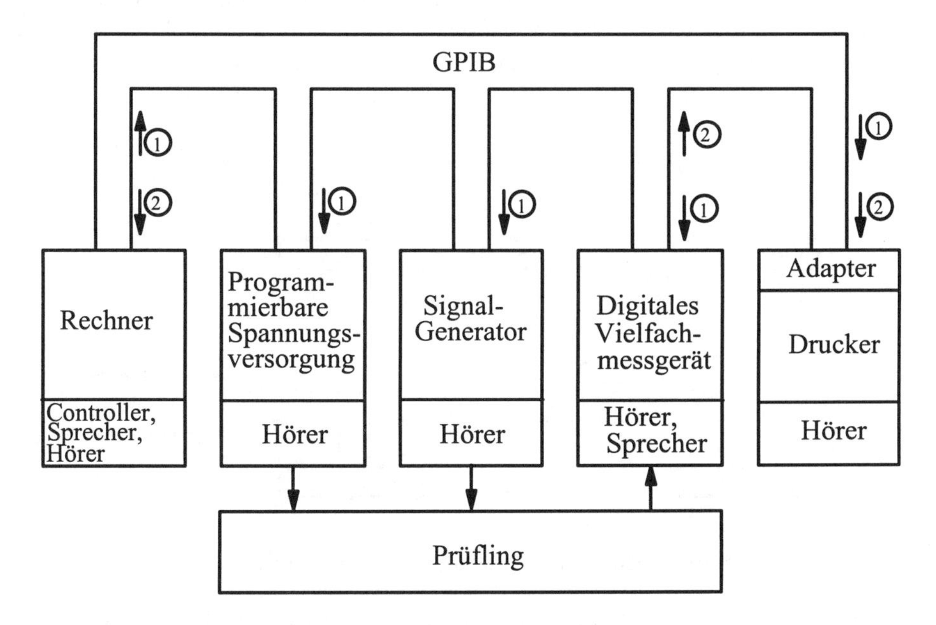

Bild 9-13: GPIB-Gerätesystem mit Controller und Hörer- sowie Sprechergeräten

Ein Gerätesystem mit Controller ist in Bild 9-13 zusammengestellt. Eine zu untersuchende Schaltung (Prüfling) erhält durch eine programmierbare Spannungsversorgung und einen Signalgenerator (beides nur Hörer) nacheinander unterschiedliche Testbedingungen. Das digitale Vielfachmessgerät, das Hörer und Sprecher ist, gibt die Messdaten an den Rechner. Dieser hat Controller-, Sprecher- und Hörerfunktion. Er gibt die mit ① gekennzeichneten Adressen, Programmierungsdaten und Universalbefehle an die einzelnen Geräte und empfängt die mit ② bezeichneten Messdaten. Der Drucker erhält Einstelldaten ① und Messdaten ②. Wenn nur ein Drucker mit RS-232- oder Centronics-Schnittstelle zur Verfügung steht, muss ein entsprechender Umsetzer (Adapter) zwischengeschaltet werden.

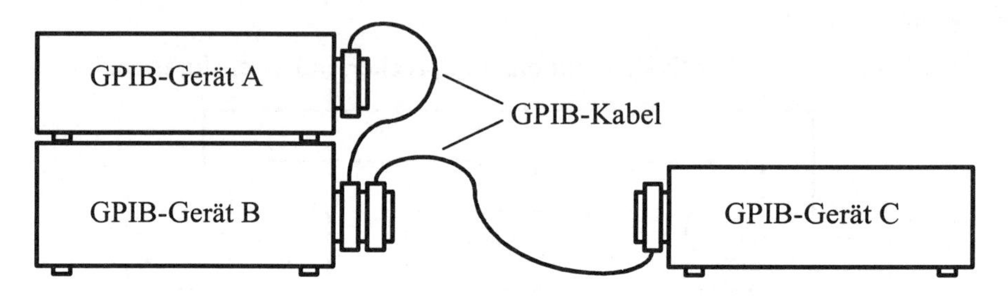

Bild 9-14: Stecker-Buchse-Kombination an GPIB-Kabelenden

Um Geräte in einfachster Weise zusammenschalten zu können, sind an den Kabelenden Stecker-Buchse-Kombinationen vorgesehen, die in Bild 9-14 vergrößert dargestellt sind.

Durch dieses Stecksystem kann man mehrere GPIB-Geräte – in Bild 9-14 übereinander bzw. nebeneinander gestellt – über vorgefertigte GPIB-Kabel geeigneter Länge miteinander verbinden. Die maximale Buslänge ist dabei 20 m. Zur Überbrückung von größeren Entfernungen werden *Extender* eingesetzt. Durch die in Bild 9-15 skizzierten Extender mit verdrillten Leiterpaaren können bis zu 1000 m überbrückt werden.

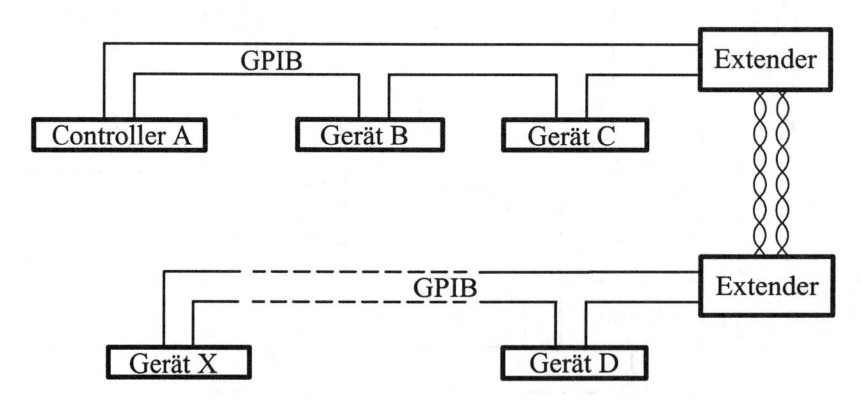

Bild 9-15: Buserweiterung durch Extender

Für noch größere Entfernungen können auch Extender mit Lichtwellenleitern eingesetzt werden. Mit zusätzlichen Modems kann auch das Telefonnetz benutzt werden. Extender für größere Entfernungen arbeiten mit *Parallel/Serienwandlung* und umgekehrt. Für mittlere Entfernungen werden aber auch *parallele Extender* angeboten.

9.6.7 Weiterentwicklung

Der erste Busstandard zur Verschaltung von Geräten der Messtechnik entstand 1965 als HPIB. Seit 1975 haben die wichtigsten Normungspapiere die Bezeichnung IEEE-488 bzw. IEC-625. Mit der Bezeichnung IEEE-488.1 und IEEE-488.2 wurden seit 1988 weitere Standardisierungen vorgenommen. Der IEEE-488.2-Standard vermeidet Probleme des IEEE-488.1 wie

- Statusmeldungen waren von Gerät zu Gerät unterschiedlich
- Datenformate waren ebenfalls uneinheitlich
- Kommandos waren z.T. verschieden.

Im IEEE-488.2-Standard sind einheitliche Formate für Kommandos definiert, die aber weitgehend solche älterer Definition mit einbezieht. Ein Sprecher darf nur neue Kommandos benutzen, während ein Hörer sowohl ältere als auch die neuen Kommandos akzeptieren soll.

Neuere GPIB-ICs – wie der NAT 4882 der Fa. National Instruments – erfüllen IEEE-488.1 wie auch IEEE-488.2. Diese sind aber softwarekompatibel zu älteren ICs wie NEC µPD 7710 und TI TMS 9914, so dass bestehende Applikationsprogramme weiterhin verwendet werden können.

9.7 SCSI

Ursprung ist die *busartige Schnittstelle* SASI (Shugart Associates System Interface) zum Betrieb mehrerer Festplatten, aber ohne Multi-Master-Funktion. SCSI (Small Computer System Interface) ist eine Weiterentwicklung zum multimasterfähigen Bus. Die grundlegende 8-Bit-Variante wurde schon 1985 im ANSI (American National Standard for Information Systems)-X3T9.2-Protokoll beschrieben. Die grundsätzliche Funktionsweise wird zunächst am Beispiel dieser Version beschrieben.

9.7.1 Struktur

Bis zu acht Busteilnehmer sind bei einer Datenbreite von 8 Bit zugelassen. Diese können *Initiator* (z.B. Rechner) oder *Target* (d.h. Ziel, hier also Peripheriegerät) sein.

In Bild 9-16 ist ein Konfigurationsbeispiel skizziert. Es sind zwei Initiators und sechs Targets vorgesehen, womit die maximale Ausbaustufe bezüglich der direkt am 8-Bit-SCSI-Bus angeschlossenen Teilnehmer erreicht ist.

Jedes Gerät erhält eine Teilnehmernummer zwischen 0 und 7, die so genannte SCSI-ID, zur Identifikation. Diese ID wird den einzelnen Datenleitungen zugeordnet und gibt die Zugriffspriorität an, wobei 7 die höchste und 0 die niedrigste Priorität bedeutet. In einem Gerät (mit *einer* ID) können bis zu acht Endgeräte, z.B. unterschiedliche Laufwerke, angesprochen werden, wie in Bild 9-16 für Target 1 dargestellt. Diese werden Logical Units, abgekürzt LUNs, bezeichnet.

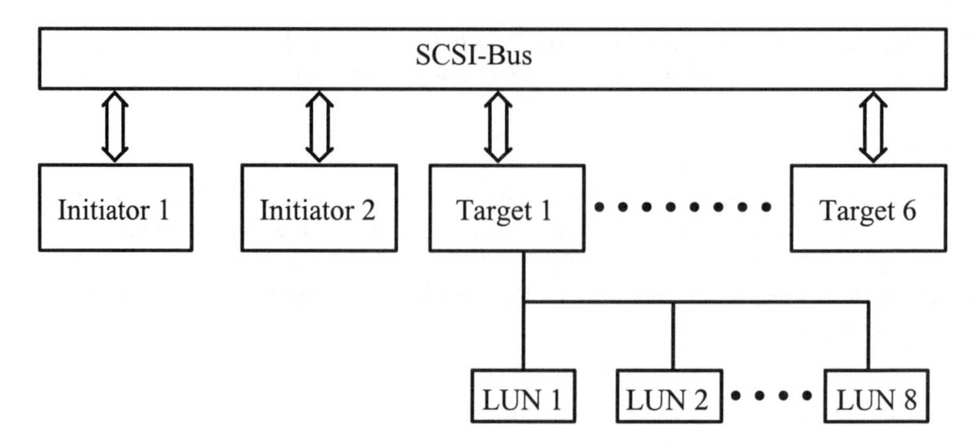

Bild 9-16: SCSI-Systemkonfiguration mit 2 Initiators und 6 Targets

9.7.2 Übertragungsprotokoll

Der Informationstransfer setzt sich aus Command-, Data-, Status- oder Message-Phase zusammen. Dies wird anhand von Bild 9-17, Darstellung der Phasen-Folge, betrachtet. Im Ruhezustand befindet sich der Bus in der Bus-Free-Phase: alle Bussignale sind inaktiv. Bewirbt sich einer (oder auch mehrere) Teilnehmer um die Buskontrolle, so starten sie eine Arbitration-Phase (1). Das Kennungsbit, die ID der konkurrierenden Teilnehmer wird auf den Datenbus gelegt und $\overline{\text{BSY}}$ (Busy) aktiviert.

Bei Systemkonfigurationen mit nur einem Initiator kann auf die Arbitration-Phase verzichtet werden. Der Bewerber mit der höchsten Priorität erhält die Buskontrolle und erreicht die Selection-Phase (2). Die Verlierer fallen in die Bus-Free-Phase (3) zurück, d.h. Zurücknahme aller Signale.

Die Selection-Phase wird gestartet, indem das Kennungsbit der Gegenstelle auf den Datenbus gelegt und $\overline{\text{SEL}}$ (Selection) aktiviert wird. Der selektierende Teilnehmer nimmt $\overline{\text{BSY}}$ zurück und wartet auf die Reaktion der Gegenstelle. Diese bestätigt die Selektierung durch $\overline{\text{BSY}}$ sofort, maximal nach 250 ms erfolgt *Time Out*.

Bei einem Fehler in der Arbitration- oder Selection-Phase wird in die Bus-Free-Phase zurückgesprungen (4). Optional kann eine IDENTIFY-Message ausgegeben werden (5): Message Out. In der folgenden (6) Command-Phase erhält der angewählte Teilnehmer, ein Target, einen SCSI-Command-Descripture-Block. Dieser besteht z.B. aus sechs Bytes und gibt das SCSI-Kommando an, sowie die Logische Nummer des Gerätes (LUN), die logische Blockadresse des ersten Blocks und die Anzahl der Blöcke. Das letzte Byte stellt ein Kontrollfeld dar. Die Definition aller SCSI-Kommandos ist im CCS (Common Command Set) zusammengefasst.

Falls das Kommando einen Datentransfer fordert, wird dieser in der Data-Phase ausgeführt (7). Nach dem Datentransfer – bzw. bei Kommandos, die keinen Datenverkehr vorsehen, direkt nach der Command-Phase – folgt ein Status-In, d.h. der Target-Status wird dem Initiator übergeben (8). Es folgt eine Message-In: Jeder Informationstransfer wird mit Command Complete beendet (9). Danach geben Target und Initiator den Bus wieder frei. In Bild 9-17 ist dies als Übergang in die Bus-Free-Phase dargestellt (10). Innerhalb der Datentransfer-Phase kann das selektierte Gerät, ein Target, den Bus verlassen, z.B. um weitere Daten aufzubereiten.

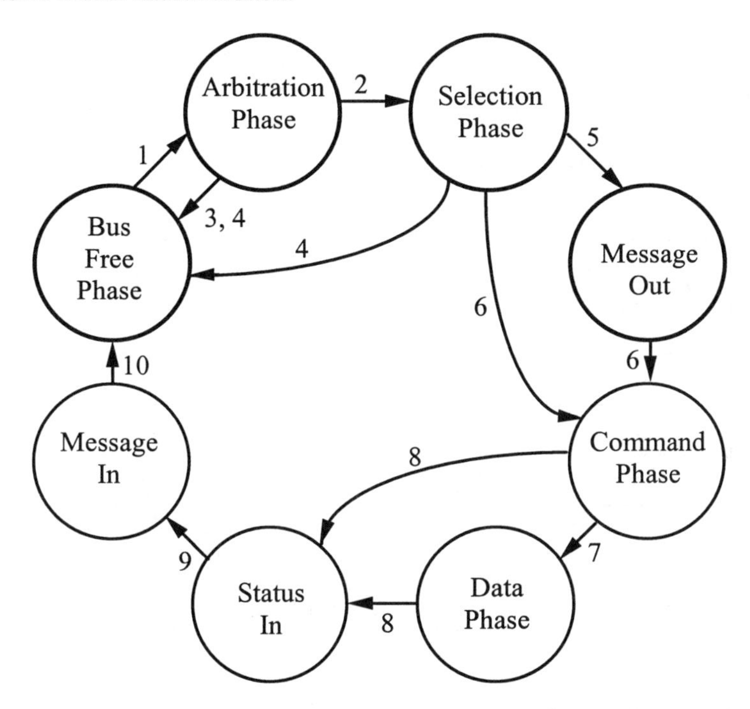

Bild 9-17: SCSI-Phasenfolgediagramm mit den Übergängen 1 bis 10

Nach Beendigung dieser Arbeiten wird der Inititiator *reselektiert*. Bei Einhaltung des Protokolls kann dieser *Disconnect* und *Reselect* beliebig oft durchgeführt werden. Bei einem Fehler in der Command- oder Data-Phase wird nach Status-In gesprungen (8).

9.7.3 Datentransfer und SCSI-Signale

Der Datentransfer wird am Beispiel der asynchronen Übertragung mit $\overline{\text{REQ}}/\overline{\text{ACK}}$-Handshake in Bild 9-18 betrachtet. Die bereits oben beschriebenen Signale $\overline{\text{BSY}}$ und $\overline{\text{SEL}}$ steuern die Bus-Free-Phase, Arbitration-Phase und Selection-Phase. Sobald $\overline{\text{BSY}}$ auf HIGH geht, d.h. der Bus freigegeben wird, kann eine neue Arbitration erfolgen. Auf dem Datenbus $\overline{\text{DB}}$ liegen dann die Bits, die der SCSI-ID der konkurrierenden Teilnehmer entsprechen.

In der Selection-Phase liegt nur noch die ID des Gewinners und die der Gegenstelle auf zwei Datenleitungen. Die Selektierung mit den Signalen $\overline{\text{BSY}}$ und $\overline{\text{SEL}}$ wurde bereits oben beschrieben. In dem Impulsdiagramm sieht man die genaue Abfolge.

Die Command-Phase ist durch das Signal $\overline{\text{C}}/\text{D}$ (active LOW = Command, HIGH = Data) gekennzeichnet. Die Übergabe erfolgt durch Handshake mit $\overline{\text{REQ}}$ (Request) und

$\overline{ACK}$ (Acknowledge). Die Unterbrechung der Impulse deutet an, dass mehrere Bytes auf diese Weise übergeben werden. Am Beispiel dieser Command-Phase wird die Übergaberichtung vom *Initiator* zum *Target* beschrieben:

Das selektierte Peripheriegerät (*Target*) zeigt mit $\overline{REQ}$ an, dass es zur Kommando-Übernahme bereit ist (a). Der *Initiator* legt daraufhin das erste Byte auf den Datenbus $\overline{DB}$ und zeigt dessen Gültigkeit mit $\overline{ACK}$ an (b). Die Übernahme wird vom *Target* mit der Rücknahme von $\overline{REQ}$ quittiert (c). Der Initiator nimmt dann die Daten (hier ein Kommando-Byte) und $\overline{ACK}$ wieder zurück (d).

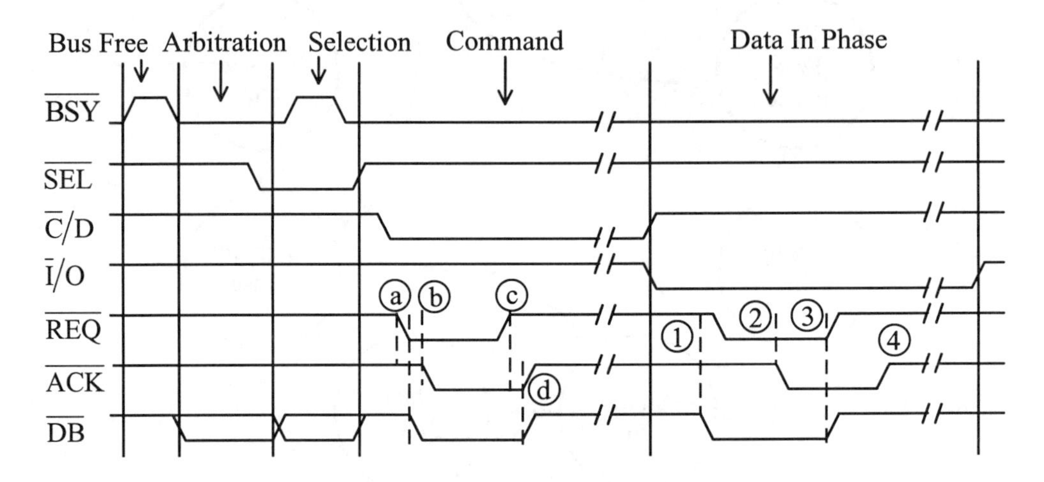

Bild 9-18: Asynchrone Übertragung beim SCSI mit $\overline{REQ}/\overline{ACK}$-Handshake

In der Data-In-Phase erfolgt die Datenübergabe vom *Target* zum *Initiator*, wieder mit den Handshakesignalen $\overline{REQ}$ und $\overline{ACK}$. Das Signal $\overline{C}/D$ ist HIGH, da es sich um *Daten*übergabe handelt. Ab Zeitpunkt ① werden die Daten und $\overline{REQ}$ vom *Target* gesetzt. Der *Initiator* bestätigt den Empfang mit $\overline{ACK}$ ②. Danach werden Daten und $\overline{REQ}$ wieder zurückgenommen ③.

Das $\overline{ACK}$-Signal wird vom *Initiator* zurückgenommen, sobald er zur Übernahme weiterer Daten bereit ist, d.h. der Datenpuffer frei ist ④. Auch in dieser Phase wird die Übergabe mehrerer Bytes durch die Unterbrechungszeichen angedeutet.

Die weiteren Signale des SCSI, nämlich $\overline{ATN}$ (Attention), $\overline{MSG}$ (Message) und $\overline{RST}$ (Reset) sind in Bild 9-18 nicht eingezeichnet, da sie in dem betrachteten Datentransfer fest auf HIGH liegen. Durch $\overline{RST}$ kann der Bus von jedem Teilnehmer zurückgesetzt werden. Mit $\overline{ATN}$ zeigt der *Initiator* dem *Target* an, dass in einer Message-Out-Phase eine Nachricht übermittelt wird. Als letzte Signalleitung sei noch das Paritätsbit $\overline{DBP}$ genannt, um das der Datenbus $\overline{DB0}$ bis $\overline{DB7}$ optional erweitert werden kann. Negative Logik auf dem Datenbus bzw. active LOW für die Steuersignale sind durch den Invertierungsstrich über der Signalbezeichnung gekennzeichnet.

Die Übertragungsrate beim Informationstransfer hängt von der Übertragungsart ab. Bei *asynchroner* Übertragung, d.h. $\overline{REQ}/\overline{ACK}$-Handshake pro Byte wie oben beschrieben, ist maximal 1,5 MByte/s zu erreichen. Dagegen können bei *synchroner* Übertragung bis zu 4 MByte/s übertragen werden.

Der synchrone Datenverkehr erfolgt nach Absprache über eine *Message* (Mitteilung), indem pro $\overline{REQ}$-Impuls ein Datenbyte gesendet wird, ohne auf $\overline{ACK}$ zu warten. Damit werden Kabellaufzeiten und Schaltzeiten eingespart.

9.7.4 Physikalische Eigenschaften

Für den einfachen 8-Bit-SCSI-Bus, oft auch Standard-SCSI genannt, genügt ein 50-adriges Flachbandkabel oder Rundkabel und ein 50-poliger Stecker.

Zwei Betriebsarten sind vorgesehen:

(1) Single Ended Drivers/Receivers, bis maximal 6 m Buslänge,

(2) Differential Ended Drivers/Receivers, bis maximal 25 m Buslänge.

Die beiden Busenden sind mit Abschlusswiderständen zu beschalten, wie in Bild 9-19 dargestellt.

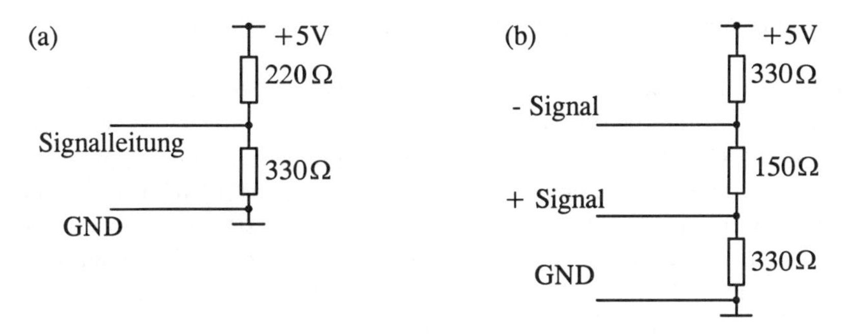

Bild 9-19: Busabschlüsse für *Single* (a) bzw. *Differential* (b) *Termination*

Eine vollständige Abschlusswiderstandskombination für alle SCSI-Signale wird *Terminator* genannt. Da dieser nur für Endgeräte gebraucht wird, sollte er auf Sockel gesteckt werden. Ein Gerät mit fest eingelötetem *Terminator* kann nur als Endgerät angeordnet werden.

Für die *Single Ended* Version wird meist der aktive Abschluss (siehe Kapitel 3.6) vorgesehen, da er mit weniger Bauelementen zu realisieren. Außerdem lässt er sich über das dabei verwendete IC in einfacher Weise ein- und abschalten.

Die Pin-Belegung des 50-poligen SCSI-Steckers, der wegen seines mechanischen Aufbaus oft auch *50-poliger Centronicsstecker* genannt wird, ist in Tabelle 9-3 für die Signale der *Single Ended* Version aufgelistet.

Die Bedeutung der hier zusammengestellten Signale wurde bereits erläutert. Hier sei nur hervorgehoben, dass alle ungeraden Kontaktnummern mit GND (Ground = Masse, Erde) zu belegen sind, außer Pin 25, der offen bleibt. Eine völlig andere Pin-Belegung ist für die *Differential Ended* Version vorgesehen, da dabei für jedes Signal zwei Polaritäten zu übertragen sind.

Kontakt	Signal	Bedeutung	Kontakt	Signal	Bedeutung
1,3,5 ... 49	GND	Ground	26	TERM-	Terminator
außer 25	-	(OPEN)		PWR	Power
2	DB 0	Data 0	28	GND	Ground
4	DB 1	Data 1	30	GND	Ground
6	DB 2	Data 2	32	ATN	Attention
8	DB 3	Data 3	34	GND	Ground
10	DB 4	Data 4	36	BSY	Busy
12	DB 5	Data 5	38	ACK	Acknowledge
14	DB 6	Data 6	40	RST	Reset
16	DB 7	Data 7	42	MSG	Message
18	DB P	Parity	44	SEL	Select
20	GND	Ground	46	C/D	Control/Data
22	GND	Ground	48	REQ	Request
24	GND	Ground	50	I/O	In/Output

Tabelle 9-3: SCSI-Signale und Pin-Belegung des 50-poligen Steckers

Die Signalpegel in der *Single Ended* Version entsprechen der TTL-Definition. Die Bustreiber liefern 48 mA und werden mit *Tristate* oder *Open Collector* verwendet. Die Signale $\overline{\text{BSY}}$ und $\overline{\text{RST}}$ können von mehreren Geräten gleichzeitig gesetzt werden und sind daher immer mit *Open Collector* (bzw. *Open Drain* bei MOS-ICs) anzusteuern. Zum Überbrücken größerer Entfernungen (über 6 m bis 25 m Buslänge) muss die *Differential Ended* Ausführung eingesetzt werden. Dabei wird auf den weit verbreiteten Standard RS-485 zurückgegriffen, da so auch vorhandene Treiber/Empfängerbausteine eingesetzt werden können. Der prinzipielle Aufbau und die Pegeldefinition der RS-485 wurde bereits in Kapitel 5.4.4 beschrieben.

9.7.5 Hardware-Aufbau

Von mehreren Firmen werden SCSI-Controller-ICs angeboten, so z.B. der NCR 53C80 oder der AM 33C93 der Fa. AMD bzw. der WD 33C93 von Western Digital. Der Buchstabe C zwischen den Ziffern zeigt die CMOS-Technologie an.

Am Beispiel des WD 33C92/93 wird der grundlegende Aufbau eines SCSI-Controller-IC's betrachtet. Dem WD 33C92 müssen für den *Differential Ended* Betrieb nur noch entsprechende, von verschiedenen Firmen hergestellte, *Transceiver*-ICs hinzugefügt werden, während der WD 33C93 bereits 48 mA-Treiber hat und somit für den *Single Ended* Betrieb direkt an den SCSI-Bus angeschlossen wird. Dies ist in Bild 9-20 schematisch dargestellt.

Der integrierte SCSI-Controller-Baustein legt die SCSI-Signale direkt auf den Bus, lediglich die Endgeräte benötigen den Terminator, d.h. den im Bild nur angedeuteten Busabschluss für alle Signalleitungen.

Anhand der Eingangssignale des Controllers wird im Folgenden die Funktion erläutert. Der Takt CLK (Clock) beträgt 10 MHz. Die Datenleitungen D7 bis D0 führen über einen Datenpuffer zu einem Registersatz.

Zum direkten Einschreiben in das Adressregister dient das Signal ALE (Address Latch Enable). Bei einem Prozessorbus ohne Multiplex-Betrieb kann ALE fest auf GND gelegt werden, wie dies in Bild 9-20 angedeutet ist.

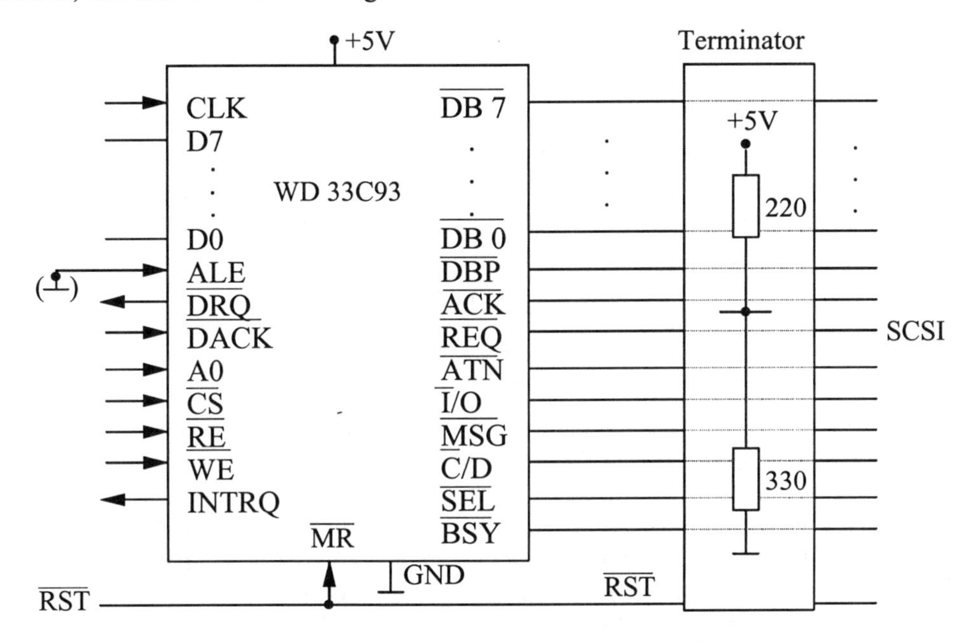

Bild 9-20: SCSI-Controller-IC mit Terminator

Der Registersatz hat 28 Register, z.B. für Sektoradressen, IDs (eigene ID, Ziel-ID und Herkunft-ID), sowie verschiedene Status- und Control-Register. Sie werden mit den Signalen $\overline{\text{WE}}$ (Write Enable) und $\overline{\text{RE}}$ (Read Enable) und über den Inhalt des Adressregisters angesprochen.

Das Adressregister hat Steuerungs- und Zählerfunktion und wird bei direkter Adressierung – wie bereits oben angedeutet – mit ALE angesprochen und bei indirekter Adressierung über die Leitungen A0, $\overline{\text{CS}}$ (Chip Select) und $\overline{\text{WE}}$ (Write Enable). Für die Überwachung von Block-Datentransfers wurde ein 24-Bit-Zähler vorgesehen sowie eine ALU (Arithmetic and Logic Unit) zur Ausführung von arithmetischen (z.B. Adressumrechnung) und logischen Operationen.

Der eingebaute Mikrocontroller interpretiert Befehle und steuert die außerdem vorhandenen Arbitration- und Handshake-Schaltwerke. Die Arbitration-Logik überwacht $\overline{\text{BSY}}$ und $\overline{\text{SEL}}$ und setzt die ID auf den Bus. Die $\overline{\text{REQ}}/\overline{\text{ACK}}$-Handshake-Schaltung ist für asynchrone und synchrone Datenübertragung ausgelegt.

$\overline{\text{DRQ}}$ (Data Request) und $\overline{\text{DACK}}$ (DMA Acknowledge) sind Handshakesignale zu einem externen DMA-Controller. INTRQ (Interrupt Request) fordert einen *Interrupt*

(Unterbrechung) vom Prozessor an, der daraufhin in eine *Interrupt Service Routine* springt.

Der Master Reset ($\overline{MR}$) wird von der Prozessorseite oder durch $\overline{RST}$ (SCSI-Reset) gesetzt. Das Prioritätsbit $\overline{DBP}$ wird im SCSI-Controller durch einen Parity-Generator/Checker behandelt. Abschließend sei noch erwähnt, dass die SCSI-Eingangs- und Ausgangsdaten in einem 5-Byte-FIFO zwischengespeichert werden.

Die Funktion der SCSI-Signale wurde bereits weiter oben beschrieben.

9.7.6 SCSI-2, Fast, Wide

Durch Einführung der Bezeichnung SCSI-2 für die neue Spezifikation ab 1993 wurde Standard-SCSI zu SCSI-1. Grundsätzlich sollte SCSI-2 kompatibel zu SCSI-1 sein, das heißt die Mischung von SCSI-1- und SCSI-2-Geräten soll prinzipiell möglich sein.

Folgende Erweiterungen wurden vorgesehen:

- Schnelle, synchrone Datenübertragung (Fast-SCSI)
- Datenbreite auch 16 und 32 Bit (Wide-SCSI)
- Erweiterung der Befehlssätze im CCS (Common Command Set).

Die maximale Übertragungsrate bei synchronem Betrieb und 32 Bit Datenbreite ist auf 40 MByte/s erhöht worden. Durch Erhöhung der Taktfrequenz kann noch einmal der Faktor 2 erzielt werden (Ultra-SCSI). Bei Erhöhung der Datenübertragungsrate verkürzt sich allerdings die maximal zulässige Kabellänge erheblich. Auch die Fehlanpassung durch zu niedrigen Wellenwiderstand Z der verwendeten Kabel wird kritischer. Bei der Erweiterung wurde das 50-adrige SCSI-Kabel zum *A-Kabel*. Dort bleiben auch nach der neuen Festlegung die unteren 8 Bit. Ein zusätzliches 68-adriges *B-Kabel* wurde eingeführt. Auch ein neues 110-adriges *L-Kabel* wurde für Wide-SCSI vorgeschlagen, das sich aber nicht durchsetzte. Durch die Erhöhung der Datenbreite vergrößert sich auch die maximale Geräteanzahl für 16-Bit-Wide-SCSI auf 16 und für 32-Bit-Wide-SCSI auf 32, da die IDs den verfügbaren Datenleitungen zugeordnet werden.

Weggefallen ist bei SCSI-2 das *Non Arbitrating System* bei nur *einem* Initiator. Auch wurde für SCSI-2-Geräte ein schneller Zwischenspeicher (*Cache*) vorgesehen. Die neuen Befehlssätze im CCS sind für folgende zehn Gerätetypen definiert worden:

- (1) Direct Access Devices (Festplatten, Disketten)
- (2) Sequential Access Devices (Bandlaufwerke, wie z.B. Streamer)
- (3) Printer Devices (Drucker und Plotter)
- (4) Processor Devices (z.B. zur Rechner-Rechner-Kopplung)
- (5) Write Once Devices (z.B. auch EPROM-Karte)
- (6) CD-ROM Devices (Lesen von Daten, Steuerung der Audiofunktion)
- (7) Scanner Devices
- (8) Optical Memory Devices (Optisch arbeitende Speichergeräte)
- (9) Medium Changer Devices (so genannte Jukeboxes)
- (10) Communication Devices (Modems, Netzwerkadapter)

9.7.7 Weiterentwicklung, SCSI-3

Unter der Bezeichnung SCSI-3 wird die Weiterentwicklung vorangetrieben. Zusätzlich zum parallelen SCSI werden neue *serielle* Varianten unter Beibehaltung der SCSI-Kommandostruktur vorgesehen. Es wurden auch neue Befehlssätze für *Graphic Devices* definiert.

Die Befehle werden jetzt unterteilt in *Primary Commands*, die für alle Geräte gleich sind, und gerätespezifische Befehle.

Eine parallele und drei verschiedene serielle Ausführungen wurden vorgeschlagen. Das SCSI-3 Parallel Interface wird auch SPI abgekürzt. Zwei der drei seriellen Ausführungen sind sowohl für Kupfer- als auch für Lichtwellenleiter als Übertragungsmedium geeignet.

In der Kupferausführung sind bis zu 40 m Abstand zwischen einzelnen Geräten zulässig, bei Verwendung von Lichtwellenleitern sogar einige km. Übertragungsraten bis zu 200 MByte/s sind vorgesehen.

Die dritte serielle Variante basiert auf IEEE-1394 und ermöglicht schnelle kontinuierliche Datenströme mit Übertragungsraten bis zu 100 MByte/s bei wenigen m Entfernung. Sie soll als Schnittstelle bzw. Bus zu Festplatten, CD-ROMs, Monitoren, Videorecordern, Camcordern, Laserdruckern und Scannern dienen. Zwei verdrillte Leiterpaare für *Data* und *Strobe* sowie zwei Versorgungsleitungen sind vorgesehen. Dadurch wird auch der Aufwand zur Regenerierung des Taktes aus dem übertragenen Signal vermieden.

Bei der Firma Apple wird die Schnittstelle nach IEEE-1394 *Fire Wire* genannt. Dies stellt auch die erste Realisierung dar.

9.7.8 SCSI beim PC

Innerhalb des *Personal Computers* (PC) sind auf der Hauptplatine (Mainboard, Motherboard) verschiedene parallele Busse, z.B. ISA/EISA und PCI (s. Kapitel 9.8) nebeneinander vorhanden. In den Steckplatz (Slot) eines dieser Busse kann ein SCSI-Adapter gesteckt werden, der dann interne Laufwerke, wie z.B. Festplatten, Wechselplatten oder CD-ROMs (Compact Disc Read Only Memory), busförmig verbindet und über einen Stecker an der Gehäuserückwand auch den Anschluss zusätzlicher externer Geräte, z.B. Scanner, Streamer oder CD-ROMs ermöglicht. Dabei ist innerhalb des PC's – auf dem Adapter oder beim letzten internen Laufwerk – und am Busende des letzten externen Gerätes je ein *Terminator* vorzusehen.

Die üblicherweise *Host Adapter* genannten Steckkarten gibt es für alle denkbaren SCSI-Varianten (Standard, Fast, Wide, Ultra) und, je nach Ausstattung, mit unterschiedlichen Steckverbindungen.

Für die einfache SCSI-1-Ausführung wird neben dem 50-poligen SCSI-Stecker auch ein 25-poliger D-Sub-Stecker verwendet, der dann nicht mit der Parallelschnittstelle (z.B. Druckeranschluss LPT1, Line Printer 1) verwechselt werden darf.

Bei der 16-Bit-Wide-SCSI-Ausführung ist eine 68-polige D-Sub-Steckverbindung mit allen erforderlichen Signalen – das heißt einschließlich aller 16 Datenleitungen – üblich. Dabei entfällt das oben erwähnte A-Kabel ganz. Diese Variante gibt es sowohl für *Single Ended* als auch für *Differential Ended* Betrieb und wird allgemein P-Kabel genannt.

Eine Verdopplung der Übertragungsrate wird bei Ultra-2 vorgesehen, d.h. 40 MByte/s bei 8 Bit Datenbreite (Standard) und 80 MByte/s bei 16-Bit Wide SCSI. Auch hierfür wird ein 68-poliges Stecksystem eingesetzt.

Eine zusätzliche Verdoppelung wird mit Ultra-160 erzielt.

Da SCSI-Geräte verschiedenster Art immer mehr an Bedeutung gewinnen, werden auch schon SCSI-Controller zusammen mit entsprechenden Steckverbindungen auf dem PC-Mainboard eingelötet, so dass ein zusätzlicher Adapter entbehrlich ist.

Die spezielle Festplatten- und CD-ROM-Schnittstelle IDE (Integrated Device Electronic) oder EIDE (Enhanced IDE) bleibt aber parallel zu SCSI auf der Hauptplatine erhalten.

9.8 ISA, EISA, MCA, PCI

Der *Industriestandard* ISA (Industrial Standard Architecture) entstand aus dem Erweiterungssteckplatz (Slot) des IBM-PC/XT. Dieser *Personal Computer* arbeitete mit dem 8086/8088-Prozessor, der Buscontroller 8288 lieferte die Steuersignale.

Mehrere *Slots* für *direkt* steckbare Adapterkarten bilden den PC-Bus, dessen grundlegende Funktion anhand von Bild 9-21 erläutert wird.

Die Buchsenleiste mit den Anschlüssen A1 bis A31 und B1 bis B31 wird 8-Bit-Slot bezeichnet. Zur Spannungsversorgung sind 2 Pins für +5 V, 3 Pins für GND (ground) und jeweils ein Pin für -5 V, +12 V und -12 V vorgesehen. Die Bezeichnung der Signale deutet deren Funktion an.

OSC (OSCILLATOR): Dieses Signal wird von einem Frequenzgenerator mit 70 ns Periodendauer geliefert (14,3 MHz).

CLK (CLOCK): Der Systemtakt wird aus dem Oszillatorsignal durch Teilung (Divisor 3) gewonnen. Die Periodendauer beträgt 210 ns (4,77 MHz).

RESET DRV (RESET DRIVER): Dieser Anschluss dient der Rücksetzung des Systems beim Einschalten des Rechners. Das Signal wird durch die negative Clock-Flanke synchronisiert (active HIGH).

A0 - A19 (ADDRESS BIT 0-19): Diese Anschlüsse dienen der Adressierung von Speichern und von Ein/Ausgabegeräten. Damit kann bis zu 1 MByte Speicherbereich adressiert werden. A0 ist das niedrigstwertige (LSB = Least Significant Bit) und A19 das höchstwertige Bit (MSB = Most Significant Bit). Die Leitungen können sowohl vom Prozessor als auch von den DMA-Controllern angesprochen werden.

D0 - D7 (DATA BIT 0-7): Diese Anschlüsse stellen den bidirektionalen Datenbus für Prozessor, Ein/Ausgabe und Speicher dar. D0 ist das niedrigstwertige (LSB) und D7 das höchstwertige Bit (MSB).

ALE (ADDRESS LATCH ENABLE): Diese Leitung wird durch den Buscontroller 8288 aktiviert und wird benötigt, um die vom Prozessor angelegten Adressen zwischenzuspeichern.

$\overline{\text{I/O CH CK}}$ (Input/Output CHANNEL CHECK): Wird aktiviert (LOW) bei Parityfehlern von Speichern oder Ein/Ausgabekanälen.

I/O CH RDY (Input/Output CHANNEL READY): Diese normalerweise auf HIGH liegende Leitung wird von Speichermodulen oder Peripheriegeräten mit längerer Zugriffszeit für die Dauer des Zugriffs auf LOW gezogen. Dadurch werden für langsamere Teilnehmer Wartezyklen eingefügt.

Signal	*Slot*		Signal	
GND	B 1	A 1	$\overline{\text{I / O CH CK}}$	
RESET DRV	B 2	A 2	D7	8-Bit-Datenbus
+5V	B 3	A 3	D6	
IRQ2	B 4	A 4	D5	
-5V	B 5	A 5	D4	
DRQ2	B 6	A 6	D3	
-12V	B 7	A 7	D2	
RESERVED	B 8	A 8	D1	
+12V	B 9	A 9	D0	
GND	B10	A10	I / O CH RDY	
$\overline{\text{MEMW}}$	B11	A11	AEN	
$\overline{\text{MEMR}}$	B12	A12	A19	20-Bit-Adressbus
$\overline{\text{IOW}}$	B13	A13	A18	
$\overline{\text{IOR}}$	B14	A14	A17	
$\overline{\text{DACK3}}$	B15	A15	A16	
DRQ3	B16	A16	A15	
$\overline{\text{DACK1}}$	B17	A17	A14	
DRQ1	B18	A18	A13	
$\overline{\text{RFR}}$	B19	A19	A12	
CLOCK	B20	A20	A11	
IRQ7	B21	A21	A10	
IRQ6	B22	A22	A9	
IRQ5	B23	A23	A8	
IRQ4	B24	A24	A7	
IRQ3	B25	A25	A6	
$\overline{\text{DACK2}}$	B26	A26	A5	
T/C	B27	A27	A4	
ALE	B28	A28	A3	
+5V	B29	A29	A2	
OSC	B30	A30	A1	
GND	B31	A31	A0	

Bild 9-21: Pinbelegung des IBM-PC-Busses

IRQ2 - IRQ7 (INTERRUPT REQUEST 2-7): Diese Leitungen signalisieren dem Prozessor, dass ein Gerät Zugriff benötigt. Der Zugriff erfolgt nach einem Prioritätenschema, in dem IRQ2 die höchste Priorität besitzt und IRQ7 die niedrigste. Ein Interrupt wird ausgelöst, sobald eine der Interruptleitungen von LOW nach HIGH gezogen wird.

$\overline{\text{IOR}}$ (Input/Output READ COMMAND): Diese Leitung fordert ein Gerät auf, seine Daten auf den Datenbus zu legen. Sie wird initialisiert (active LOW) vom Prozessor oder DMA-Controller.

$\overline{\text{IOW}}$ (Input/Output WRITE COMMAND): Diese Leitung fordert ein Gerät auf, die auf dem Datenbus anliegenden Daten zu lesen. Sie wird initialisiert (active LOW) durch den Prozessor oder DMA-Controller.

$\overline{\text{MEMR}}$ (MEMORY READ COMMAND): Hiermit fordert der Prozessor oder ein DMA-Controller den Speicher auf, seine Daten auf die Datenleitungen zu legen (active LOW).

DRQ1 - DRQ3 (DMA REQUEST 1-3): Diese Leitungen sind normalerweise LOW. Durch ein HIGH-Signal meldet ein Peripheriegerät, z.B. die Festplatte oder ein Diskettenlaufwerk, dass es die Bussteuerung übernehmen will. Die Anforderungen werden nach einem Prioritätenschema bearbeitet. DRQ1 hat die höchste, DRQ3 die niedrigste Priorität. Das DRQ-Signal muss auf HIGH gehalten werden bis es durch das entsprechende DACK-Signal quittiert worden ist.

$\overline{\text{DACK1}}$ – $\overline{\text{DACK3}}$ (DMA ACKNOWLEDGE 0-3): Dies sind die Quittungssignale jeweils für DRQ1 - DRQ3 (active LOW).

AEN (ADDRESS ENABLE): Die Leitung ist normalerweise LOW. Durch Aktivieren (HIGH) wird der Prozessor gesperrt und DMA-Geräte haben Zugriff auf den Bus.

T/C (TERMINAL COUNT): Diese Leitung wird aktiviert (HIGH), wenn die zulässige Zeit für einen DMA-Zugriff überschritten wird.

$\overline{\text{RFR}}$ (REFRESH): Auffrischungssignal für dynamische Speicher.

Bei Einführung des IBM-PC/AT (Advanced Technology) mit einem 80286-Prozessor wurde der 8-Bit-Slot (A1 bis A31 und B1 bis B31) um eine zweite Buchsenleiste (C1 bis C18 und D1 bis D18) erweitert, wie dies in Bild 9-22 schematisch dargestellt ist.

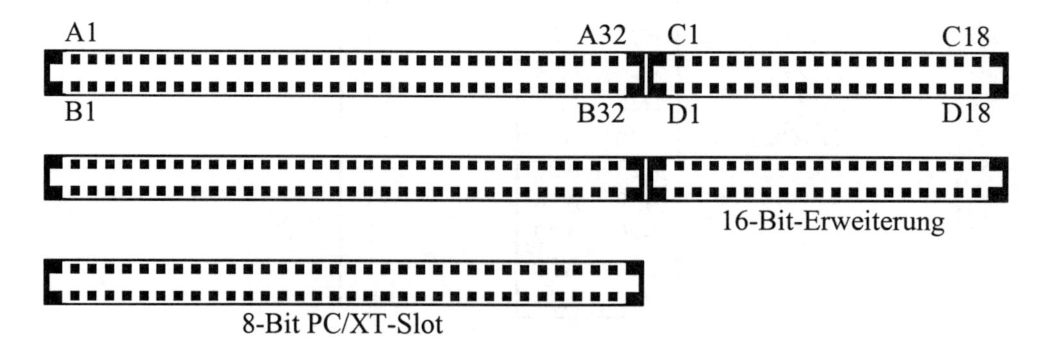

Bild 9-22: AT/ISA-Bus mit zwei 16-Bit-Slots und einem 8-Bit-Slot

Der so entstandene 16-Bit-Slot wurde mit der Bezeichnung ISA zum De-Facto-Standard. Der Datenbus wurde damit auf 16 Bit, der Adressbus auf 24 Bit erweitert. Die Anzahl der Hardware-Interrupts und der DMA-Kanäle wurde verdoppelt. Mehrere solcher Slots bilden den ISA-Bus. In Bild 9-22 sind beispielhaft zwei 16-Bit-Slots und ein 8-Bit-Slot dargestellt. Bei den Bezeichnungen IRQ2 bis IRQ7 des PC/XT-Busses fällt auf, dass die Leitungen für IRQ0 und IRQ1 nicht auf den Bus geführt werden. Diese Interrupts sind für Timer (z.B. Systemuhr beim XT) und Tastatur reserviert und stehen daher für Adapterkarten nicht zur Verfügung.

Die Interrupts IRQ3 bis IRQ7 waren z.B. für serielle Schnittstellen (COM1, COM2), parallele Schnittstellen (LPT1, LPT2) und Plattencontroller (HD = hard disk, FD = floppy disk) verwendbar. Aber auch beispielsweise dem GPIB-Adapter kann einer dieser Interrupts zugeordnet werden.

Die Erweiterung auf 16 Interrupts beim AT/ISA-Bus erfolgt durch eine kaskadenartige Hintereinanderschaltung über den IRQ2, der die zusätzlichen Interrupts IRQ8 bis IRQ15 aber nur umleitet. Die Taktfrequenz wurde beim AT/ISA-Bus auf 8,33 MHz erhöht.

Mit Einführung der Prozessoren 80386 und 80486 wurde die Datenbreite auf 32 Bit erweitert. Dabei entstanden die Busse EISA (Enhanced ISA) und MCA (Micro Channel Architecture). Während MCA eine völlige Neuentwicklung der Fa. IBM darstellt, entwickelte sich EISA zu einem Industriestandard, da ISA-Karten mit Einschränkung auch weiterhin einsetzbar bleiben. Der EISA-Slot ist zweistöckig und hat Stopper (Stege) für ISA-Karten. EISA-Karten haben an dieser Stelle eine Aussparung und lassen sich dadurch bis zum unteren Anschlag hineinschieben.

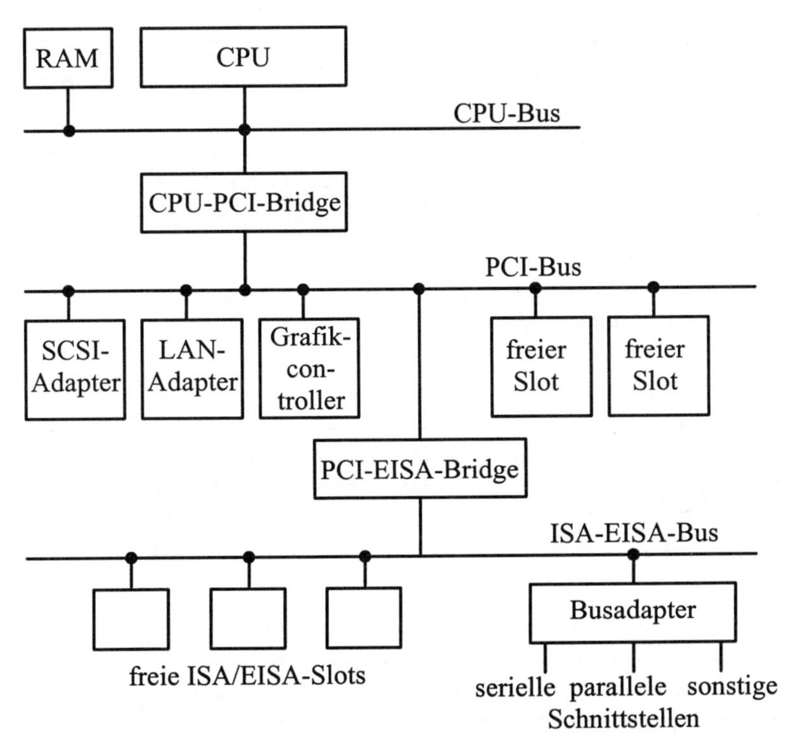

Bild 9-23: Busstruktur eines PCI-PC's

Eine wesentlich schnellere Variante eines Erweiterungsbusses stellt der PCI (Peripheral Component Interconnect)-Bus dar. Er wird in verschiedensten PCs und in Workstations eingesetzt, aber auch in industriellen Anwendungen als CPCI (Compact PCI) oder IPCI (Industrial PCI).

Bei einem Takt von 33 MHz ist bei 4 Byte Datenbreite eine Datenübertragungsrate von 132 MByte/s erzielbar. Entsprechend erhält man bei 64 Bit Datenbreite 264 MByte/s. Diese hohen Datenraten werden aber nur im *Burst Mode* erreicht. Dabei wird lediglich die Anfangsadresse übergeben, so dass das aufwendige Multiplexen von Adressen und Daten entfällt.

In einem PC erfolgt der Anschluss eines PCI-Busses an den CPU-Bus (Central Processor Unit) über die CPU-PCI-Bridge (Brücke), wie in Bild 9-23 skizziert.

An den PCI-Bus können beispielsweise PCI-SCSI- und PCI-LAN-Adapter direkt angeschlossen, d.h. als Chips gelötet, sein, während für weitere Adapter mehrere freie Slots vorgesehen werden.

In Bild 9-23 ist der Grafikcontroller an den PCI-Bus angeschlossen. Für besonders leistungsfähige Video/Grafikkarten wurde von Intel ein spezieller Steckplatz entwickelt, der AGP (Accelerated Graphics Port). Diese Schnittstelle (ein Einzelsteckplatz, kein Bus) arbeitet mit doppelter Frequenz (66,66 MHz) und kann darüber hinaus in einem 2x- bzw. 4x-Modus betrieben werden, wodurch bei 4 Byte Datenbreite eine Übertragungsrate von

$4 \cdot 4$ Byte $\cdot$ 66,66 MHz $\Rightarrow$ 1,066 GByte/s erreicht wird.

Zum Anschluss eines EISA-Busses an den PCI-Bus dient eine PCI-EISA-Bridge, die zu den freien ISA/EISA-Slots führt, aber auch über einen weiteren Busadapter serielle und parallele Schnittstellen ansteuert.

Beim PCI-Bus werden für Adressen und Daten die gleichen Leitungen im Multiplexbetrieb verwendet. Für den 32-Bit-PCI sind 120 Pins und für den 64-Bit-PCI 184 Pins erforderlich. Der PCI-Bus ist prozessorunabhängig spezifiziert und unterstützt Mehrprozessorsysteme.

Als Beispiel für die Ausführung eines PCI-Busses ist in Bild 9-24 je ein PCI-PC-Slot für 3,3V-Platinen bzw. 5V-Platinen skizziert.

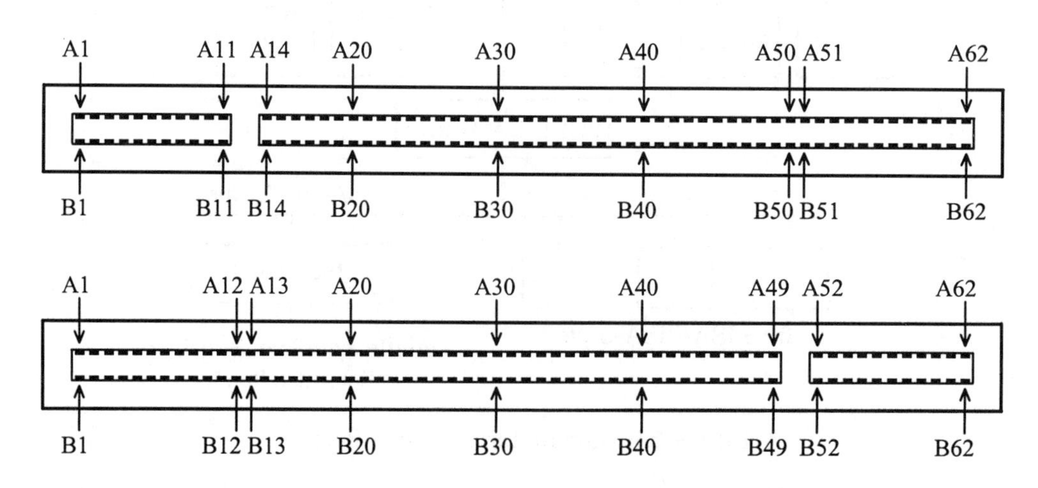

Bild 9-24: 32-Bit-PCI-PC-Slot für 3,3V-Platinen (oben) bzw. 5V-Platinen (unten)

Dargestellt sind jeweils die 32-Bit-Slots. Es handelt sich dabei um Buchsenleisten mit zwei Reihen Kontakten zur Aufnahme direkt steckbarer Platinen.

Man erkennt an dem Platz der Kontakte A/B 12/13 bei dem Slot der 3,3V-Platine (oben) und entsprechend an der Stelle A/B 50/51 bei dem Slot der 5V-Platine (unten) je einen Steg als Sperrcodierung für die unterschiedlichen Platinen. Die 5V-Platine hat hier die vier GND-Kontakte A12, A13, B12 und B13, während man bei der 3,3V-Platine die vier GND-Kontakte auf A50, A51, B50 und B51 vorfindet. Entsprechend ist an der Stelle A/B 12/13 einer 3,3V-Platine eine Aussparung vorgesehen, damit sie in diesen Slot eingeschoben werden kann. Die 5V-Platine hat die Aussparung bei A/B 50/51. Universalplatinen für 5V- und 3,5V-Slots haben beide Aussparungen.

Für die Erweiterung zum 64-Bit-Slot folgen auf einen Steg noch weitere 2 · 32 = 64 Anschlüsse mit den Bezeichnungen A63 bis A94 und B63 bis B94. Dies ist in Bild 9-25 für die Slots von 3,3V- und 5V-Platinen dargestellt.

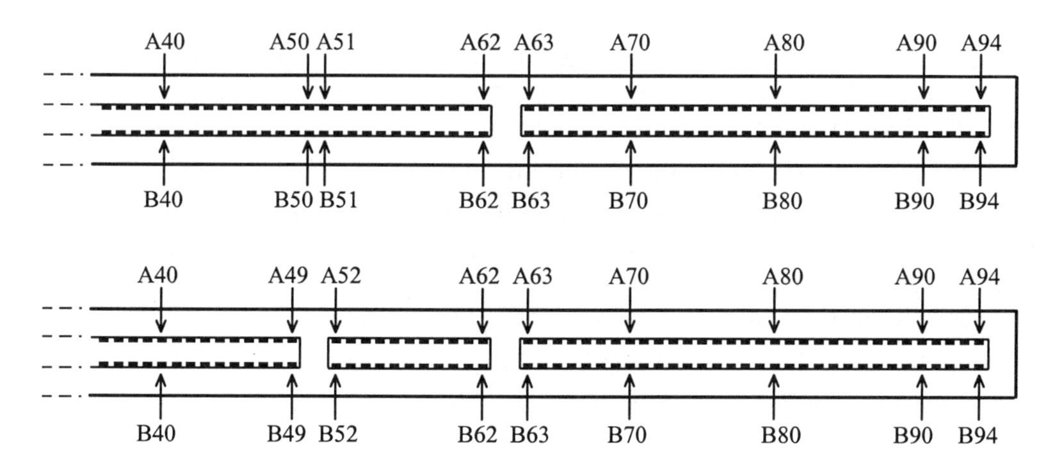

Bild 9-25: 64-Bit-PCI-Erweiterung für 3,3V-Platinen (oben) bzw. 5V-Platinen (unten)

Zunächst werden im Folgenden weitere Pinbelegungen der Spannungsversorgung aufgelistet:

GND liegt – außer auf den bereits genannten Plätzen – auch auf A18, A24, A30, A35, A37, A42, A48, A56, A63, A69, A72, A78, A81, A87, A90, A93, B3, B15, B17, B22, B28, B34, B38, B46, B49, B57, B64, B67, B73, B76, B82, B85, B91, B94. Auf B1 liegt die Versorgungsspannung –12V, und auf A2 +12V. Die Spannung +5V ist auf A5, A8, A61, A62, B5, B6, B61 und B62 gelegt. Pinbelegungen mit +3,3V findet man auf A10, A16, A21, A27, A33, A39, A45, A53, A59, A66, A75, A84, B19, B25, B31, B36, B41, B43, B54, B59, B70, B79 und B88.

Die 32 Adress/Datenleitungen des 32-Bit-PCI-Slots, über die zunächst die Adressen und durch Multiplex anschließend auch Daten übertragen werden, sind in der Reihenfolge AD0 bis AD31 aufgezählt:

A58, B58, B57, B56, A55, B55, A54, B53, B52, A49, B48, A47, B47, A46, B45, A44, A32, B32, A31, B30, A29, B29, A28, B27, A25, B24, A23, B23, A22, B21, A20, B20.

Die Pinbelegung der 32 Adress/Datenleitungen der 64-Bit-Erweiterung wird in der Reihenfolge AD32 bis AD63 genannt:

A91, B90, A89, B89, A88, B87, A86, B86, A85, A84, A83, B83, A82, B81, A80, B80, A79, B78, A77, B77, A76, B75, A74, B74, A73, B72, A71, B71, A70, B69, A68, B68.

Ein PCI-Taktsignal CLK mit bis zu 33 MHz zur Synchronisierung aller Vorgänge liegt an B16. Die Arbitrierung zur Erlangung der Masterfunktion läuft im Hintergrund während laufender Buszyklen über die Signale $\overline{REQ}$ (Request, B18) und $\overline{GNT}$ (Grant, A17). Jedem Master (Slot) sind eigene $\overline{REQ}$- und $\overline{GNT}$-Leitungen zugeordnet. Ein PCI-Systemcontroller hat daher z.B. $\overline{REQ0}$ bis $\overline{REQ3}$ und $\overline{GNT0}$ bis $\overline{GNT3}$.

Der aktive Master wird beim PCI *Initiator* genannt und zeigt mit $\overline{IRDY}$ (Initiator Ready, B35) an, dass Daten zum Schreiben bereitgestellt sind bzw. er zur Datenübernahme bereit ist. Die adressierte Einheit heißt *Target* (Ziel) und zeigt die Bereitschaft mit $\overline{TRDY}$ (Target Ready, A36) an.

Ein Schreib- oder Lesezugriff wird vom Master mit $\overline{FRAME}$ (engl. Rahmen, A34) eingeleitet und auch wieder abgeschlossen. Das zugehörige Target-Handshake-Signal ist $\overline{DEVSEL}$ (Device Select, B37). Mit $\overline{REQ64}$ (A60) fordert ein aktiver Master einen 64-Bit-Transfer an, die zugehörige Target-Antwort lautet $\overline{ACK64}$ (B60).

Die Signale C/$\overline{BE0}$ bis C/$\overline{BE3}$ (Command/Byte Enable; A52, B44, B33, B26) zeigen bei der Adressierung die Art des Schreib/Lesezugriffs codiert an. Während der Datenübertragung werden damit gültige Bytes angezeigt. C/$\overline{BE4}$ bis C/$\overline{BE7}$ (B66, A65, B65, A64) sind die entsprechenden Signale bei der 64-Bit-Erweiterung.

$\overline{STOP}$ (A38) ist ein Target-Signal zum Beenden einer Übertragung.

IDSEL (Initialization Device Select, A26) ermöglicht den Zugriff auf den Konfigurationsadressraum.

$\overline{LOCK}$ (B39) dient der Verriegelung einzelner PCI-Einheiten.

$\overline{INTA}$, $\overline{INTB}$, $\overline{INTC}$ und $\overline{INTD}$ (Interrupt A, B, C, D; A6, B7, A7, B8) sind Hardware-Interrupts.

$\overline{SERR}$ (System Error, B42) zeigt Systemfehler an.

PAR (A43) bildet ein gerades Paritätsbit über AD0 bis AD31 und C/$\overline{BE0}$ bis C/$\overline{BE3}$, PAR64 (A67) entsprechend über AD32 bis AD63 und C/$\overline{BE4}$ bis C/$\overline{BE7}$.

$\overline{PERR}$ (Parity Error, B40) meldet Paritätsfehler.

Mit $\overline{PRSNT1}$ und $\overline{PRSNT2}$ (Present; B9, B11) zeigt ein Adapter Präsenz und Leistungsverbrauch an.

$\overline{RST}$ (Reset, A15) setzt alle Adapter zurück.

TCLK (Test Clock, B2), TDI (Test Data Input, A4), TMS (Test Mode Select, A3) und $\overline{TRST}$ (Test Reset, A1) dienen Testzwecken.

$\overline{SBO}$ (Snoop Backoff, A41) und $\overline{SDONE}$ (Snoop Done, A40) kann optional für Cache-Zugriffe genutzt werden.

10 Serielle Busse, LANs

10.1 Busprotokolle, OSI-RM, Internetprotokoll

Um komplexe Datenverbundsysteme mit Rechnern und Automatisierungssteuerungen zusammen schalten zu können, müssen einheitliche Regeln für die Übertragung definiert sein.

Die Festlegung dieses sogenannten *Protokolls* erfolgt allgemein nach einem Schichtungsprinzip, in dem die einzelnen Ebenen (protocol levels) mit ihren Aufgaben und den Schnittstellen zu den Nachbarebenen genau beschrieben werden.

Dies soll am Beispiel der sieben Ebenen des bekanntesten und komplexesten Referenzmodells, nämlich OSI-RM (Open System Interconnect - Reference Model) von ISO (International Organization for Standardization) verdeutlicht werden, dessen einfache Grundstruktur in Bild 10-1 dargestellt ist.

7	Application Layer	Anwenderschicht
6	Presentation Layer	Darstellungsschicht
5	Session Layer	Sitzungsschicht
4	Transport Layer	Transportschicht
3	Network Layer	Netzwerkschicht
2	Data Link Layer	Datenverbindungsschicht
1	Physical Layer	Physikalische Schicht

Bild 10-1: Schichten im OSI-Referenzmodell von ISO

Die Funktionen der einzelnen Protokollebenen, oder Schichten – wie sie hier auch genannt werden – sind im Folgenden kurz zusammengefasst:

(1) Physikalische Schicht

In dieser untersten Protokollebene wird die Bitübertragung geregelt. Leitungsarten, elektrische Eigenschaften, Modulation bzw. Leitungscode (z. B. NRZ- oder Manchester-Code), Datenrate oder auch galvanische Trennung sowie die Verbindungstechnik (Stecker) werden in dieser Schicht festgelegt.

(2) Kommunikationsebene oder Datenverbindungsschicht

Leitungszugriff, Fehlersicherung und Überwachung der Datenübertragung sind in dieser Ebene definiert. Datenrahmen werden hier festgelegt. Nicht behebbare Fehler werden an Ebene 3 gemeldet. Fehlerhafte Daten können dadurch wiederholt übertragen werden.

(3) Netzwerkebene oder Vermittlungsschicht

Das Netzwerkprotokoll vermittelt zwischen Systemknoten durch Auswahl der Route. Als Beispiel sei hier nur das PLP (Packet Level Protocol) genannt. Auch die Kopplung unterschiedlicher Netzsysteme erfolgt in dieser Ebene.

(4) Transportschicht

Hier werden die Übertragungssteuerungskomponenten verwaltet und überwacht. Übertragungsfehler der Schichten 3 und 2 werden hier durch geeignete Prozeduren korrigiert.

(5) Sitzungsebene

Aufgabe dieser Schicht ist die Steuerung von Eröffnung, Durchführung und Beendigung einer Sitzung. Auch die Synchronisation des Dialogs erfolgt hier. Dazu werden Sychronisierungspunkte definiert und überwacht.

(6) Darstellungsebene

Texte, Zeichensätze (z. B. ASCII oder EBCDIC), grafische Darstellungen und Datentypen werden hier in eine einheitliche Form gebracht. Der Teilnehmer muss daher nur die *Sprache der Darstellungsebene* kennen. Auch Komprimierung und Verschlüsselung kann in Schicht 6 vorgenommen werden.

(7) Anwenderebene

Diese Schicht bietet dem Anwender *standardisierte Dienste*, wie z.B. Zugriffe zu Datenbanken oder auch e-mail an.

Nicht immer sind die genannten sieben Schichten im Einzelnen definiert. Als Beispiel hierfür sei die Internet-Protokollfamilie TCP/IP kurz beschrieben. Das TCP/IP-Protokoll besteht aus nur vier Schichten. Zur Veranschaulichung sind diese in Bild 10-2 den sieben Schichten des OSI-Referenzmodells gegenübergestellt.

OSI-RM		TCP/IP-Protokoll	
7	Application Layer	4	Anwenderschicht mit Anwendungen wie z.B. HTTP, SMTP oder FTP
6	Presentation Layer		
5	Session Layer		
4	Transport Layer	3	Transportschicht TCP (Transmission Control Protocol)
3	Network Layer	2	Netzwerkschicht IP (Internet Protocol)
2	Data Link Layer	1	Datenverbindungsschicht DL (Data Link) z.B. LAN, ATM-Netz oder Telefonnetz
1	Physical Layer		

Bild 10-2: OSI-Referenzmodell von ISO und Internetprotokoll TCP/IP

Die beiden untersten OSI-Schichten werden zusammengefasst und bilden bei TCP/IP die Datenverbindung DL (Data Link) als Schicht 1. Dabei handelt es sich z.B. um

ein Ethernet- oder Token-Ring-LAN,

ein ATM-Netz (Asynchronous Transfer Mode),

ein analoges oder digitales Leitungsvermittlungsnetz

oder ein paketvermittelndes Netz entspreched X.25 von CCITT / ITU-T.

Darüber liegt die Netzwerkschicht IP (Internet Protocol) als Schicht 2. Diese entspricht damit der Schicht 3 des OSI-Modells.

Die Transportschicht TCP (Transmission Control Protocol) ist Schicht 3 im TCP/IP-Protokoll und hat die Funktion der Schicht 4 des OSI-Modells.

Die drei obersten Schichten des OSI-Referenzmodells werden im TCP/IP-Modell in der Anwenderschicht zusammengefasst und bilden die Schicht 4. Dabei werden die Aufgaben der OSI-Schichten 5 und 6 hier mit übernommen.

Zu den bekanntesten Anwendungen (engl. applications) im Internet gehören

HTTP (Hypertext Transport Protocol), das dem
WWW (World Wide Web) zugrunde liegt, und
SMTP (Simple Mail Transport Protocol)
zur Übertragung elektronischer Post (e-mail) sowie
FTP (File Transfer Protocol) zur Übertragung von Dateien (engl. files).

In kleineren Netzen wie LANs (s. Kapitel 10.5) und einfachen Feldbussystemen (s. Kapitel 11) sind nur die drei bzw. zwei untersten Protokollebenen und die Anwenderebene belegt, wobei notwendige Aufgaben der entfallenen mittleren Schichten in die oberste Schicht mit eingebaut werden.

10.2 Serielle Datendarstellung

Grundsätzlich unterscheidet man zwischen Breitbandübertragung (broad band), auch modulierte Übertragung genannt, und Basisbandübertragung (base band). Die Darstellung der Daten nach diesen Verfahren wird hier im Einzelnen betrachtet.

10.2.1 Modulierte Übertragung

Diese Übertragungsart wird bei der Verbindung von Modems eingesetzt. Der Name *Modem* ist aus Teilen der Worte **Mo**dulator und **Dem**odulator zusammengesetzt.

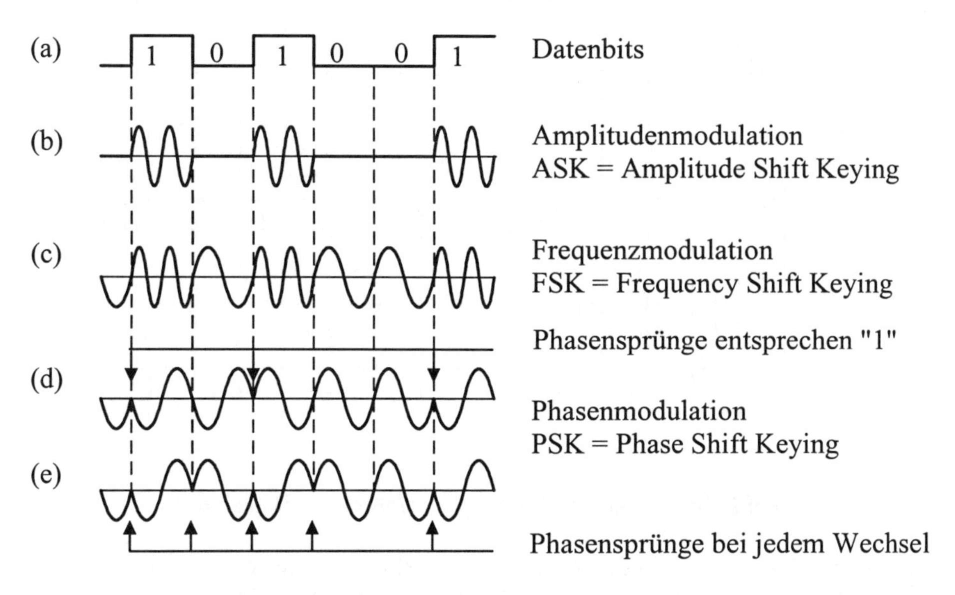

Bild 10-3: Datendarstellung bei unterschiedlichen Modulationsverfahren

Der Sender moduliert ein Signal auf einen sinusförmigen Träger auf, während der Empfänger durch Demodulation das ursprüngliche Datensignal wieder herstellt. Dazu gibt es verschiedene Modulationsverfahren, die in Bild 10-3 zusammengestellt sind.

In Zeile (a) sind die zu modulierenden Datenbits dargestellt. Darunter sieht man die Amplitudenmodulation (b). Bei "1" wird das Trägersignal mit voller Amplitude durchgeschaltet, bei "0" ist die Amplitude 0V. Bei Frequenzmodulation (c) ist die "1" durch *doppelte Frequenz* realisiert. Für die Phasenmodulation sind zwei Varianten dargestellt: Phasensprünge bei jeder folgenden "1" (d) bzw. Phasensprünge bei jedem Pegelwechsel (e). Entsprechend könnte auch *Phasensprünge bei folgender "0"* definiert werden.

10.2.2 Basisbandübertragung

Die einfachste Art serielle digitale Daten darzustellen, ist die binäre Zuordnung von Pegeln für die beiden Zustände logisch "1" und logisch "0". Dieses mit NRZ (Non Return to Zero) bezeichnete Verfahren erfordert zusätzliche Maßnahmen zur Synchronisierung. Am Beispiel des asynchronen Start-Stop-Verfahrens wurde dies bereits weiter oben beschrieben.

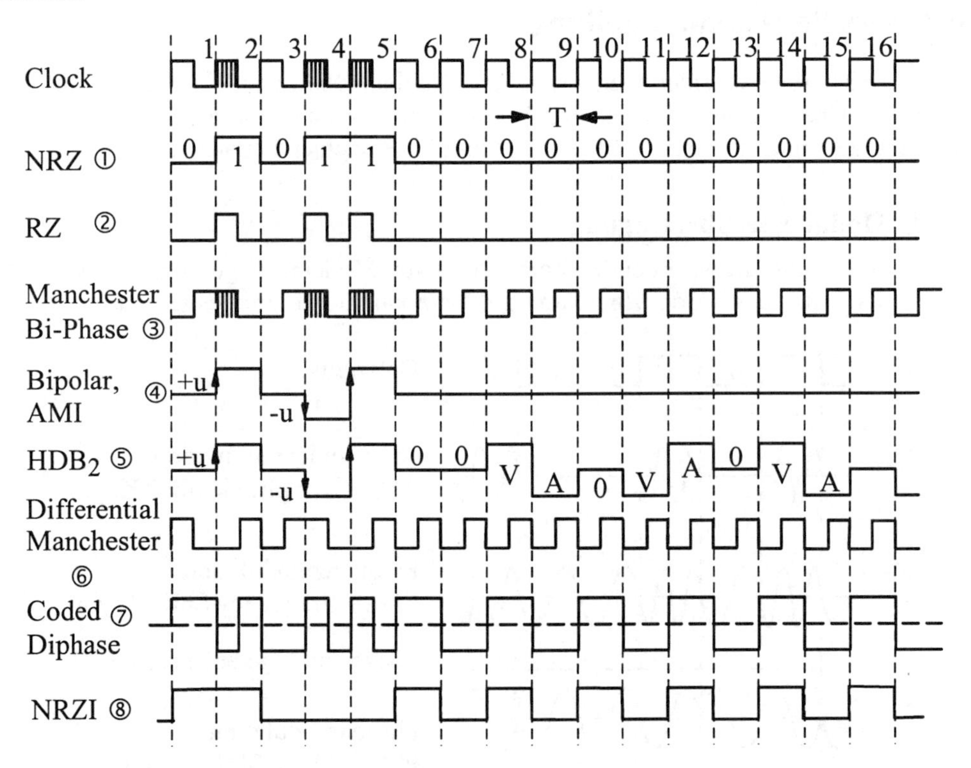

Bild 10-4: Datendarstellungsverfahren im Basisband

Bei synchroner Datenübertragung kann ein zusätzlich gelieferter Takt die Kennung für ein gültiges Bit bilden. Dies geht aus den beiden ersten Zeilen von Bild 10-4 hervor.

Der Takt (Clock) hat eine Periodendauer T, die eingezeichnet ist. Die Pegeländerung des NRZ-Signals (①) erfolgt jeweils bei steigender Taktflanke, im Zeitpunkt fallender Taktflanke ist der neue Pegel mit Sicherheit eingeschwungen.

Als zweites Verfahren ist RZ (Return to Zero, ②) dargestellt. Bei "1"-Folgen ist die volle Taktinformation vorhanden, da in der zweiten Takthälfte der Pegel auf 0 V zurückkehrt.

Der Manchester Code (auch Bi-Phase oder Bi-Phase-L genannt, ③) hat bei "1"-Impulsen die Länge T/2 in der "Takt = 1"-Zeit (bei Clock und ③ schraffiert dargestellt) und bei "0"-Bits die gleiche Länge aber in der "Takt = 0"-Zeit. Man kann auch sagen, ein Übergang von HIGH nach LOW in der Mitte von T zeigt logisch "1" an und LOW nach HIGH entsprechend logisch "0". Der Takt wird in dieser Informationsdarstellung mit übertragen und kann daher in einfacher Weise zurückgewonnen werden.

Beim Bipolar-Format oder auch AMI (Alternate Mark Inversion, ④) wird bei "0" 0 V gesendet und bei "1" abwechselnd +u bzw. -u. Wegen der drei möglichen Zustände wird diese Pegeldefinition auch *pseudoternär* genannt. Nur bei gleich verteilten "0"- "1"-Folgen ist diese Darstellung gleichspannungsfrei und bei "0"-Folgen ist keine Taktrückgewinnung möglich. Beides wird mit HDB_2 (High Density Bipolar, ⑤) vermieden. Dieses Verfahren verhält sich wie ④, solange nicht mehr als zwei Nullen hintereinander auftreten. Bei mehr als zwei Nullen werden jeweils drei Null-Bits ersetzt durch Folgen mit eingefügten Einsen, z.B. 00V, A0V, A0V, ...

mit A = Alternierend + u und -u entsprechend Bipolar Format ④,

V = Violation-Impuls (*verletzt* die Vorschrift nach ④, d.h. *nicht alternierend*).

Diese Verfahren gibt es auch allgemein als HDB_n:

Nicht mehr als n Nullen hintereinander sind zugelassen, d.h. es werden jeweils n+1 Nullen durch neue Folgen ersetzt.

Differential Manchester (⑥) hat bei T/2 immer einen Pegelwechsel, bei T nur bei folgender "0".

Coded Diphase oder Bi-Phase-M (Mark, ⑦) hat für "1" Polaritätswechsel nach T/2 und T, aber für "0" nur bei T vorgesehen. Es handelt sich hierbei um eine Art von Frequenzmodulation. Das Verfahren ist gleichspannungsfrei und die Taktrückgewinnung ist einfach durchzuführen.

NRZI (NRZ inverted, ⑧) wird auch mit Invert-On-Zero bezeichnet. Nur bei logisch "0" erfolgt ein Pegelwechsel.

10.3 Zugriffssteuerung und Busstrukturen

Zugriffssteuerung und Busstruktur beeinflussen sich gegenseitig. Für kleinere Busse oder Netze ist die zentrale Zugriffsverteilung durch den Hauptrechner geeignet.

Bei nur schwach ausgelasteten Bussen bzw. Netzen erzielt man kurze Zugriffszeiten bei dem bereits weiter oben erwähnten CSMA/CD (Carrier Sense Multiple Access / Collision Detection). Dabei kann ein Teilnehmer senden, sobald er das Ende einer Übertragung erkannt hat. Da wegen der langen Laufzeiten bei großen Übertragungsstrecken gleichzeitiges Senden verschiedener Sender auftreten kann, wird die Übertragung überwacht und sofort abgebrochen, wenn eine Kollision festgestellt wird. Dieses Verfahren wird von Ethernet benutzt. Die Grundstruktur eines solchen Netzes ist in Bild 10-5 skizziert.

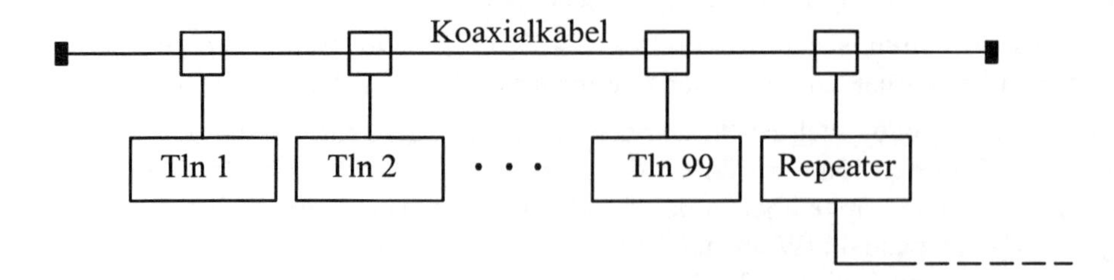

Bild 10-5: Grundstruktur von Ethernet nach IEEE 802.3

Der Ursprung von Ethernet geht auf die Firmen DEC, Intel und Xerox zurück. In Anlehnung daran wurde dieses Verfahren mit IEEE 802.3 standardisiert. Der in dem Beispiel gezeigte Bus wird mit einem Koaxialkabel mit Wellenwiderstand $Z = 50\ \Omega$ betrieben, wobei die beiden Busenden mit Abschlusswiderständen versehen sind. An dem rechten Ende des Busses ist ein Repeater (Zwischenverstärker) eingezeichnet, der die Verbindung zu einem weiteren Bussegment bildet.

Bei ringförmigen Bussen oder Netzen bietet sich dagegen die zyklische Buszuteilung an. Der Aufbau des Ringes kann aber auch bei busartiger Ankopplung (oft auch Linienbus genannt), wie in Bild 10-6 dargestellt, durch Bildung eines *logischen Ringes* erfolgen.

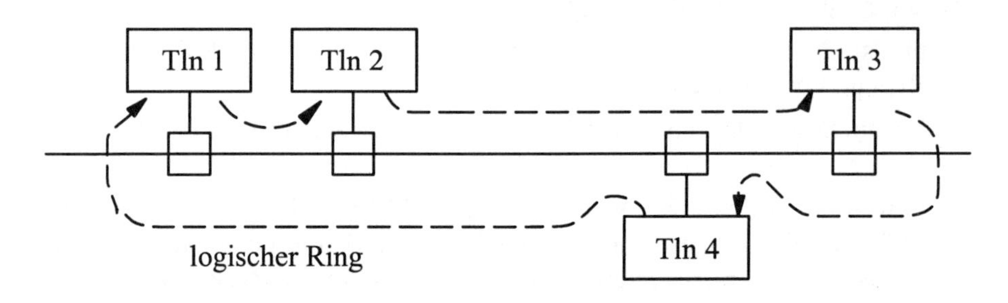

Bild 10-6: Token-Bus nach IEEE 802.4 als logischer Ring

Der Teilnehmer 1 (Tln 1) spricht nur den rechten Nachbarn, Teilnehmer 2, über dessen Adresse an. Dieser wiederum spricht nur den Teilnehmer 3 an. Die Reihe wird dann noch über den Teilnehmer 4 bis zum Teilnehmer 1 fortgesetzt. So wird ein *Token* (z.B. ein Frei-*Zeichen*) in einem logischen Ring weitergereicht.

Die ringförmige Ankopplung wird im Token-Ring schon durch die Busstruktur erzwungen. Dies wird anhand von Bild 10-7 aufgezeigt.

Bei der Anordnung der Teilnehmer in Ringform kann jeder Teilnehmer nur einen Nachbarn ansprechen.

In der einfachsten Ausführung wird das *Frei*-Zeichen, und damit die Legitimation für den Buszugriff, nur in einer Richtung im Ring weitergereicht, wie dies im Bild durch Pfeile angedeutet wurde. Man kann aber die Leitungen auch beliebig verzweigt verlegen und gleichzeitig neben jede Hinleitung eine Rückleitung vorsehen, so dass sich dadurch der *Ring* wieder *schließt*, ohne tatsächlich eine ringförmige Geometrie vorzuweisen.

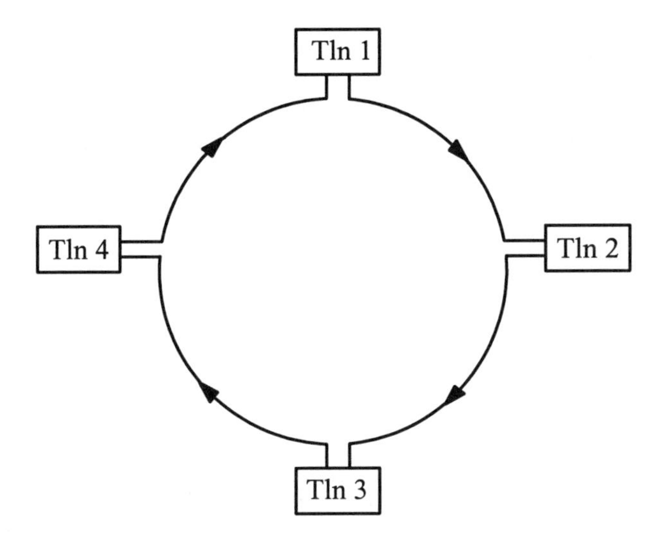

Bild 10-7: Token-Ring nach IEEE 802.5

10.4 Blocksynchronisierung und Rahmenstruktur

Beim asynchronen Start-Stop-Verfahren, das bereits bei den einfachen seriellen Schnittstellen beschrieben wurde, erfolgt die Blocksynchronisierung durch bestimmte im Protokoll festgelegte Steuerzeichen für Blockanfang und -ende, d.h. zeichenorientiert.

Um bei synchroner Übertragung einzelne Bits oder Bytes auf einer Leitung zu erkennen, muss ein Takt auf einer zusätzlichen Taktleitung zur Verfügung stehen, oder der Takt wird aus der Information, in die der Takt durch entsprechende Codierung mit eingearbeitet wurde, zurückgewonnen.

Dann stellt sich aber noch die Aufgabe, Datenblöcke durch Blocksteuerzeichen zu kennzeichnen, und zwar

durch eine Folge aus einzelnen Bits, d.h. *bitorientiert*,

oder durch festgelegte Bytes (Zeichen), d.h. *zeichenorientiert.*

Bei *bitorientierter Datenübertragung* wird eine Flag-Bitfolge, z.B. 01111110, als Kennung für Anfang und Ende eines Datenblocks benutzt. Da diese Folge innerhalb eines Blocks nicht vorkommen darf, muss durch einen Umsetzer jeweils nach fünf Einsen eine Null eingefügt werden (Zero Insertion), die der Empfänger dann wieder entfernt. Damit steht dann 01111110 immer nur am Blockanfang oder -ende. Der Fachausdruck für dieses Bit-Einfügen ist *Bit Stuffing*.

Als Beispiel ist die Rahmenstruktur von zwei wichtigen bitorientierten Protokollen in Bild 10-8 schematisch dargestellt.

Flag	Kopf (Header)		HDLC : n Bit	Blocksicherung	Flag
01111110	8 Adressbit	8/16 Steuerbit	SDLC : n· 8Bit	CRC	01111110

Bild 10-8: Rahmenstruktur von HDLC und SDLC

Das Flagmuster 01111110 kennzeichnet Anfang und Ende eines Blocks. Im *Header* (Kopf) sind 8 Adressbit und 8 oder 16 Steuerbit untergebracht.

Bei HDLC (High Level Data Link Control) nach ISO bzw. DIN folgen n einzelne Informationsbit, und bei SDLC (Synchronous Data Link Control) der Firma IBM n Byte. Die Blocksicherung erfolgt durch CRC (s. Kapitel 8.4.2).

Bei *zeichenorientierter Datenübertragung* werden festgelegte Steuerzeichen zur Begrenzung eines Datenblocks verwendet. An den Anfang des Rahmens wird oft mehrfach das Zeichen SYN (Synchronisation) gesetzt, um dem Empfänger das Einsynchronisieren zu ermöglichen. Als Beispiel für die Rahmenstruktur zeichenorientierter Protokolle dient Bild 10-9.

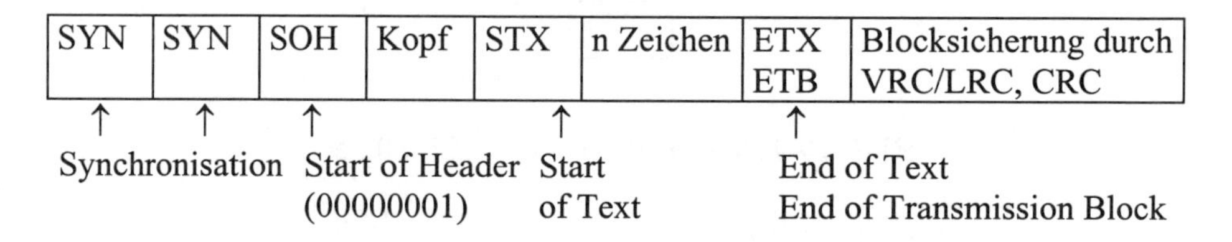

Bild 10-9: Rahmenstruktur von Bisync / BSC

Es handelt sich dabei um das von IBM eingeführte Bisync (Binary Synchronous Protocol) oder auch BSC (Binary Synchronous Communication). Auf zwei SYN-Zeichen folgt SOH, um den Beginn des Kopfes anzuzeigen. Die n Zeichen der eigentlichen Information beginnen mit STX und werden mit ETX oder ETB abgeschlossen. Die Blocksicherung erfolgt durch VRC/LRC oder CRC (s. Kapitel 8.4).

Um innerhalb des Informationsteils auch beliebige Bitkombinationen zu übertragen, kann mit dem Zeichen DLE (Data Link Escape, 00010000) in den sogenannten *Transparentmodus* umgeschaltet werden. Danach können dann beliebige codefreie Muster, z.B. aus Grafikinhalten gesendet werden.

Um zu vermeiden, dass bei zufälligem Auftreten dieser Bitkombination diese als erneutes DLE, d.h. Ende der transparenten Datenübertragung missverstanden wird, muss dieses sozusagen neutralisiert werden. Dies geschieht dadurch, dass der Sender ein zweites DLE einfügt, das aber vom Empfänger wieder entfernt wird. Da bei diesem Verfahren ein ganzes Zeichen (Byte) eingefügt wird, nennt man es allgemein *Byte Stuffing*.

Präambel	Startzeichen	Zieladresse	Quellenadresse	Steuerfeld	Information	CRC
7 Byte	1 Byte	6 Byte	6 Byte	2 Byte	n Byte	4 Byte

Bild 10-10: Rahmenstruktur des IEEE-802.3-LAN-Standards

Als Beispiel für die Rahmenstruktur bei LANs ist in Bild 10-10 das Datenformat des an Ethernet angelehnten IEEE-802.3-Standards dargestellt.

Die Präambel (engl. preamble) besteht aus $7 \cdot 8 = 56$ Bit zum Synchronisieren. Darauf folgt ein Byte – 10101011 – als Startzeichen. Ziel- und Quellenadresse wird anschließend mit je 6 Byte gesendet. Mit 2 Byte werden Steuerungsangaben gemacht, es folgt dann das eigentliche Informationsfeld mit 64 bis 1500 Byte. Das sich anschließende CRC-Feld ist 4 Byte lang, d.h. CRC 32 ist vorgesehen.

10.5 LANs

Mit LANs (Local Area Networks) werden Netzwerke mit – z.B. auf ein oder wenige Gebäude – beschränkter Ausdehnung bezeichnet. Teilnehmer sind Terminals, Klein- und Großrechner sowie Peripheriegeräte. Ein Rechner, über den Drucker oder Platten- bzw. Bandspeicher angesprochen werden, wird *Server* genannt. *Gateway* bezeichnet eine Verbindung zwischen verschiedenartigen Netzen, *Bridge* – oder auch *Switch* – nennt man eine Brücke zwischen selbständigen aber gleichartigen Netzen.

Ein weiterer wichtiger Gerätetyp für den Einsatz in LANs ist der *Hub*, der als *Konzentrator* für mehrere weniger weit entfernte Teilnehmer – z.B. auf einer Etage – dient. Hubs gibt es von vielen Herstellern in den unterschiedlichsten Ausführungen und ermöglichen durch ihren modularen Aufbau (z.B. *stackable Hubs*) beliebige Erweiterungen eines Netzes. Bild 10-11 zeigt als einfaches Beispiel ein Ethernet-LAN mit einem Switch und zwei Hubs.

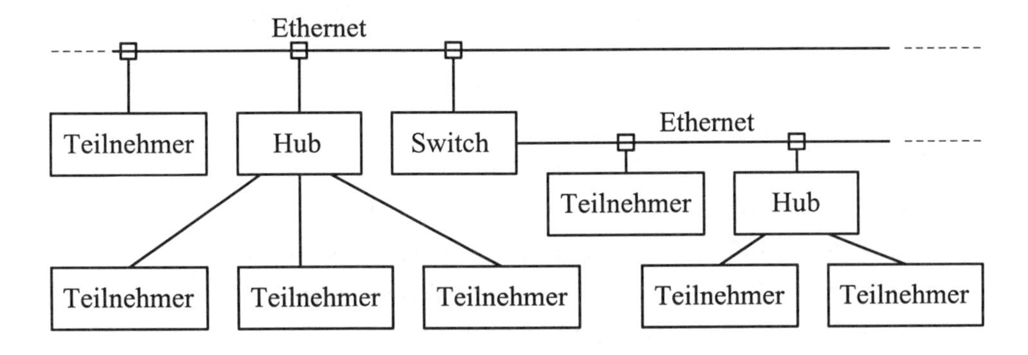

Bild 10-11: Ethernet-LAN mit Switch und Hubs

Dargestellt ist ein typischer Ausschnitt, der die Verbindung zweier Ethernetbusse durch einen Switch zeigt sowie die direkte Anbindung von Teilnehmern an den Bus bzw. über Hubs. An den Hub werden die Teilnehmer über *Ports* angeschlossen. Jeweils 4, 5, 8, 12, 16 oder 24 *Ports* sind vorgesehen. Allgemein sind bis zu 100 m Entfernung (oder auch darüber) für die einzelnen Teilnehmer zulässig.

In IEEE 802 werden Standardisierungsvorschläge für LANs gemacht. Der Arbeitskreis 802.1 befasst sich mit der Netzwerkschicht, die der Schicht 3 des OSI-RM's entspricht.

Die LAN-Spezifikation nach IEEE ist in Bild 10-12 neben den drei untersten OSI-Schichten schematisch dargestellt.

<table>
<tr><th>OSI-RM</th><th></th><th colspan="3">IEEE-802-LAN</th></tr>
<tr><td>Network Layer</td><td>3</td><td colspan="3">Netzwerkschicht nach IEEE 802.1</td></tr>
<tr><td rowspan="2">Data Link Layer
(Kommunikationsebene)</td><td rowspan="2">2</td><td colspan="3">Logical Link Control (LLC) nach IEEE 802.2</td></tr>
<tr><td>MAC 802.3</td><td>MAC 802.4</td><td>MAC 802.5</td></tr>
<tr><td>Physical Layer</td><td>1</td><td>CSMA/CD</td><td>Token-Bus</td><td>Token-Ring</td></tr>
</table>

Bild 10-12: LAN-Spezifikation nach IEEE im OSI-RM von ISO

Der Arbeitskreis 802.2 definiert die Halbebene (sublayer) LLC (Logical Link Control). Diese entspricht etwa dem oberen Teil der *Kommunikationsebene* nach ISO, während der untere Teil dieser Ebene zusammen mit der *Physikalischen Ebene* als Medium Access Control (MAC), d.h. Medium-Zugriffssteuerung in weiteren Arbeitskreisen behandelt wird. So wird in IEEE 802.3 ein an *Ethernet* angelehnter Standard für LANs mit Basisband- bzw. Breitbandbetrieb und *CSMA/CD*-Zugriffsverfahren vorgeschlagen. Der Arbeitskreis 802.4 beschreibt dagegen einen *Token-Bus* für Basisband- bzw. Breitbandbetrieb. Schließlich sei noch IEEE 802.5 genannt mit einem *Token-Ring* für 75Ω-Koaxialkabel oder twisted pair.

Besonders weit verbreitet sind LANs nach dem IEEE-802.3-Standard. Die Klassifizierung ergibt sich aus den Parametern Übertragungsrate in MBit/s und Übertragungsart (Base für Basisband bzw. Broad für Breitband). Zusatzbuchstaben oder -zahlen beziehen sich meist auf das verwendete Übertragungsmedium. Zur Verdeutlichung dienen folgende Beispiele:

10 Base 5	Standard Ethernet (Yellow Cable)
10 Base 2	Cheapernet oder Thin Ethernet
10 Base T	Ethernet mit Twisted-Pair-Leitungen
10 Base F	Ethernet mit Lichtwellenleitern (LWL)
10 Broad 36	Ethernet mit Breitbandübertragung, Koaxialkabel
100 Base TX	Fast Ethernet mit Twisted-Pair-Leitungen
100 Base FX	Fast Ethernet mit Lichtwellenleitern
1000 Base T	Gigabit Ethernet mit Twisted-Pair-Leitungen
1000 Base F	Gigabit Ethernet mit Lichtwellenleitern

Mit Twisted-Pair-Leitungen können bei nicht zu hohen Übertragungsraten bis zu 100 m Entfernung überbrückt werden. Mit Koaxialkabeln auch noch mehr. Bei Lichtübertragung sind bei speziellen Übertragungsmedien auch einige km Entfernung zulässig.

Als Hochgeschwindigkeits-LAN, das auch zur Kopplung entfernter LANs eingesetzt wird, sei hier noch FDDI (Fiber Distributed Data Interface) genannt. Dies ist ein Glasfasernetz, das im Doppelring mit bis zu 100 km Ausdehnung entsprechend ANSI X3T9.5 aufgebaut wird und mit einer Datenrate von 100 MBit/s betrieben wird.

11 Feldbusse

11.1 Überblick

Feld- oder auch Prozessbusse werden die Verbindungen von Steuer- und Automatisierungsgeräten auf der untersten Prozessebene genannt. Oft wird diese Ebene noch unterteilt in Feldbus und Sensor/Aktorbus. Dies wird mit Bild 11-1 veranschaulicht.

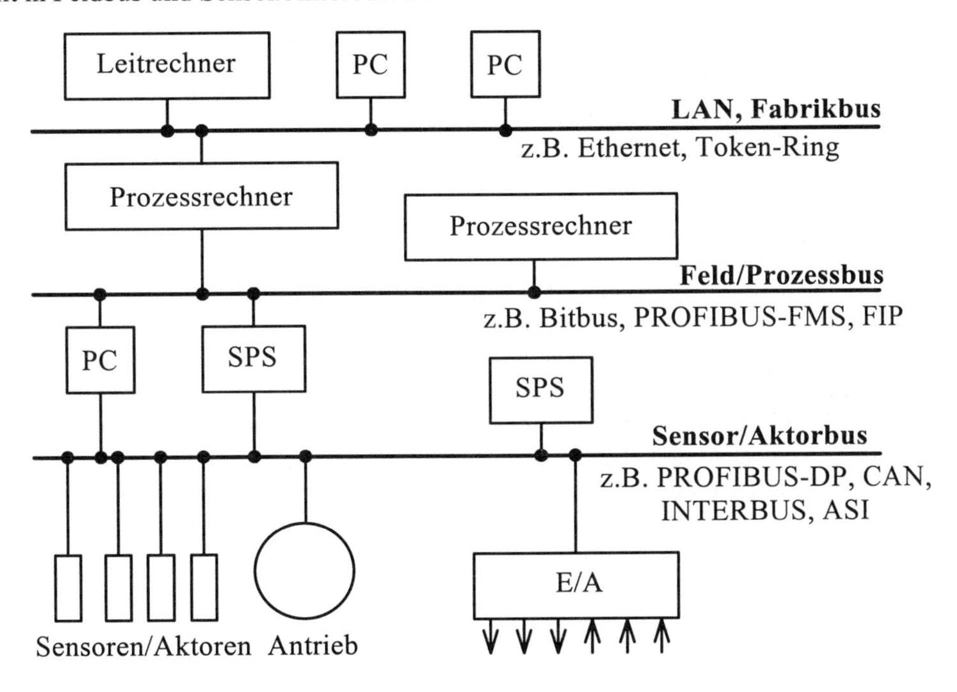

Bild 11-1: Beispiel der Bushierarchie in einer Fabrik

Die Bushierarchie in einer Fabrik ist hier schematisch skizziert. Die oberste Ebene ist der Leitrechner. Über den *Fabrikbus*, der z.B. als Token-Ring ausgelegt ist, kommuniziert er mit anderen Rechnern, in diesem einfachen Beispiel mit zwei PCs und mit einem Prozessrechner. Auf dieser Ebene ist Echtzeitverhalten nicht erforderlich, so dass auch Ethernet in Frage kommt. Der Prozessrechner spricht neben anderen Prozessrechnern – im Bild ist nur ein weiterer angedeutet – die Steuereinheiten PC oder SPS (speicherprogrammierbare Steuerung, d.h. ein Mikroprozessorsystem) über den *Feldbus*, z.B. Bitbus, PROFIBUS-FMS oder FIP, an. Die Steuereinheiten PC und SPS sind mit den Sensoren/Aktoren und mit Antrieben oder sonstigen Ein/Ausgabe-Modulen (E/A) über den *Sensor/Aktorbus*, z.B. PROFIBUS-DP, CAN, INTERBUS oder ASI, verbunden.

Besondere Eigenschaften von Feldbussen sind:

- Kostengünstige Verkabelung über größere Entfernungen, d.h. serielle Datenübertragung mit Koaxialkabel, geschirmte Zwei- oder Vierdrahtleitungen, Lichtwellenleiter.

- Hinzuschaltung von zusätzlichen Teilnehmern soll möglichst auch während des laufenden Betriebs zulässig sein.
- Echtzeitverhalten (real time), d.h. garantierte Reaktionszeit, z.B. maximal 10 ms, dies ist bei LANs allgemein nicht erforderlich.
- Störstrahlungsunempfindlichkeit wegen Fabrikumgebung.
- Besondere Übertragungssicherung und Steuerungssicherung, so auch Redundanz, wie z.B. zweiter Leitrechner.
- Übertragungsraten: 19,2 kBit/s bis einige MBit/s, auch entfernungsabhängig.
- Protokoll: Erweiterte oder modifizierte SDLC- und HDLC-Protokolle sowie so genannte Command-Response-Sequenzen.

Im Folgenden werden einige Feldbusse mehr oder weniger ausführlich betrachtet, um einen groben Überblick zu vermitteln.

11.2 PDV-Bus

Es handelt sich dabei um einen schon 1985 in DIN 19241 genormten *Prozessdatenverarbeitungsbus* (PDV-Bus). Es sind bis zu 100 Teilnehmer vorgesehen bei Entfernungen in der Größenordnung m bis km und bis zu 10 MBit/s Übertragungsrate. Bei 10 MBit/s können allerdings nur noch 10 bis 20 m überbrückt werden, wie dies bereits ausführlich bei der RS-422/485-Schnittstelle beschrieben wurde. Die typische Reaktionszeit liegt bei 10 ms. Diese hängt aber von der vorgesehenen maximalen Entfernung sowie von der Anzahl der Teilnehmer ab und muss daher sorgfältig ermittelt werden, wenn bestimmte Reaktionszeiten unbedingt einzuhalten sind. Ausfall sowie An- und Abschalten einzelner Teilnehmer führt nicht zum Ausfall der übrigen Teilnehmer.

Die Grundstruktur des PDV-Busses ist in Bild 11-2 grob skizziert.

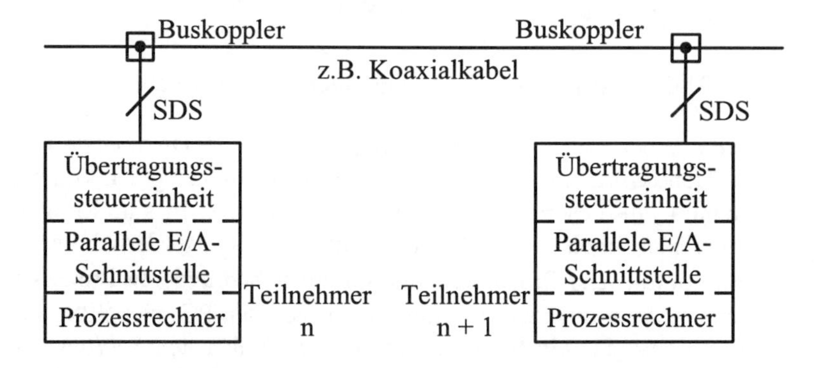

Bild 11-2: Grundstruktur des PDV-Busses

Über eine definierte *Serielle Digitale Schnittstelle* (SDS) kann jeder Teilnehmer mit einem *Buskoppler* an das *Leitungsnetz*, z.B. ein Koaxialkabel angeschlossen werden. Der Buskoppler ist dem Leitungsnetz und der Übertragungsart, z.B. Basisband- oder Breitbandübertragung bzw. Lichtwellenleiter, anzupassen.

Im Nahbereich kann aber auch direkt über die SDS kommuniziert werden. Das sind acht Signale bestehend aus Sende- und Empfangsdaten sowie weitere Signale z.B. für Sende/Empfangstakt und Sende/Empfangsrahmen. Jedes Signal wird symmetrisch entsprechend RS-485 übertragen. Die Sendedaten haben einfachen NRZ-Code, da ein Takt mitgeliefert wird. Die Datensicherung erfolgt mit dem CRC-8-Polynom $x^8 + x^2 + 1$.

Die Übertragungssteuereinheit ist ein entsprechend programmierter Mikroprozessor mit parallelem Ein/Ausgabe-IC oder ein spezieller PDV-Bus-Chip. Die Ports bilden die parallele E/A-Schnittstelle zum Prozessrechner.

Um den Erfordernissen entsprechende Stationstypen zur Verfügung zu haben, sind vom Aufwand her unterschiedliche Stationen vorgesehen:

(1) einfacher Mithörer als Unterstation,

(2) einfacher Antworter, der natürlich auch mithört,

(3) Antworter mit Alarmgeber, inklusive (1) und (2),

(4) Unterstation für Querverkehr,

(5) einfache Leitstation,

(6) Leitstation für Querverkehr,

(7) zuteilende Leitstation.

Bei Feststellung eines Fehlers wird nicht reagiert, woraufhin die Leitstation das Kommando wiederholt.

11.3 Bitbus

11.3.1 Allgemeines

Bereits 1983 wurde der Bitbus von der Firma Intel vorgeschlagen: *The Bitbus Interconnect Serial Control Bus Specification*. Bald danach wurde auch ein geeigneter Mikrocontroller angeboten, kurz BEM (Bitbus Enhanced Microcontroller) genannt, mit der Nummer 8044. Der schematische Aufbau geht aus Bild 11-3 hervor.

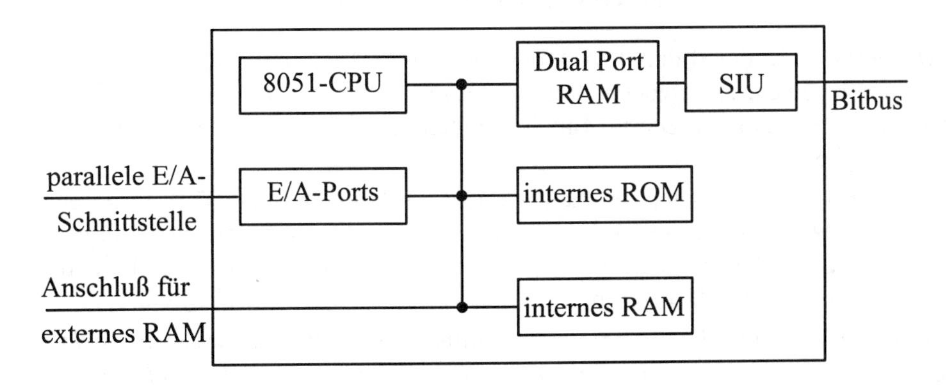

Bild 11-3: Controllerbaustein 8044 - Bitbus Enhanced Microcontroller - mit 8051

Es handelt sich um den Standardmikrocontroller 8051, bestehend aus CPU, RAM, ROM und Ports, der um ein *Dual Port RAM* und eine *Serial Interface Unit* (SIU) erweitert wurde. Letztere Einheit stellt den Bitbus-Anschluss dar, während über die übrigen E/A-Ports eine parallele E/A-Schnittstelle zum 8044 zur Verfügung steht. Auch ein externes RAM kann zur Erweiterung angeschlossen werden.

Das *Dual Port RAM* kann von beiden Seiten beschrieben und gelesen werden. Die Reihenfolge von Lesen und Schreiben auf beiden Seiten wird durch ein *Handshake*-Verfahren koordiniert.

Eine Weiterentwicklung stellt der 80C152 von Intel als vollwertiger Bitbus-Chip dar. Es erwies sich als Vorteil, dass relativ frühzeitig geeignete Bitbus-ICs zur Verfügung standen, und dass es sich um einen *offenen Standard* handelt. Schon 1991 wurde der Bitbus als IEEE-1118 genormt. Ziel war es, Prozessein/ausgabepunkte mit einem zentralen Steuerrechner zu verbinden. Neben den elektrischen und mechanischen Spezifikationen wird auch das Kommunikationsprotokoll bis hin zu Standardkommandos festgelegt. Dies wird im Folgenden kurz beschrieben.

11.3.2 Bitbus-Struktur

Bevorzugtes Prinzip ist der Master-Slave-Betrieb, wie dies in Bild 11-4 dargestellt ist.

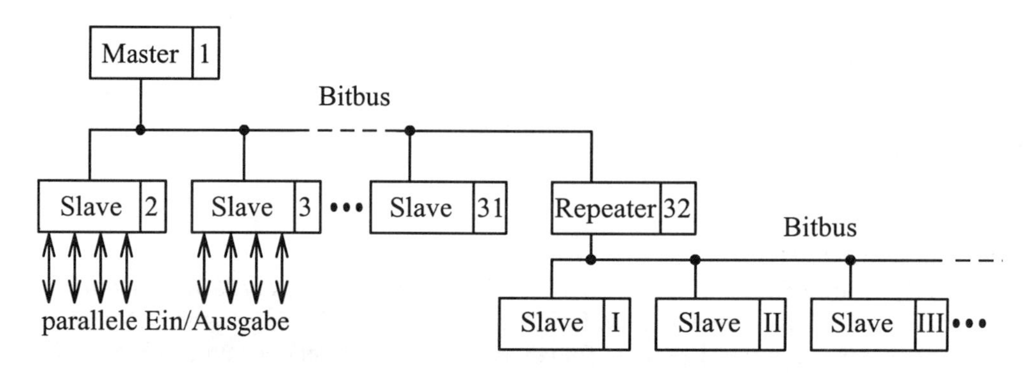

Bild 11-4: Einfache Bitbus-Struktur

Ein *Master* (1), z.B. der Bitbus-E/A-Modul eines PC's kann maximal 31 *Slaves* über den Bitbus direkt treiben, entsprechend der RS-485-Spezifikation, die höchstens 32 Teilnehmer an einem Bus zulässt. Die maximale Teilnehmerzahl pro Bussegment wird oft auch mit 28 angegeben.

Sollen mehr Teilnehmer angesprochen werden, wird ein *Repeater* (32) vorgesehen, der dann weitere *Slaves* treibt, im Bild mit I, II, III, ... durchnummeriert. Die maximale Slave-Anzahl, die bei Verwendung von Repeaterknoten möglich ist, wird durch die maximale Adressenanzahl auf 250 (nach Intel) bzw. 240 (nach IEEE-1118) begrenzt.

Die *Slaves* arbeiten jeweils mit einem Echtzeitbetriebssystem, das mehrere *Tasks* ("Aufgaben") parallel verwaltet. Mit *Remote Access and Control Commands* (RAC) kann durch den Bitbus-*Master* direkt auf Einheiten der *Slaves*, z.B. Speicher, Tasks oder parallele Ein/Ausgabe zugegriffen werden. Es handelt sich also um Befehle mit Fernwirk-

Zugriff und -Steuerung. Dazu werden die Slaves durch *polling*, d.h. der Reihe nach vom *Master* aus angesprochen.

Die parallele Ein/Ausgabe zu externen Einheiten von Slaves ist im Bild bei Slave 2 und Slave 3 mit angedeutet.

11.3.3 Elektrische Eigenschaften

Grundlage ist die RS-485-Spezifikation, d.h. es wird symmetrisch über verdrillte Leiterpaare übertragen. Von der Firma Intel wurden zwei Betriebsarten vorgeschlagen:

(1) *Synchronbetrieb* und

(2) *self clocked mode.*

Beim *Synchronbetrieb* (1) wird mit zwei Leiterpaaren gearbeitet. Sowohl die Daten als auch ein zusätzlicher Takt werden als differentielle Signale übertragen.

Dabei erfolgt der Datenwechsel mit der fallenden Flanke, während bei steigender Flanke des Taktes die Datenübernahme durchgeführt wird. Bei Entfernungen, d.h. Leitungslänge pro Segment, von 30 m sind Übertragungsraten bis 2,4 MBit/s möglich.

Im *self clocked mode* (2) sind auch zwei Leiterpaare vorgesehen. Mit einem davon werden die Daten einschließlich Taktinformation übertragen, so dass der Takt aus dem Datenstrom regeneriert werden muss. Das zweite Leiterpaar dient der *Repeater*-Ansteuerung und kann entfallen, wenn kein *Repeater* eingesetzt wird.

In dieser Betriebsart sind Übertragungsraten von 375 kBit/s bis 300 m Entfernung bzw. 62,5 kBit/s bis 1,2 km zulässig.

Da in der Praxis meist nur die self-clocked-Betriebsart eingesetzt wurde, ist nur diese in den IEEE-1118-Standard übernommen worden. Das zweite Leiterpaar entfällt aber ganz, da die *Repeater* aus dem Datenstrom heraus gesteuert werden.

Die Datendarstellung erfolgt mit dem weiter oben beschriebenen NRZI-Verfahren. Um den Takt aus dem Datenstrom zurückzugewinnen, wird vor jeden Datenblock (*Frame*) ein *Preframe Sync* gesendet, das aus acht Nullen besteht. In der NRZI-Codierung bedeutet das acht Pegelwechsel, auf die sich die PLL (Phase Locked Loop, eine Regelschleife zum Herausfiltern des Taktes, heute allgemein *digital* realisiert als *D*PLL) einsynchronisieren kann. Bei IEEE-1118 wurde das *Preframe Sync* auf 16 Nullen erhöht. Als mechanische Verbindung wird allgemein ein 9-poliger D-Sub-Stecker und die entsprechende Buchse verwendet. Nach IEEE-1118 sind für die Spannungsversorgung Pol 1 (für +, z.B. +5V) und Pol 2 (für GND), für DATA+ Pol 8, DATA- Pol 3 und für Signal-GND Pol 5 vorgesehen. Die übrigen Pole sind nicht belegt. Das Steckergehäuse ist mit der Abschirmung des Kabels zu verbinden. Der Wellenwiderstand Z der verwendeten verdrillten Leiterpaare liegt meist bei 120 Ω. Bei Verwendung von Koaxialkabeln oder Lichtwellenleitern sind zusätzliche Adapter vorzusehen, so dass die elektrische Schnittstelle am jeweiligen Teilnehmereingang erhalten bleibt.

11.3.4 Datenrahmen

Die Rahmenstruktur entspricht der von HDLC und SDLC, die weiter oben bereits beschrieben wurden. Der Bitbus verwendet einen eingeschränkten Teil der HDLC/SDLC-

Spezifikation. Hier soll nur das Grundsätzliche hervorgehoben werden. Nach der bereits genannten Vorsynchronisation durch *Preframe Sync* wird der Anfang durch das *Flag* 01111110 gekennzeichnet. Es folgen

1 Adressbyte,

1 oder 2 (optional) Steuerbyte für die Netzwerkverwaltung,

7 bis 255 Byte Informations/Meldungsfeld, davon bilden die ersten 5 Byte den Meldungskopf mit allgemeinen Angaben, wie z.B. Länge der Meldung, Meldungstyp oder Kennung für Erweiterungen;

2 Byte CRC 16 mit dem Polynom $x^{16} + x^{12} + x^5 + 1$.

Das Ende wird wieder mit einem *Flag* 01111110 angezeigt.

Wie auch schon oben beschrieben, vermeidet *Bit Stuffing* (auch *Zero Insertion* genannt) das Vorkommen eines *Flag*-Musters innerhalb der eigentlichen Datenübertragung. Dazu werden die Bytes derart umcodiert, dass sechs Einsen nur in dem Flag-Byte aufeinander folgen. Dies ist beim Bitbus auch wegen der NRZI-Codierung erforderlich, da nur so gewährleistet ist, dass nach höchstens fünf Einsen wieder eine Null folgt, die einen Pegelwechsel für Synchronisation und Taktrückgewinnung erzeugt.

11.3.5 Anwenderoberfläche

Die vorausgehende Beschreibung betraf die beiden untersten Schichten im OSI-Referenzmodell, die physikalische Ebene und die Kommunikationsebene. Hier soll nur kurz auf die Einordnung der Bitbus-Spezifikation in das OSI-RM eingegangen werden.

Dazu sind in Bild 11-5 das OSI-Sieben-Ebenen-Modell und die entsprechende Bitbus-Beschreibung nebeneinander gestellt.

OSI-RM		Bitbus-Spezifikation
Application Layer	7	Generic Bus Services System Management
Presentation Layer	6	
Session Layer	5	
Transport Layer	4	
Network Layer	3	
Data Link Layer	2	Data Link Protocol
Physical Layer	1	Physical Link Protocol

Bild 11-5: Bitbus-Spezifikation und OSI-Referenzmodell von ISO

Während in den beiden untersten Schichten eine eindeutige Zuordnung möglich ist, stimmt die Beschreibung der Anwenderschicht (Application Layer) nicht ganz mit der Definition des OSI-Referenzmodells überein. Die *Generic Bus Services* (GBS) mit ihren

Kommandos und Antworten stellen die eigentliche Anwenderoberfläche dar, dagegen bildet das *System Management* die Schnittstelle zum Data Link Protocol und erfüllt damit auch Aufgaben der fehlenden Zwischenebenen.

11.4 PROFIBUS

11.4.1 Allgemeines

Der PROFIBUS, das ist die Abkürzung von Process Field Bus, wurde 1988 bzw. 1991 in DIN 19245 genormt. In die europäische Feldbusnorm EN 50170 wurde der PROFIBUS 1996 zusammen mit FIP (s. Kapitel 10.10) und P-Net (s. Kapitel 10.11) aufgenommen.

Eine große Anzahl von Herstellern und Anwendern von PROFIBUS-Produkten arbeiten in der PROFIBUS-Nutzerorganisation (PNO) zusammen, um Erfahrungen bei Geräteentwicklungen und deren Einsatz auszutauschen und die Ergebnisse allen Interessenten zur Verfügung zu stellen.

Grundlage für den PROFIBUS bildet immer der

PROFIBUS-DP = PROFIBUS-Dezentrale Peripherie,

der im OSI-RM den Schichten 1 und 2 entspricht, d.h. die physikalische Schicht und die Kommunikationsebene sind hier grundlegend definiert.

Diesem übergeordnet ist

PROFIBUS-FMS = PROFIBUS-Field Message Specification,

die Beschreibung der Schicht 7, also der Anwenderebene und des zugehörigen Managements für allgemeinen Datenaustausch auf höherer Ebene.

Eine weitere Spezifikation stellt

PROFIBUS-PA = PROFIBUS-Process Automation

dar, die spezielle Anforderungen der Prozessindustrie/Verfahrenstechnik, z.B. Explosionsschutz, berücksichtigt. Auf diese Variante, die sich nur in der Übertragungstechnik unterscheidet, wird hier nicht eingegangen.

Die folgende Beschreibung bezieht sich auf die Grundlagen des PROFIBUS, im Wesentlichen also auf PROFIBUS-DP, der in DIN 19245, Teil 1 genormt ist.

11.4.2 Elektrische Eigenschaften

Die Datenübertragung erfolgt beim PROFIBUS symmetrisch nach dem RS-485-Standard. Es können also an einem Bussegment 32 Teilnehmer angeschlossen werden. Zur Vermeidung von Reflexionen ist der Bus an beiden Enden abzuschließen.

Es wird ein geschirmtes verdrilltes Leiterpaar mit einem Wellenwiderstand Z von 100 Ω bis 130 Ω empfohlen. Für höhere Übertragungsraten (z.B. über 500 kBit/s) sollte Z noch darüber liegen.

Die zulässige Leitungslänge hängt – wie in vorhergehenden Kapiteln des Öfteren erwähnt – von der gewünschten Übertragungsrate ab. In der Europanorm EN 50170 werden für unterschiedliche Baudraten die folgenden maximalen Segmentlängen angegeben:

9,6 - 19,2 - 45,45 - 93,75 kBit/s	bis 1,2 km,
187,5 kBit/s	bis 1,0 km,
500 kBit/s	bis 400 m,
1,5 MBit/s	bis 200 m,
3 - 6 - 12 MBit/s	bis 100 m.

Bei Datenraten über 500 kBit/s sind Stichleitungen über 0,5 m Länge zu vermeiden.

Leitungslänge und Teilnehmeranzahl lassen sich durch Verwendung von *Repeatern* (Verstärker) erhöhen. Dazu sind die einzelnen Bussegmente jeweils auf beiden Seiten abzuschließen, wie dies in Bild 11-6 dargestellt ist.

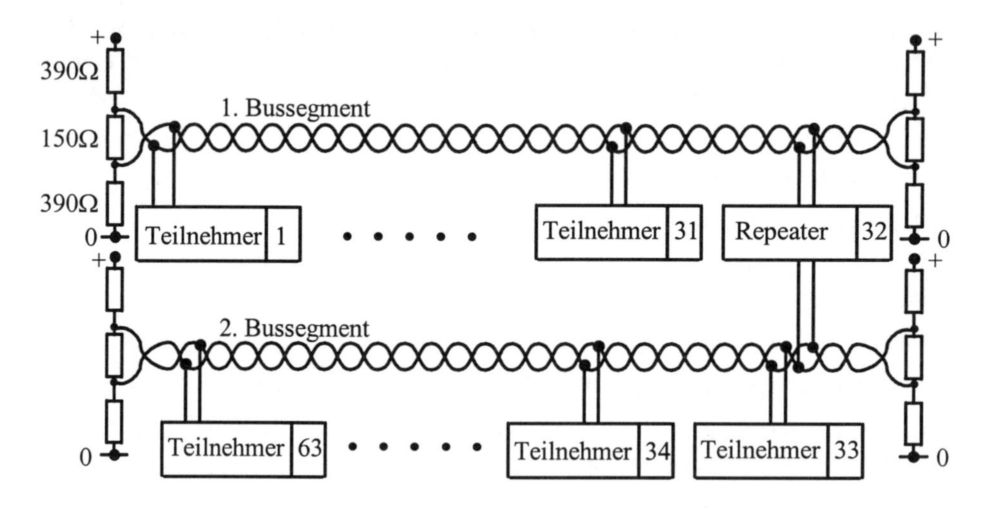

Bild 11-6: Repeater zur Erhöhung der zulässigen Teilnehmeranzahl

Die Anzahl der angeschlossenen Einheiten, d.h. aktive Teilnehmer (Master), passive Teilnehmer (Slaves) oder Repeater ist auf jedem Bussegment auf 32 begrenzt. Da der Repeater beide zu verbindende Leitungsstränge belastet, sind jeweils noch 31 Teilnehmer zugelassen. Die durchnummerierte Gesamtzahl 63 ergibt sich aus 2 x 31 Teilnehmern plus ein Repeater. Bei einer baumartig verzweigten Struktur, die mit Repeatern einfach zusammengeschaltet werden kann, ist darauf zu achten, dass auf einem Bussegment mit z.B. vier Repeatern nur noch 28 Teilnehmer angeschlossen werden dürfen.

Eine Begrenzung auf maximal 127 Teilnehmer ergibt sich allerdings aus der Anzahl vorhandener Adressen.

Als Steckverbindung dient auch hier ein 9-poliger D-Sub-Stecker und die entsprechende Buchsenleiste, obwohl im einfachsten Fall nur der Pol 3 für die Datenleitung RxD/TxD+ und Pol 8 für RxD/TxD- gebraucht werden. Bei Teilnehmern mit Leitungsabschluss wird Pol 6 für die Versorgungsspannung (+5V) und Pol 5 für die Datenbezugsmasse (DGND) verwendet. Pol 1 kann für Schirm/Schutzerde (Shield/Protective GND) benutzt werden. Zum Steuern (Control) von Repeatern kann das Steuersignal+ (Cntr+) an Pol 4 und das

Steuersignal- (Cntr-) an Pol 9 gelegt werden. Bei selbststeuernden Repeatern entfällt dieses Leiterpaar, die Richtungsumschaltung erfolgt dabei automatisch.

11.4.3 UART

Grundlage der Datendarstellung ist der NRZ-Code. Übertragen wird im asynchronen Start-Stop-Verfahren mit einem Startbit, acht Datenbit, einem geraden Paritätsbit und mit einem Stop-Bit. Zur Übertragung eines aus acht Bit bestehenden Zeichens werden also elf Bit-Zeiten gebraucht. Aus diesen UART-Zeichen werden so genannte Telegramme zusammengestellt. Der Hardware-Aufbau eines PROFIBUS-Teilnehmers enthält daher immer zunächst einen UART (Universal Asynchronous Receiver/Transmitter), d.h. einen universellen Sender/Empfänger für die asynchrone Start-Stop-Übertragung. Je nach Komplexität des Teilnehmers kann der UART Teil eines Mikrocontrollers sein, wie dies in Bild 11-7 (a) dargestellt ist, oder ein UART-IC, das von einem Mikroprozessor angesteuert wird (b).

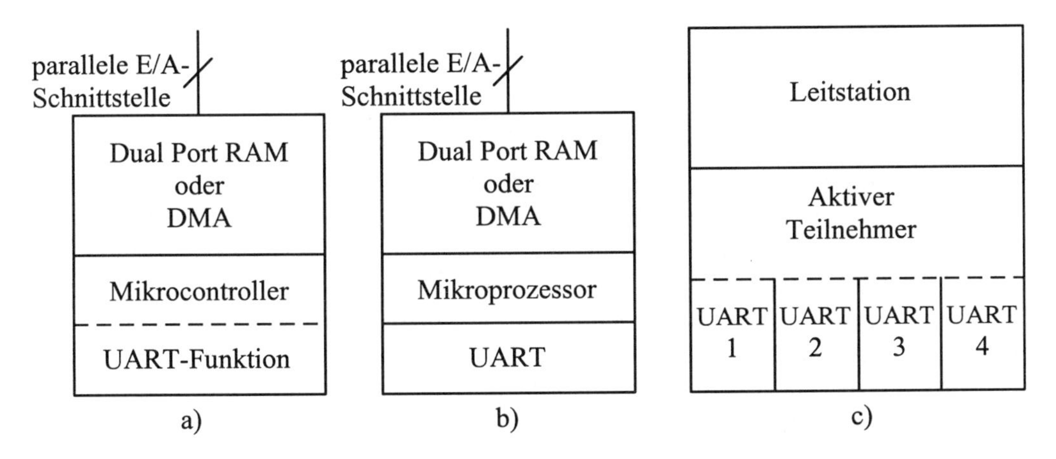

Bild 11-7: Aufbaubeispiele für PROFIBUS-Teilnehmer

Die parallele E/A-Schnittstelle zum Anwender kann über ein *Dual Port RAM*, das von beiden Seiten zugänglich ist, oder einen DMA (Direct-Memory-Access), d.h. schnellen direkten Speicherzugriff aufgebaut werden.

Eine weitere Aufbauvariante ist in Bild 11-7 (c) skizziert. Eine Leitstation steuert hier über einen (oder mehrere, nicht eingezeichnet) *aktiven Teilnehmer* beispielsweise vier unabhängige PROFIBUSSE über UART1 bis UART4 an.

Es werden aber auch PROFIBUS-ICs von verschiedenen Firmen, z.B. Siemens und Motorola, angeboten, die das vollständige Protokoll für passive und aktive Teilnehmer erfüllen.

11.4.4 Bussteuerung

Man unterscheidet beim PROFIBUS zwischen Master und Slave. Während die aktiven Teilnehmer (Master) den Buszugriff durch Rotation eines *Tokens* in einem logischen

Ring erhalten, werden die passiven Teilnehmer (Slaves) nur von einem Master angesprochen und können nicht von sich aus tätig werden. Dies wird anhand von Bild 11-8 veranschaulicht.

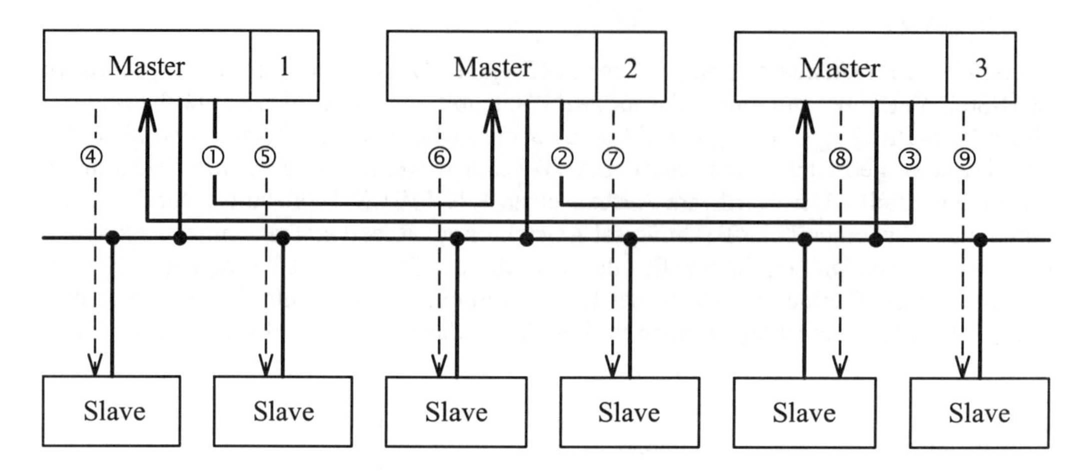

Bild 11-8: Buszugriffsarten beim PROFIBUS

Es sind drei Master (1 bis 3) dargestellt. Master 1 gibt das Token nur an Master 2, dieser Weg ist im Bild mit ① gekennzeichnet. Die Weitergabe des Tokens durch den Master 2 an Master 3 erhält die Nummer ② und die Weitergabe von Master 3 an Master 1 die Nummer ③. Dies ist also der geschlossene logische Ring.

Die Slaves werden jeweils nur durch aktive Teilnehmer adressiert, in dem skizzierten einfachen Beispiel sind das die Pfadnummern ④ bis ⑨. Nicht eingezeichnet ist die Variante, dass einzelne Slaves auch von unterschiedlichen Mastern über den PROFIBUS angesprochen werden können.

Der Master, der das Token – sozusagen die Buszugriffsberechtigung – erhalten hat, adressiert nun einen Teilnehmer und wartet dessen Antwort ab. Daraus ergibt sich, dass grundsätzlich die anderen Teilnehmer alle Nachrichten auf dem Bus mithören müssen. Der angesprochene Teilnehmer antwortet in einer definierten Zeit, andernfalls startet der *Initiator* – nach einer bestimmten Wartezeit – einen neuen Versuch. Jeder Master führt eine Polling-Liste und fragt nach deren Reihenfolge andere Teilnehmer ab.

Das Grundprinzip des PROBIFUS-Betriebs besteht also aus einem zentralen Zugriff von Mastern auf Slaves, dem aber die Buszuteilung an die Master durch ein Token (im logischen Ring rotierende Zugriffsberechtigung) überlagert ist.

11.4.5 Telegrammaufbau

Nach DIN 19245 unterscheidet man grundsätzlich zwischen Aufruf-Telegrammen und Antwort/Quittungstelegrammen. Auf die festgelegten Telegrammsequenzen, welche Antwort auf welchen Aufruf zu folgen hat, wird hier nicht eingegangen.

Der Ruhezustand der Busleitung entspricht der logischen "1". Dieser Zustand muss jedem Aufruftelegramm mindestens drei Zeichenlängen, d.h. 3 x 11 = 33 Bitzeiten lang als so genannte Synchronisierbits (SYN) vorausgehen. Bei einem Antworttelegramm entfällt dieser Teil.

Das eigentliche Telegramm beginnt mit einem Startbyte, dem so genannten *Start Delimiter* (SD), der das Telegrammformat angibt. Es bedeuten:

SD1 (10h): Informationsfeldlänge = 3 Byte

SD2 (68h): Variables Informationsfeld mit 4 bis 249 Byte

SD3 (A2h): Informationsfeldlänge = 11 Byte

SD4 (DCh): Informationsfeldlänge = 2 Byte

Nur bei dem Format mit variabler Informationsfeldlänge, d.h. nach SD2 folgen

1 Byte LE (Length, d.h. Längenangabe 4...249)

1 Byte LEr (Length repeated, d.h. Wiederholung von LE)

1 Byte SD2.

Unabhängig vom Format werden danach angegeben

1 Byte DA (Destination Address) als Zieladresse

1 Byte SA (Source Address) als Quellenadresse

1 Byte FC (Frame Control) als Kontrollfeld für Steuerinformation/Telegrammtyp.

Ein Datenfeld folgt hiernach, und zwar

1 bis 246 Byte bei SD2, d.h. variable Länge

8 Byte bei SD3, d.h. feste Länge

0 Byte bei SD1 und SD4, d.h. ohne Datenfeld.

Eine FCS (Frame Check Sequence) als Prüfsumme und das ED (End Delimiter = 16h) als Endebyte beenden das Telegramm, außer bei dem Token-Telegramm, das nur aus SYN, SD4, DA und SA besteht.

Das Prüfbyte FCS wird gebildet aus der Summe von DA, SA, FC und Datenfeld (soweit vorhanden) ohne Übertragsberücksichtigung (LRC).

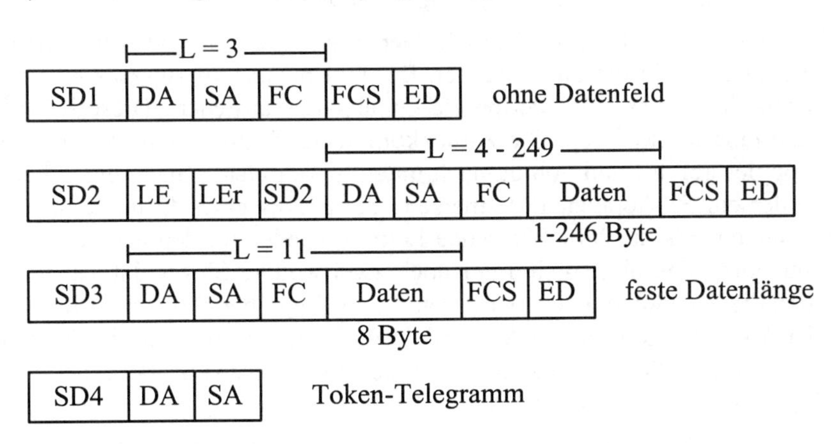

Bild 11-9: Die PROFIBUS-Telegrammformate beginnen mit dem Start Delimiter

Die Muster des Codes von SD1 bis SD4 liegen so weit auseinander, dass sie nicht in diese Überprüfung einbezogen werden müssen. Ebenso wird LE nicht mit addiert, da die Längenangabe durch Wiederholung dieses Bytes abgesichert wird.

In Bild 11-9 sind die Telegrammformate, die sich aus dieser Zusammenstellung ergeben, schematisch dargestellt.

Die Länge L bezeichnet die Informationsfeldlänge, bestehend aus DA, SA, FC und Datenfeld (soweit vorhanden).

Vollständigkeitshalber sei noch das Format für eine Kurzquittung genannt. Es ist nur ein einzelnes Zeichen (Single Character = SC), nämlich E5h als Bestätigung/Quittung.

Die einzelnen Bytes eines Telegramms werden als UART-Zeichen, wie weiter oben beschrieben, aneinander gereiht. Außer dem Stop-Bit ist kein weiterer Abstand zugelassen. Die Zeichen der Telegramme werden also zusammenhängend übertragen. Lediglich vor einem Aufruftelegramm – dazu gehört auch das Token-Telegramm – ist eine Ruhepause von mindestens 33 Bitzeichen einzuhalten.

11.5 INTERBUS

11.5.1 Allgemeines

Der INTERBUS wurde von der Firma Phoenix Contact entwickelt und 1990 offengelegt, so dass jeder Hersteller von Steuerungen, Antrieben, Sensoren oder Aktoren das Protokoll benutzen kann. Die Nutzerorganisation nennt sich INTERBUS-Club. Die Normung erfolgte in DIN 19258. Auch ICs zur einfachen Realisierung von Master- oder Slave-Modulen werden angeboten, z.B. von den Firmen Siemens und Oki.

11.5.2 INTERBUS-Struktur

Grundsätzlich gibt es einen Master und baumartig angeordnete Slaves, die aber durch die doppelte Leitungsführung in einem Ring aufgereiht liegen.

Dies wird anhand von Bild 11-10 deutlich. Der Busmaster, z.B. die Anschaltbaugruppe einer Steuereinheit, ist in diesem einfachen Beispiel mit einem Buskoppler verbunden, der nach rechts die Slaves eines Peripherie/Lokalbusses ansteuert. Diese haben jeweils eine Hin- und eine Rückleitung. Die zurückkommende Leitung wird wieder durch den ersten Buskoppler geführt und von da nach unten in den ersten Slave eines Fernbusses. Es folgt wieder ein Buskoppler, der einerseits die Slaves eines Installationsbusses ansteuert und andererseits die zurückführende Leitung wieder auf den nach unten gezeichneten Fernbus gibt. Von diesem sind nur noch zwei weitere Slaves dargestellt. Man erkennt deutlich die Rückleitung zum Master auf dem Weg über den ersten Buskoppler, so dass sich der *Ring* physikalisch wieder schließt. Der Ring wird durch die Buskoppler in Teilschleifen zerlegt. Alle Busteilnehmer und die Buskoppler verstärken die ankommenden Signale, sie wirken also als *Repeater*.

Dadurch können große Gesamtlängen zusammengeschaltet werden und ab einem Buskoppler kann auch ein neues Übertragungsprinzip eingesetzt werden.

In dem skizzierten Beispiel sind dies die drei grundlegenden INTERBUS-Systeme

- Peripherie/Lokalbus
- Installationsfernbus
- Fernbus.

Darüber hinaus kann ab einem Buskoppler auch ein anderes Medium, z.B. Lichtwellenleiter eingesetzt werden. Auch INTERBUS-Loop, ein ringförmiger Sensor-Aktor-Bus mit eigener Stromversorgung, ist ein weiteres Beispiel für den flexiblen Anschluss einer in sich geschlossenen Schleife über eine spezielle Busklemme.

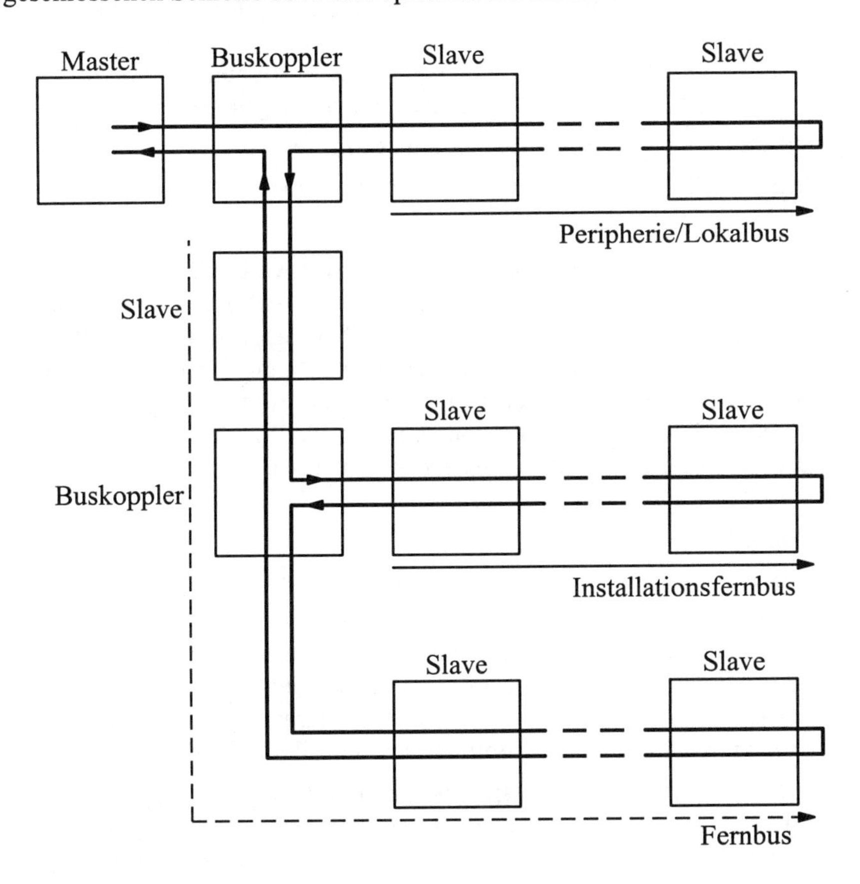

Bild 11-10: INTERBUS-Struktur

Der *Peripherie/Lokalbus* ist auf 10 m Gesamtlänge beschränkt, wobei zwischen zwei Slaves maximal 1,5 m zugelassen sind. Um die Anzahl von Lokalbusteilnehmern (maximal acht in einem Bussegment) zu erhöhen und gleichzeitig größere Entfernungen zu überbrücken, können mehrere Buskoppler zur weiteren Verzweigung eingesetzt und maximal 256 Teilnehmer angeschlossen werden.

Wegen der geringen zugelassenen Entfernung innerhalb einer Busschleife ist symmetrische Übertragung nach RS-485 nicht erforderlich, es wird daher mit TTL-Pegeln gearbeitet. Auch bei der Adernzahl des Übertragungskabels muss nicht gespart werden, es sind vier Adernpaare für die Datenübertragung, d.h. für Daten-, Takt- und Steuerleitungen vorgesehen, und auch die Stromversorgung der Buselektronik erfolgt über das Lokalbuskabel. Als Anschluss dient eine 15-polige D-Sub-Steckverbindung.

Der *Installationsfernbus* ist eine besondere Ausführung des Fernbusses. Neben den Datenleitungen ist die Spannungsversorgung der Teilnehmer vorgesehen. Dadurch wird die maximale Länge auf 50 m beschränkt. Wegen der höheren Strombelastung werden andere Steckverbindungen eingesetzt.

Beim *Fernbus* ist die Entfernung zwischen zwei Teilnehmern auf 400 m beschränkt, während die Gesamtlänge bis zu 13 km betragen darf, wenn Kupferkabel eingesetzt werden. Mit Lichtwellenleitern können noch größere Entfernungen überbrückt werden. Normalerweise genügt für die Datenübertragung ein 5-adriges Kabel:

1 verdrilltes Leiterpaar für die Hinleitung des *Ringes*

1 verdrilltes Leiterpaar für die Rückleitung des *Ringes*

1 Masseleitung (logisch GND).

Als Busanschluss kann z.B. eine 9-polige D-Sub-Steckverbindung verwendet werden. Die Übertragung erfolgt symmetrisch entsprechend dem RS-485-Standard und mit einer Rate von 500 kBit/s. Aber auch ein Viertel dieser Übertragungsrate, d.h. 125 kBit/s, bzw. das Vierfache, d.h. 2 MBit/s, sind für Sonderausführungen vorgesehen. Beim *Fernbus* wird keine Taktleitung mitgeführt, daher wird mit dem Start-Stop-Verfahren synchronisiert und die notwendige Steuerinformation ist in den UART-ähnlichen Zeichen, das sind um zwei Steuerbit verlängerte *Datentelegramme*, enthalten.

11.5.3 Protokoll

Da der INTERBUS speziell für den Sensor/Aktor-Bereich vorgesehen ist, wurde ein bezüglich *Overhead* (z.B. Adressierung, Steuerungsfeld, Datensicherung) optimiertes Verfahren gewählt. Das verwendete Grundprinzip wird allgemein *Summenrahmenverfahren* genannt. Dabei werden jeweils kurze Informationspakete der einzelnen Teilnehmer in einem gemeinsamen Telegrammrahmen zusammengefasst. Das so entstandene *Summenrahmentelegramm* enthält somit die Informationen für alle Teilnehmer.

Da alle Teilnehmer gleichzeitig angesprochen und aktualisiert werden, eine Art permanentes *paralleles* Polling-Verfahren, erreicht man eine hohe *Protokolleffizienz* und *Echtzeitverhalten*. Die Übertragungszeit hängt von der Anzahl der zu übertragenden Datenbytes (Nutzdaten) und von der Teilnehmeranzahl ab und kann als feste Gleichung angegeben werden, die auch den Overhead berücksichtigt.

Die tatsächliche Anzahl der Slaves wird bei der Inbetriebnahme durch den Master in einem *Identifizierungszyklus* festgestellt. Dazu erhält jeder Slave einen ID-Code (Identifikationscode), an dem der Master unter anderem die Art des Gerätes erkennen kann. Aber auch Fehlermeldungen können mit den drei höchstwertigen Bits dieses Datenfeldes übertragen werden.

Als Beispiel für die Übertragung eines Zeichens ist das *Datentelegramm*-Format des Fernbusses, bei dem jeweils nur ein verdrilltes Leiterpaar für Hin- und Rückleitung zur Verfügung steht, in Bild 11-11 dargestellt.

Wie bei den UART-Zeichen ist die Begrenzung durch Start- und Stop-Bit definiert. Vor die eigentlichen acht Bit Nutzdaten sind zwei Steuersignale und ein Markierbit eingefügt.

Start-Bit	Select Signal	Control Signal	Markier-Bit	D0 bis D7 8 Bit Daten	Stop-Bit
Bit 1	Bit 2	Bit 3	Bit 4	Bit 5 bis Bit 12	Bit 13

Bild 11-11: Fernbus-Datentelegramm beim INTERBUS

Das SL-Signal (Select) gibt an, ob ein *Identifizierungszyklus* abläuft oder ob eine reguläre Datenübertragung erfolgt. Das CR-Signal (Control) zeigt an, ob ein CRC-Fehler vorliegt, d.h. die Daten übernommen werden können. Die beiden Signale zeigen in zyklischer Wiederholung, also ständig, Steuer/Status-Informationen an. Damit das SL-Signal auch in Übertragungspausen zur Verfügung steht, wird im *Ruhezustand* das so genannte Statustelegramm entsprechend Bild 11-12 gesendet.

Start-Bit	Select Signal	X don't care	Markier-Bit	Stop-Bit
Bit 1	Bit 2	Bit 3	Bit 4	Bit 5

Bild 11-12: Fernbus-Statustelegramm beim INTERBUS

Es handelt sich dabei um fast das gleiche Format wie beim Datentelegramm, lediglich die Daten fehlen hier, und das Markierbit (Bit 4) zeigt an, ob es sich um ein Status- oder Datentelegramm handelt. Das dritte Bit (Control Signal) ist beim Statustelegramm irrelevant (don't care), da keine Nutzdaten übertragen werden und somit ein CRC-Fehler nicht interessiert.

Ein Summenrahmentelegramm wird aus einer Folge von Datentelegrammen zusammengesetzt. Dies bedeutet für den Fernbus, dass jeweils 8 Bit (1 Byte) durch Start-, Stop- und Steuerbits erweitert werden und vom Master aus durch alle Slaves hindurchgeschoben werden. Dies ist in Bild 11-13 schematisch dargestellt.

Die beiden ersten Bytes bilden das Loopback Word, da es als erstes durch die Schleife (Loop) hindurchgeschoben wird und entsprechend auch als erstes zurück (back) zum Master gelangt. Damit wird unter anderem das korrekte Durchschieben des Summenrahmentelegramms durch den Master erkannt.

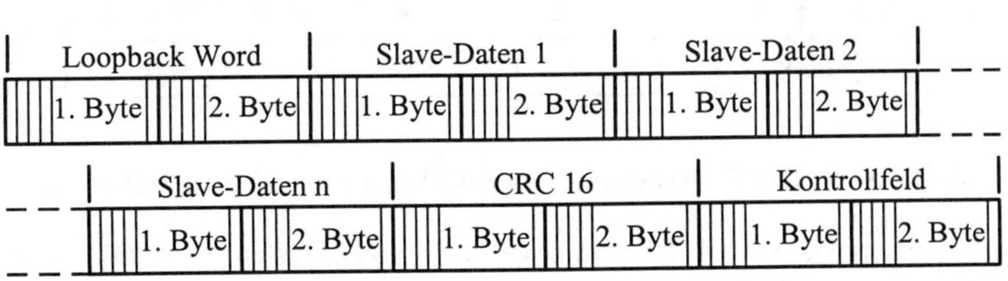

Loopback Word		Slave-Daten 1		Slave-Daten 2	
1. Byte	2. Byte	1. Byte	2. Byte	1. Byte	2. Byte

Slave-Daten n		CRC 16		Kontrollfeld	
1. Byte	2. Byte	1. Byte	2. Byte	1. Byte	2. Byte

Bild 11-13: Summenrahmentelegramm beim Fernbus des INTERBUS

Es folgen je 16 Bit als Daten für jeden einzelnen Slave des Ringes. In jedem Zyklus werden sowohl die Daten vom Master zu den Slaves (Ausgabedaten) als auch die Daten der Slaves an den Master (Eingabedaten) übermittelt. Abschließend wird das 16 Bit lange CRC-16-Prüfwort übertragen sowie weitere 16 Bit als Kontrollfeld, in dem die Slaves die fehlerfreie Übertragung bestätigen, da jeder Slave den CRC-Check einzeln durchführt.

Das verwendete CRC-Polynom ist $x^{16} + x^{12} + x^5 + 1$.

Die den Teilnehmern zugeordneten Daten betragen, wie in Bild 11-13 dargestellt, im Mittel 16 Bit pro Summenrahmentelegramm. Das sind bei maximal 256 Teilnehmern $256 \cdot 16$ Bit = 4696 Bit Nutzdaten in einem Schiebezyklus. Ein Teilnehmer kann aber auch sozusagen zwei Plätze im Summenrahmentelegramm belegen, so dass er bei jedem Zyklus $2 \cdot 16$ Bit = 32 Bit neue Daten erhält. Ein Mehrfaches dieser jeweils 16 bzw. 32 Bit kann über entsprechend viele Zyklen verteilt übermittelt werden. Dies kann bei der Übertragung von Einstelldaten erforderlich sein, was aber auch allgemein nicht zeitkritisch ist.

11.6 DIN-Messbus

11.6.1 Struktur

Der DIN-Messbus ist in DIN 66348 Teil 2 genormt. Wie der Name schon sagt, soll er vor allem die busartige Verbindung von Mess- bzw. Datenerfassungsgeräten ermöglichen, darüber hinaus kann er beliebige Sensoren und Aktoren der Automatisierungstechnik mit einer Leitstation (Master) verbinden. Die grundlegende Struktur ergibt sich aus dem Master/Slave-Prinzip und aus der Verwendung von getrennten Leiterpaaren für Hin- und Rückleitung. Dies ist in Bild 11-14 dargestellt.

Sowohl die Hinleitung als auch die Rückleitung werden mit Pegeln entsprechend dem RS-485-Standard betrieben. Beide Busleitungen – jeweils verdrillte Adernpaare – werden an beiden Enden mit Widerständen abgeschlossen.

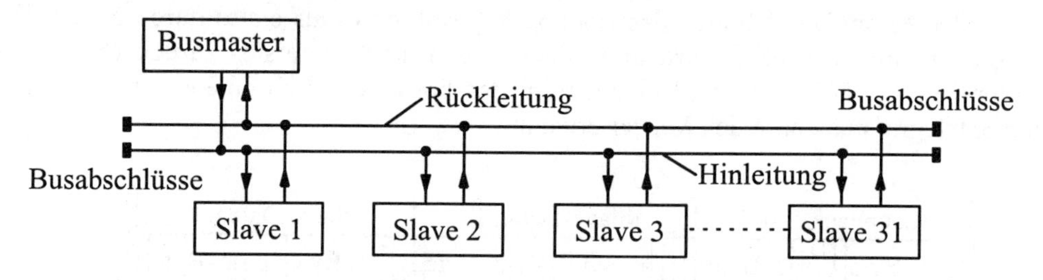

Bild 11-14: DIN-Messbus mit Hin/Rückleitungen und Busabschlüssen

Als Verbindungssystem wird das 15-polige D-Sub-Stecksystem nach DIN 41652 verwendet. Es werden folgende Pole benutzt:

Pol 1 Schirmerde, möglichst nur einseitig anzuschließen

Pol 2 Sendeleitung T(A) (T = Transmit)

Pol 4	Empfangsleitung R(A) (R = Receive)
Pol 8	Betriebserde G (G = Ground)
Pol 9	Sendeleitung T(B)
Pol 11	Empfangsleitung R(B)

Die Pole 7, 14 und 15 können vorzugsweise für die Spannungsversorgung von Teilnehmern verwendet werden. Normalerweise genügt ein abgeschirmtes 5-adriges Kabel, mit je zwei paarweise verdrillten Leitungen sowie einer Ader für die Betriebserde.

Aus der RS-485-Spezifikation ergibt sich die Begrenzung auf 32 Teilnehmer insgesamt, d.h. ein Master und maximal 31 Slaves sind zugelassen. Die Buslänge darf höchstens 500 m betragen, kann aber durch Verstärker (Repeater) vergrößert werden.

Wegen der Begrenzung der Teilnehmeradressen kann dadurch aber die Teilnehmeranzahl nicht erhöht werden.

Wie schon in Kapitel 5 für die Zusammenschaltung von zwei Datenendeinrichtungen (DEEs) über die Schnittstelle RS-232 ausführlich dargelegt wurde, muss auch bei der Anbindung des Busmasters an den Bus ein Kreuzkoppler vorgesehen werden.

Dies wird mit Bild 11-15 verdeutlicht.

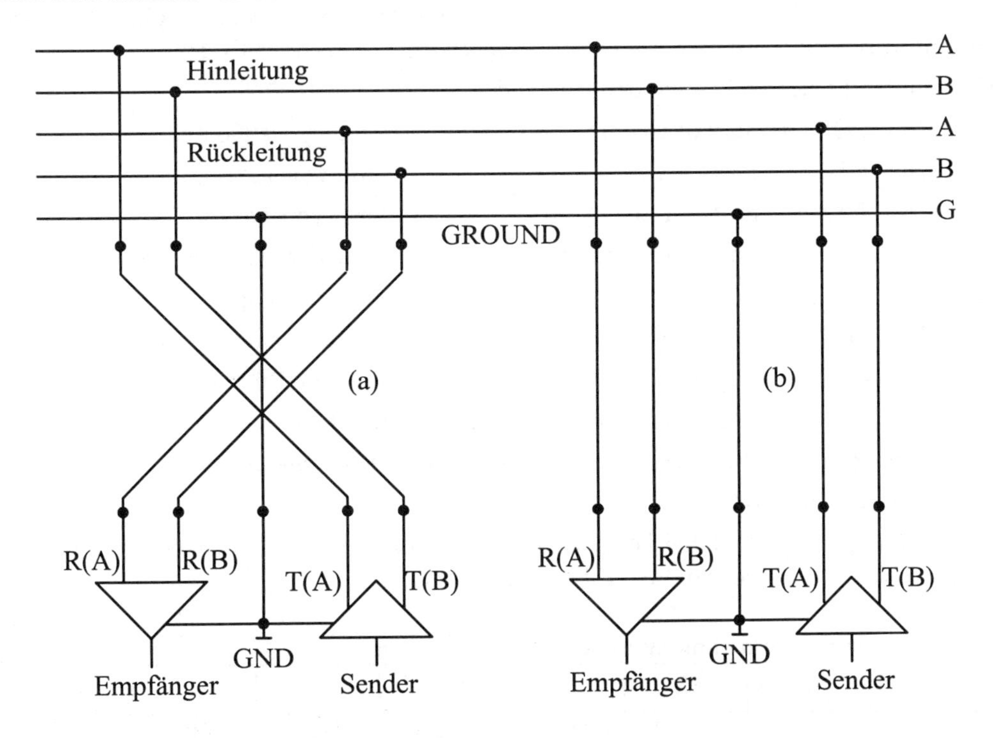

Bild 11-15: Masterankopplung (a) und Slave-Stichleitung (b) für den DIN-Messbus

Dargestellt sind die Hin- und Rückleitungen jeweils mit den Adern A und B sowie die Betriebserdeführung G (GROUND). Die Schirmerde ist nicht eingezeichnet. Diese wird wie die Betriebserde als zusätzlicher Pol über die Steckverbindungen geleitet. Sie ist aber nicht wie die Betriebserde als zusätzliche Ader sondern nur als Kabelumhüllung ausgeführt und wird einseitig, bevorzugt beim Master, mit der Betriebserde verbunden. Die Sendeleitungen T(A) und T(B) des Masters gehen auf die Hinleitung A und B des Busses. Diese gehen geradewegs zu allen Empfängereingängen R(A) und R(B) der Slaves, die über Stichleitungen (b), das sind Verlängerungskabel mit Stecker an einem und Buchse am anderen Ende, an den Bus angeschlossen werden. Bei den geringen vorgesehenen Baudraten sind Stichleitungen bis zu 5 m Länge zulässig. Einen gleichfalls geraden Weg gehen die Signale T(A) und T(B) der Slave-Sender über die Stich- und Busleitungen bis zu der Masterankopplung (a). Hier kreuzen sich die Signalleitungen, da jeweils die Sendeleitung des Slave-Treibers den Empfänger eines Masters ansteuert und umgekehrt.

Die Masterankopplung erfordert also einen Kreuzkoppler, während alle Busverlängerungen und die Stichleitungen zu den Slaves Geradeausverbindungen sind. Die Adern der Hin- und Rückleitungen sind paarweise verdrillt. Dies ist in Bild 11-15 aber nicht dargestellt, damit der Signalweg besser verfolgt werden kann.

11.6.2 Datenformat

Da Hin- und Rückleitung vorhanden sind, ist Vollduplex-Übertragung möglich. Gesendet wird im Start-Stop-Verfahren mit UART-Zeichen im ASCII-7-Bit-Code.

Als Standard-Steuerzeichen werden verwendet:

01h	SOH	Start of Header	Anfang des Kopfes
02h	STX	Start of Text	Start von Text
03h	ETX	End of Text	Ende von Text
04h	EOT	End of Transmission	Ende der Übertragung
05h	ENQ	Enquiry	Aufforderung
10h	DLE	Data Link Escape	Datenübertragungsumschaltung
15h	NAK	Negative Acknowledge	negative Rückmeldung
17h	ETB	End of Transmission Block	Blockende

Der Master spricht einen Teilnehmer an, indem er z.B. den *Sendeaufruf*

Sendeadresse, ENQ

auf die Hinleitung gibt. Dabei ist ENQ das oben genannte ASCII-Steuerzeichen und die *Sendeadresse* ist entsprechend Bild 11-16 definiert.

Teilnehmeradresse							
A0	A1	A2	A3	A4	1	1	Paritätsbit
Bit 0	Bit 1	Bit 2	Bit 3	Bit 4	Bit 5	Bit 6	Bit 7

Bild 11-16: Format der Teilnehmeradresse beim DIN-Messbus

Bit 6 ist immer logisch "1". Bit 5 ist logisch "1", wenn es sich um eine Sendeadresse handelt und logisch "0", wenn eine Empfangsadresse übermittelt werden soll.

Der angesprochene Teilnehmer antwortet mit

Sendeadresse, NAK, wenn keine Daten vorliegen, bzw. mit

Sendeadresse, DLE, 30h und Daten.

Als *Empfangsaufruf* sendet der Master

Empfangsadresse, ENQ, wobei das Bit 5 auf logisch "0" gesetzt wird,

wodurch gekennzeichnet wird, dass es sich um eine Empfangsadresse handelt.

Der angesprochene Teilnehmer antwortet mit

Empfangsadresse, NAK wenn er nicht empfangsbereit ist, bzw. mit

Empfangsadresse, DLE, 30h

und wartet auf die Übermittlung von Daten durch den Master. Das Zeichen 30h (hexadezimal) entspricht binär 0110000 und wird als Zusatz zu dem Datenübertragungs-umschaltungs-Zeichen DLE verwendet. In der Anforderungsphase antwortet der angesprochene Teilnehmer im positiven Fall mit DLE, 30h, woraufhin der Master mit STX die Datenübertragung einleitet. Die Übertragung eines Datenblocks wird anhand von Bild 11-17 erläutert.

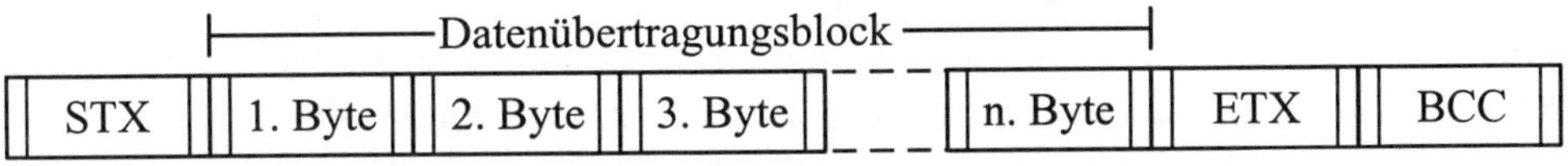

	Datenübertragungsblock						
STX	1. Byte	2. Byte	3. Byte	---	n. Byte	ETX	BCC

Bild 11-17: Datenblock und Blocksicherung

Nach STX folgen die einzelnen Zeichen im 7-Bit-Code mit zusätzlichem geraden Paritätsbit, d.h. jeweils ein Byte, umrahmt von Start- und Stop-Bit. ETX zeigt das Ende dieses *Textes* an. Das Informationsfeld, d.h. der Datenblock zwischen den Zeichen STX und ETX bzw. ETB darf maximal 128 UART-Zeichen lang sein. Das Blockende wird mit dem Endezeichen ETB angezeigt bzw. mit ETX, wenn es sich um den letzten Block eines längeren Textes handelt. Letzteres ist in Bild 11-17 zugrundegelegt. Abschließend folgt ein Blockprüfzeichen BCC (Block Check Character), das dem weiter oben beschriebenen LRC (Längsparität) entspricht. Die Bildung von Paritätsbit (VRC) und Längsparität (LRC) wird anhand von Bild 11-18 gezeigt.

Byte →	STX	T	E	X	T	B	L	O	C	K	ETB	LRC
Bit 0	0	0	1	0	0	0	0	1	1	1	1	1
Bit 1	1	0	0	0	0	1	0	1	1	1	1	1
Bit 2	0	1	1	0	1	0	1	1	0	0	1	0
Bit 3	0	0	0	1	0	0	1	1	0	1	0	0
Bit 4	0	1	0	1	1	0	0	0	0	0	1	0
Bit 5	0	0	0	0	0	0	0	0	0	0	0	0
Bit 6	0	1	1	1	1	1	1	1	1	1	0	1
VRC	1	1	1	1	1	0	1	1	1	0	0	1

Bild 11-18: Ermittlung von Paritätsbit (VRC) und Längsparität (LRC)

Dem zu sendenden *TEXTBLOCK* ist ein STX vorangestellt und er wird mit ETB beendet. Das gerade Paritätsbit wird vertikal, daher VRC, für jedes Zeichen gebildet. Die Längsparität erfolgt horizontal (daher auch HRC) in gleicher Weise durch Modulo-2-Addition aller sieben Bitpositionen einzeln, und zwar ohne STX aber mit ETB. Das so gebildete Blockprüfzeichen erhält dann auch noch ein Paritätsbit entsprechend DIN 66219.

11.6.3 Aufbau

Da mit UART-Zeichen gearbeitet wird, muss die Baudrate einstellbar sein. Es werden folgende Übertragungsgeschwindigkeiten vorgeschlagen:

110, 300, 600, 1200, 2400, 4800, **9600** und 19200 Bit/s.

Für höhere Werte empfiehlt DIN 66348 ganzzahlige Vielfache von 9600 Bit/s bzw. 64000 Bit/s bis 1 MBit/s. Die Länge der Stichleitungen sind dann aber kritisch zu überprüfen.

Als Sender/Empfängerbausteine werden von vielen Firmen RS-485-ICs angeboten. Außerdem ist nach DIN eine Trennung der Potentiale vorzusehen, dies erreicht man in einfacher Weise durch Verwendung von Optokopplern vor den Treiber- und Empfängerschaltungen der Datenleitungen. Dazu gibt es auch ICs, die Optokoppler und Treiberfunktion in einem Gehäuse vereinen. Die mitgeführte Betriebserde wird nur mit der galvanisch getrennten Sender/Empfängerseite verbunden. Wie schon oft erwähnt, wird das Start-Stop-Verfahren durch ein UART-IC realisiert. Diese Funktion findet man aber auch in vielen Mikrocontrollern implementiert. Die für den Anwender einfachste Lösung stellt ein DIN-Messbus-Controller dar.

11.6.4 Anwenderebene

Für die Anwenderebene werden in DIN 66348 Teil 3 vom April 1998 *Anwenderdienste, Telegramme* und *Protokolle* festgelegt. Die Anwendung dieser Norm ist aber nicht auf den DIN-Messbus beschränkt.

11.7 ARCNET

11.7.1 Allgemeines

Bereits 1977 wurde ARCNET (Attached Resource Computer Network) von der Firma Datapoint (USA) als LAN für den so genannten Office-Bereich (Büro) entwickelt. Wegen der geringen Datenrate von maximal 2,5 MBit/s wurde dann aber ARCNET in diesem Bereich von Ethernet verdrängt. Da ARCNET mit dem Token-Verfahren arbeitet und damit berechenbare Reaktionszeiten liefert und darüber hinaus auch flexible Datenpaketgrößen zulässt, verschob sich das Einsatzgebiet auf die Feldbusebene.

ARCNET bewährte sich sowohl als Sensor/Aktor-Bus wie auch als Prozessbus.

Auch in der Topologie ist ARCNET beliebig anpassungsfähig. Bus (Linie), Stern und Baumstruktur sind realisierbar. Die maximale Datenrate wurde erhöht auf 10 MBit/s bzw. als ANSI-Standard ARCNET-Plus auf 20 MBit/s. Aber auch niedrigere Datenraten

- stufenweise herabgesetzt, z.B. auf 156,25 kBit/s - können verwendet werden. Zur Förderung der Verbreitung wurde 1996 die ARCNET-Nutzerorganisation (ARCNET USER GROUP, abgekürzt AUG) gegründet.

11.7.2 Struktur

Die Teilnehmer sind gleichberechtigte Busmaster, die die Buszuteilung mit der Tokenübergabe erhalten. Dies gilt für alle Teilnehmer (maximal 255) unabhängig von der Lage im Netz, das aus Buslinien, sternförmigen Anordnungen sowie Kombinationen davon - bis zur weit verzweigten Baumstruktur - zusammengesetzt ist.

Dies zeigt in anschaulicher Weise ein einfaches Beispiel in Bild 11-19.

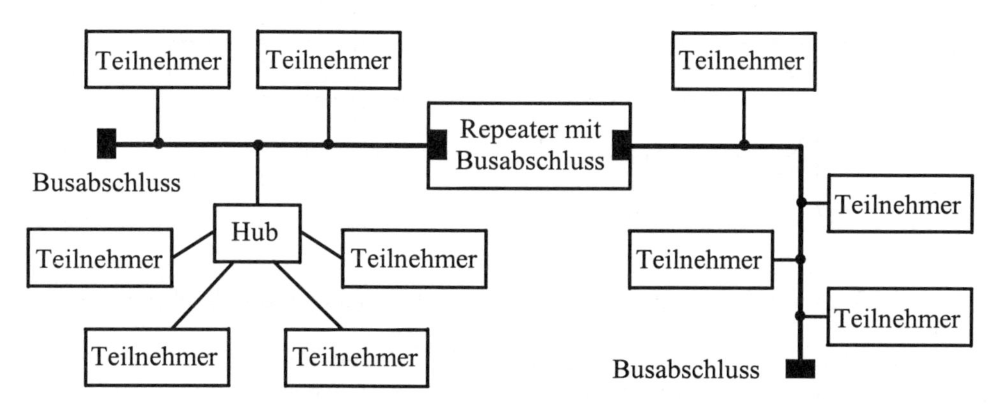

Bild 11-19: ARCNET mit Hub (Sternverteiler), Repeater und Busabschlüssen

Eine Buslinie wird an beiden Enden mit Busabschlüssen versehen. Um die zulässige Länge, die von den verwendeten Leitungsarten - wie z.B. verdrilltes Leiterpaar oder Koaxialkabel - abhängt, zu vergrößern, wurde in dem gewählten Beispiel ein Repeater (Zwischenverstärker) mit entsprechendem Busabschluss vorgesehen.

Als Sternverteiler dient ein Hub, der die eingezeichneten vier Teilnehmer zentral anbindet. In dieser Sternstruktur können auch Lichtwellenleiter eingesetzt werden.

Durch geeignete Repeater können auch mehrere Teilnehmer in einer Linie mit Lichtwellenleitern hintereinander geschaltet werden. Pro Segment kann man so bis zu 3 km Entfernung überbrücken, während mit verdrillten Kupferleitungen eine maximale Buslinie von 120 m erreichbar ist bzw. bei Verwendung von Koaxialkabeln höchstens 300 m ohne Zwischenverstärker vorgesehen werden können. Bei der Kupferausführung hängt dies auch von der Teilnehmerzahl in dem jeweiligen Segment und von der Übertragungsrate ab. Die genannten Werte gelten für eine Baudrate von 2,5 MBit/s. Durch den Einsatz von Adaptern können Teilstrecken auch mit Funk überbrückt werden.

Die maximale Gesamtausdehnung eines Netzes - einige km - wird durch die verwendeten Übertragungsmedien und Verstärkerbausteine begrenzt, da sich die Laufzeiten der Leitungen und die Durchlaufzeiten von elektronischen Bauteilen addieren und bei ARCNET davon ausgegangen wird, dass jeder Teilnehmer des Netzes *gleichzeitig* alle Nachrichten mithört.

11.7.3 Elektrische Eigenschaften

Für Koaxialkabel (bevorzugt mit Z = 93 Ω) und für geschirmte oder ungeschirmte *verdrillte Zweidrahtleitung* ist eine *Dipulscodierung* sowie eine Codierung speziell für den Anschluss nach RS-485 definiert.

Bei der Dipulscodierung wird eine logische "1", auch *Mark* genannt, als eine Sinusschwingung in der ersten Hälfte der Bitzeit T dargestellt, während in der zweiten Hälfte der Bitzeit der Ruhepegel 0 V gesendet wird. Dies ist in Bild 11-20 skizziert.

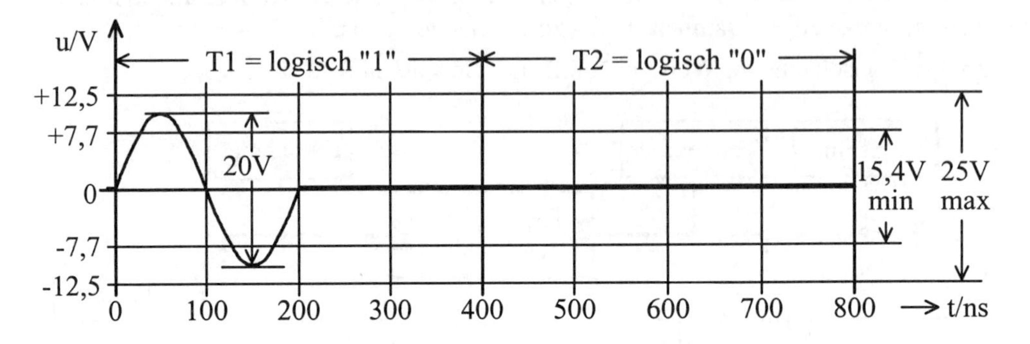

Bild 11-20: Sinusschwingung für logisch "1" und nur Ruhepegel 0V für logisch "0"

In der ersten Bitzeit T1 ist eine "1", in der zweiten Bitzeit T2 eine "0" dargestellt. Die Länge der Bitzeit T ergibt sich beispielsweise für eine Datenrate von 2,5 MBit/s als Kehrwert davon zu T = 400 ns.

Der Scheitelwert der Sinusschwingung beträgt mindestens 7,7 V und höchstens 12,5 V, der zugehörige Spitze-zu-Spitze-Wert ist damit minimal 15,4 V bzw. maximal 25 V. Für die Darstellung im Bild wurde ein *mittlerer* Wert von 20 V gewählt.

Die *RS-485-Codierung* ist gegenüber der Dipulscodierung abgewandelt. Da bei RS-485-Übertragung die Differenz der Pegel von A- und B-Leitungen maßgebend ist, stehen für die Darstellung der logischen "1" und "0" lediglich die zwei Zustände *positive Differenz* und *negative Differenz* zur Verfügung. Es wird daher einerseits die *Sinusschwingung* in der ersten Hälfte der Bitzeit T (bei der logischen "1") und andererseits der *Ruhepegel* in der zweiten Hälfte der Bitzeit (bei der logischen "1") bzw. über den ganzen Zeitraum T (bei einer logischen "0") durch die digitalen Zustände "A-B = positiv" bzw. "A-B = negativ" ersetzt.

11.7.4 Datenformate

Die Weitergabe des Tokens erfolgt mit der *Einladung zum Übermitteln* (Invitation to Transmit, ITT). Das Datenformat hierzu ist in Bild 11-21 (a) dargestellt. Eingeleitet wird dieses Token, wie auch alle anderen Protokollelemente mit AB (Alert Burst), der Alarmbitfolge. Das ASCII-Zeichen EOT (End of Transmission) zeigt an, dass der das Token übergebende Teilnehmer seine Übertragung beendet hat. Es folgt zweimal die DID (Destination ID), also die Zieladresse. Dazu muss jeder Teilnehmer eine eindeutige Indentifikationsnummer (ID) zwischen 1 und 255 erhalten.

Der Teilnehmer, der das Token erhalten hat, spricht einen anderen Teilnehmer, dem er Daten senden will, mit *Free Buffer Enquiry* (FBE) an. Das zugehörige Datenformat ist Bild 11-21 (b) zu entnehmen. Nach der Alarmbitfolge folgt die Aufforderung (Enquiry, ENQ), Datenpuffer bereitzustellen, sowie wieder zweimal die Zieladresse DID. Bestätigt wird dies durch Acknowledge (ACK) entsprechend Bild 11-21 (c). Hier folgt auf die Alarmbitfolge nur das ASCII-Zeichen ACK.

(a)	AB	EOT	DID	DID
(b)	AB	ENQ	DID	DID

(c)	AB	ACK
(d)	AB	NAK

Bild 11-21: ARCNET-Datenformat für Token (a), FBE (b), ACK (c) und NAK (d)

Das eigentliche Datenpaket (Data Packet, PAK) wird ebenfalls mit AB eingeleitet, es folgen das ASCII-Zeichen SOH (Start of Header), die Quellenadresse (Source ID, SID), die Zieladresse DID, Angaben über die Länge des Datenblocks und schließlich die Daten (DATA, 1 bis 507 Byte). Das Datenpaket wird mit einem 16-Bit-CRC (2 Byte) gesichert.

Die erfolgreiche Datenübertragung (PAK) wird durch ACK bestätigt. Eine fehlerhafte Übertragung von Daten wird durch *Time Out* erkannt, wenn kein ACK erfolgt ist. Erst beim nächsten Erhalt des Tokens wird die Übermittlung wiederholt.

Dagegen ist für eine negative Antwort auf FBE die Nachricht NAK (Negative Acknowledge) vorgesehen. Dazu wird nach der Alarmbitfolge nur das ASCII-Zeichen NAK gesendet, wie das in Bild 11-21 (d) skizziert ist.

Die oben oft genannte Alarmbitfolge (Alert Burst) besteht aus sechs Einsen: 1 1 1 1 1 1. Allen Nutzbytes wird 110 vorangestellt. Beispielsweise ist in Bild 11-22 die Bitfolge eines Tokens für die Zieladresse 6 dargestellt.

		LSB MSB		LSB MSB		LSB MSB
1 1 1 1 1 1	1 1 0	0 0 1 0 0 0 0 0	1 1 0	0 1 1 0 0 0 0 0	1 1 0	0 1 1 0 0 0 0 0
Alert Burst		EOT		DID 6		DID 6

Bild 11-22: ARCNET-Token für die *Zieladresse* Destination ID 6

Wie schon oben erwähnt wurde, erhält jeder Teilnehmer eine ID zwischen 1 und 255. Die DID 0 ist für so genannte Broadcast-Meldungen reserviert. Die Mitteilungen sind dann für alle Teilnehmer gleichzeitig bestimmt. Ein vorausgehendes FBE entfällt bei dieser Art von Datenübertragung.

11.8 ASI

Die Bezeichnung ASI, von Aktuator (Aktor) Sensor Interface abgekürzt, deutet schon auf die Anwendung in der untersten Feldebene hin. Die Verbreitung dieses relativ neuen Bussystems wird von einem ASI-Firmen-Konsortium und auch von einem ASI-Verein betrieben. ASI arbeitet nach dem Master-Slave-Prinzip. Ein Master kann bis zu 31 Slaves ansprechen, die der Reihe nach, d.h. zyklisch, angesprochen werden. Jeder Slave kann jeweils maximal 4 Bit Daten von binären Aktoren oder Sensoren verwalten. ASI wird mit einer ungeschirmten Zweidrahtleitung aufgebaut, die maximal 100 m lang sein kann. Auf der Datenleitung wird gleichzeitig eine Spannungsversorgung von 24 V mit maximal 2 A Gesamtstrom für die Slaves bereitgestellt.

Die grundsätzliche Struktur ist in Bild 11-23 skizziert. Der ASI-Master ist neben CPU, RAM und anderen E/A-Karten ein Modul einer SPS (Speicherprogrammierbare Steuerung) oder eines Industrie-PC's. Auf das Zweidrahtkabel werden Daten und die Spannungsversorgung des externen ASI-Netzgerätes überlagert gegeben. Im Bild sind zwei typische ASI-Slaves dargestellt. Der linke Slave (a) steuert über einen integrierten Adapter vier Geräte, das sind Sensoren oder Aktoren ohne ASI, an. Zum Überbrücken kleinerer Entfernungen wird hier auf das alte Prinzip *Kabelbaum* zurückgegriffen.

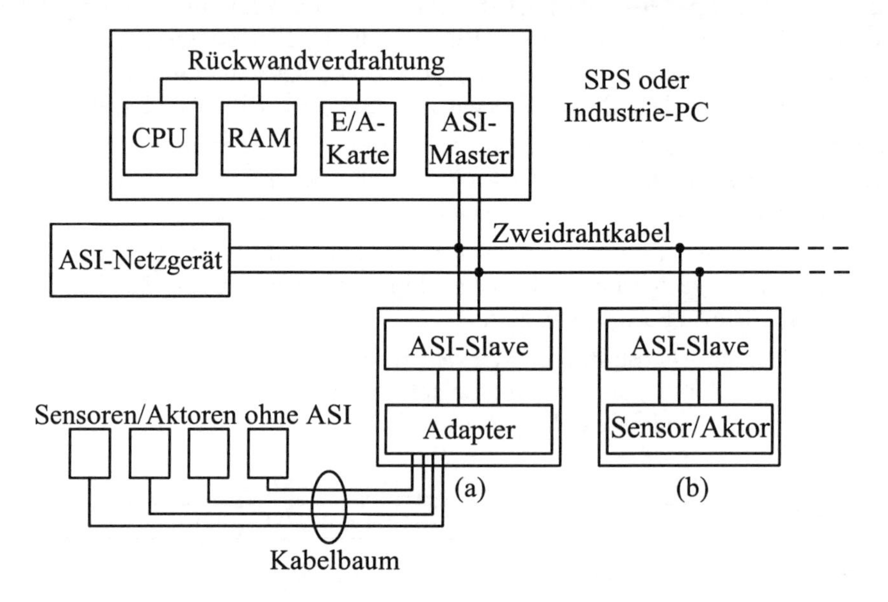

Bild 11-23: Grundlegende Struktur von ASI (Aktor Sensor Interface)

Der rechte Slave (b) stellt eine Sensor/Aktorgruppe mit ASI-Anschluss dar. Für die Verzweigungen und Verbindungen wurden Koppelmodule entwickelt, die den rein mechanischen Aufbau beliebiger Strukturen vereinfachen.

Da sowohl Daten als auch Spannungsversorgung über die Zweidrahtleitung geführt werden, musste ein gleichstromfreier Code gewählt werden. Um die Betriebssicherheit trotz ungeschirmter Kabel zu gewährleisten, wurde eine neue, *alternierende Pulsmodulation* genannte, Signaldarstellung entwickelt. Ausgehend von einer Manchester-Codierung werden alternierende (positive und negative) Signale auf den Leitungen erzeugt.

Der Zugriff des Masters auf die Slaves erfolgt der Reihe nach durch kurze Telegramme, auf die der jeweils adressierte Slave sofort antwortet. Eine typische ASI-Nachricht, bestehend aus Masteraufruf und Slaveantwort ist in Bild 11-24 dargestellt.

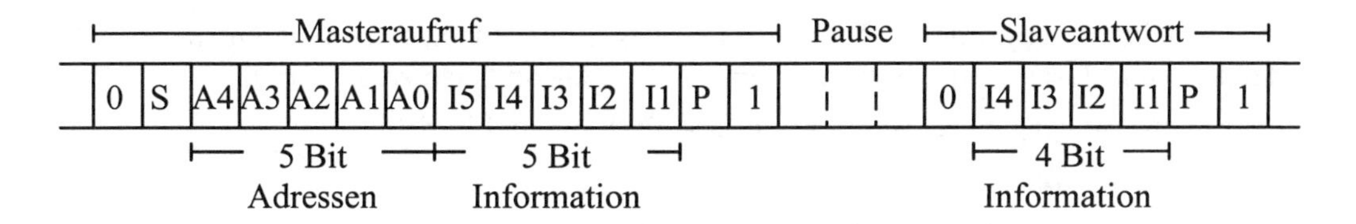

Bild 11-24: Masteraufruf und Slaveantwort als ASI-Nachricht

Der Masteraufruf beginnt mit einer "0" als Startbit. Es folgt ein Steuerbit S, das zwischen Kommandoaufruf ("0") und Daten/Parameter/Adressaufruf ("1") unterscheidet.

Zur Adressierung von 31 zugelassenen Teilnehmern sind 5 Bit Adressen erforderlich, die als A4 bis A0 folgen.

I5 bis I1 stellen 5 Bit Information dar, deren Bedeutung vom Aufruftyp abhängt.

Der Masteraufruf endet mit einem *geraden* Paritätsbit P und einer "1" als Endebit.

Nach einer Pause von drei bis maximal 10 Bitzeiten antwortet der Slave, zunächst mit einer "0" als Startbit, dann mit 4 Bit Information, einem *geraden* Paritätsbit und mit einer "1" als Endebit.

Den Anschluss der ASI-Master an einen übergeordneten Feldbus, wie z.B. PROFIBUS, zeigt Bild 11-25.

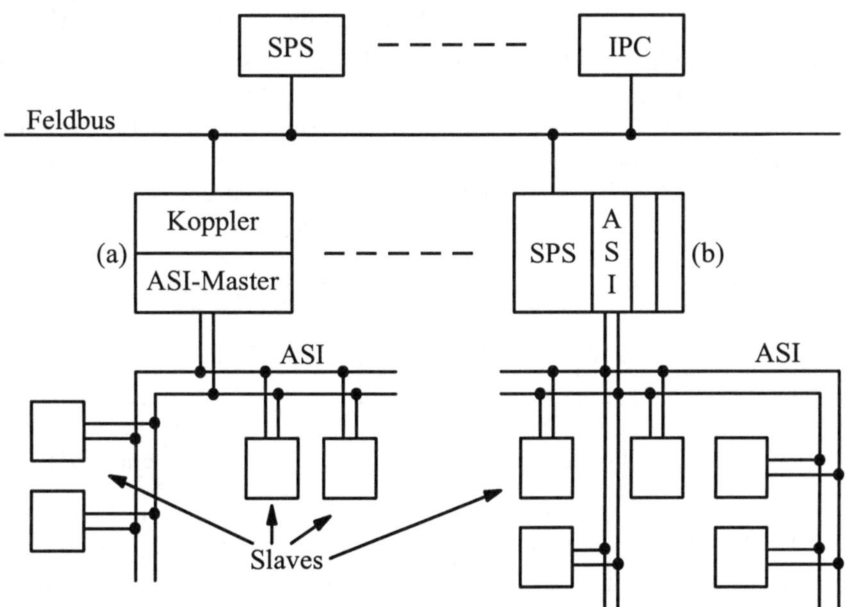

Bild 11-25: Kopplung von ASI zu Feldbussen durch Koppler und Anschaltbaugruppen

Der übergeordnete Feldbus verbindet speicherprogrammierbare Steuerungen (SPS) und Industrie-PCs sowie einen Koppler, der als ASI-Master (a) fungiert und eine weitere SPS, die unter anderem einen ASI-Master (b) als Anschaltbaugruppe enthält.

Jeder ASI-Master kann dann jeweils bis zu 31 Slaves über ASI adressieren.

Die ASI-Übertragungsrate ist 166,7 kBit/s, was einer Bitzeit von 6 µs entspricht. Die Bitzeiten von Masteraufruf, Slaveantwort und Pausen sind also zu addieren:

14 Bit Start-, Steuer-, Adress-, Informations-, Paritäts- und Endebit

3 BitPause nach Masteraufruf

7 BitStart-, Informations-, Paritäts- und Endebit

1 BitPause nach Slaveaufruf.

Die Summe davon sind 25 Bit für eine ASI-Nachricht. Durch Multiplikation mit der Bitzeit von 6 µs ist die ASI-Nachricht-Dauer mit 150 µs zu ermitteln. Bei maximaler Ausbaustufe werden 31 Slaves durch den Master der Reihe nach adressiert.

Jeder Slave wird also alle 150 µs · 31 = 4650 µs angesprochen. Durch Verlängern der Pausen kann sich diese Zeitspanne auf ungefähr 5 ms erhöhen. Dies ist dann die Reaktionszeit bei störungsfreiem Betrieb, ASI garantiert damit Echtzeitverhalten.

11.9 CAN

CAN (Controller Area Network) wurde von der Firma Bosch als Sensor/Aktorbus zum Einsatz in Kraftfahrzeugen entwickelt. Seit 1992 gibt es eine Anwender/Herstellerorganisation, die CAN allgemein in der Automation einsetzt. Der Name dieser Users and Manufacturers Group CiA (CAN in Automation) spiegelt die Zielsetzung wieder.

Die Grundstruktur ist ein linienförmiger Zweidrahtbus mit symmetrischen Signalen und mit Abschlusswiderständen an beiden Enden wie bei RS-485. Die Datenübertragung ist buslängenabhängig, z.B. 20 kBit/s bei 2 km oder 1 MBit/s bei 40 m. Entfernungsverlängerungen sind durch *Repeater* möglich. Weitere Kennzeichen der Datenübertragung sind NRZ und Bit Stuffing. Nach jeweils fünf gleichen Bits wird ein Bit entgegengesetzter Polarität eingefügt, wie dies in Bild 11-26 dargestellt ist.

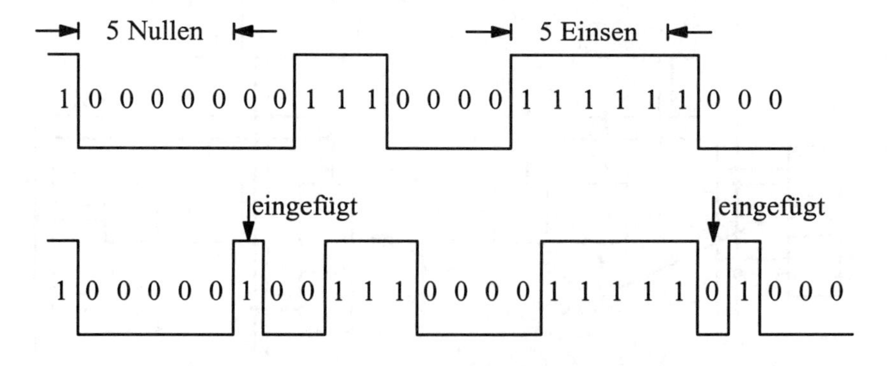

Bild 11-26: NRZ mit Bit Stuffing bei CAN

In der oberen Bildhälfte ist das zu übertragende NRZ-Signal skizziert, im unteren Teil das gesendete Muster, in dem nach fünf aufeinander folgenden Nullen eine "1" und nach fünf Einsen eine "0" eingefügt wurden. Der Empfänger entfernt diese ergänzten Bits nach dem gleichen Schema, so dass wieder die ursprüngliche NRZ-Darstellung entsteht.

Die durch das Bit Stuffing erzeugten zusätzlichen Pegelwechsel sind für eine sichere Nachsynchronisierung erforderlich.

Teilnehmer am CAN-Feldbus sind Master unterschiedlicher Priorität. Der Buszugriff wird mit CSMA/CA (Carrier Sense Multiple Access/Collision *Avoidance*) geregelt, Kollisionen werden hierbei nicht detektiert, wie bei dem weiter oben beschriebenen Verfahren CSMA/CD, sondern a priori *vermieden*. Bei Freiwerden des Busses und gleichzeitiger Arbitrierung durch mehrere Master, erhält der Teilnehmer mit der höchsten Priorität die Zugriffsberechtigung. Dies verläuft im Einzelnen folgendermaßen. Im ersten Teil einer Nachricht wird ein *Identifier* (Kennung) gesendet, aus dem sich die Priorität des Teilnehmers ergibt. Der Identifier hat eine Länge von 11 Bit, im erweiterten Standard zusätzlich 18 Bit, so dass insgesamt 2^{11} bzw. 2^{29} Kombinationen möglich sind. Treffen die Nachrichten zweier oder mehrerer Teilnehmer aufeinander, so wird durch bitweisen Vergleich der Identifier die Nachricht mit der höchsten Priorität ermittelt. Dies geschieht, ähnlich der WIRED-AND- bzw. -OR-Verknüpfung von Open-Collector-Leitungen, auch bei den hier verwendeten symmetrischen Signalen durch dominantes Einprägen der Pegel und zwar nacheinander Bit für Bit.

Der Teilnehmer, dessen Priorität sich bei dieser Arbitrierung als die höchste erweist, sendet seine Nachricht weiter, während die Teilnehmer mit niedrigerer Priorität die Sendung abbrechen. So kann eine Kollision erst gar nicht auftreten, da nach einer vorgeschriebenen Ruhepause von mindestens 11 Bitzeiten zunächst die Arbitrierungsphase zum Erkennen der höchsten Priorität eingeleitet wird und die eigentliche Nachrichtenübermittlung nur noch von *einem* Teilnehmer fortgesetzt wird.

Für die Durchführung der Arbitrierung ist die RS-485-Beschaltung ein wenig abzuändern, damit der dominante Pegel aller Identifierbits von den an der Arbitrierung beteiligten Teilnehmern eindeutig erkannt und mit der eigenen Kennung verglichen werden kann.

Nachrichten werden in starren Rahmen (Frames) gesendet. Sie beginnen mit einem Startbit und haben neben wenigen Steuerbytes ein Datenfeld mit 0 bis 8 Byte Länge sowie eine 15 Bit CRC-Folge, die mit dem Polynom

$$x^{15} + x^{14} + x^{10} + x^{8} + x^{7} + x^{4} + x^{3} + 1$$

gebildet wird.

Für den Aufbau von CAN-Teilnehmern stehen CAN-Transceiver (da RS-485-ICs nicht optimal geeignet sind), CAN-Controller und Mikrocontroller mit integriertem CAN-Protokoll-Controller zur Verfügung.

11.10 FIP

FIP (Factory Instrumentation Protocol) hat französischen Ursprung und wurde zusammen mit PROFIBUS und P-Net in der europäischen Feldbusnorm EN 50170 genormt. Die Anwender/Herstellervereinigung World FIP widmet sich der internationalen Verbreitung dieses Feldbussystems.

Der Bus bildet standardmäßig eine Linie von Twisted-Pair-Leitungen mit Widerstandsabschlüssen an beiden Enden. Bei einer Übertragungsrate von 31,5 kBit/s sind bis zu

1900 m Länge zugelassen, bei 1 MBit/s bzw. 2,5 MBit/s nur noch 750 m bzw. 500 m. Dabei sind jeweils maximal 32 Teilnehmer anzuschließen. Mit Repeatern oder mit Sternkopplern sind auch andere Busstrukturen möglich und es können maximal 256 Teilnehmer verbunden werden. Mit Lichtwellenleitern werden auch 5 MBit/s erreicht.

Die Datenübertragung erfolgt synchron im Manchestercode, dem spezielle Bitdarstellungen für Start- und Endemarkierungen hinzugefügt werden. Der Master spricht die Slaves der Reihe nach an und erwartet eine definierte Reaktion, die auch eine Datenübermittlung an andere Slaves sein kann. Steuerdaten, Ziel- und Quellenadressen, Identifier und Datenfeld (maximal 32 Byte) werden mit einem 16-Bit-CRC gesichert. Durch Begrenzung der Rahmenlänge ist die maximale Reaktionszeit für eine beliebige Konfiguration berechenbar.

Für den Aufbau stehen FIP-Protokoll-ICs zur Verfügung.

11.11 P-NET

Wie schon erwähnt, ist P-NET, das von der dänischen Firma Process-Data entwickelt wurde, zusammen mit PROFIBUS und FIP in die Europanorm EN 50170 eingegangen. Ein P-NET setzt sich aus mehreren Ringen zusammen, die durch Controller verbunden werden. An die einzelnen Ringe werden Master und Slaves über Stichleitungen angeschlossen, wie dies in Bild 11-27 dargestellt ist.

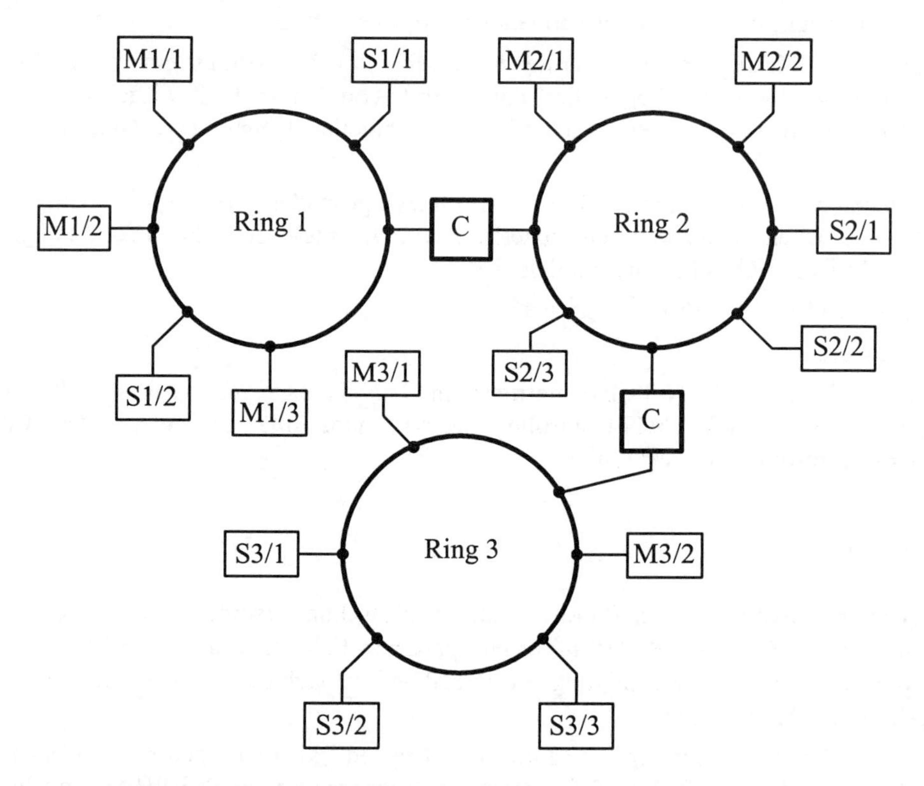

Bild 11-27: P-NET-Strukturbeispiel mit 3 Ringsegmenten

An das Ringsegment 1 sind drei Master M1/1 bis M1/3 und zwei Slaves S1/1 und S1/2 angeschlossen. Entsprechend ist die Nummerierung in Ring 2 für Master M2/1 und M2/2 sowie für Slaves S2/1 bis S2/3. Analog dazu ist auch die Bezeichnung der Teilnehmer im Ring 3. Die Verbindung der Ringe erfolgt über die Controller C.

Ein Ring besteht aus einer geschirmten Twisted-Pair-Leitung deren beide Enden verbunden sind. Diese Maßnahme dient der Vermeidung von Reflexionen. Die maximale Leitungslänge beträgt 1,2 km bei einer Datenübertragungsrate von 76,8 kBit/s. In einem Ring können bis zu 125 Teilnehmer über Stichleitungen angeschlossen werden, davon dürfen aber höchstens 32 Master – dazu gehören auch die Controller – sein. Durch Zusammenschalten von mehreren Ringen sind große Teilnehmerzahlen (einige Tausend) realisierbar.

Der Standardpegel von P-NET entspricht RS-485. Die Zeichen werden im NRZ-Format asynchron übertragen. Ein Zeichen besteht aus 8 Bit Daten, zuzüglich 1 Bit als Kennung für Adressen oder Daten, von Start- und Stopbit begrenzt. In der *eigensicheren Variante* für explosionsgefährdete Anlagen ist synchrone Datenübertragung mit Manchestercodierung vorgesehen.

Ein Telegramm enthält

Absender- und Empfängeradresse,

Steuerbits und Angabe der Informationslänge,

die eigentliche Information,

ein bzw. zwei Byte Datensicherung.

Der Buszugriff der einzelnen Master wird durch die zeitgesteuerte Weitergabe eines Tokens geregelt. Es wird aber keine Tokennachricht versandt, sondern jeder Master berechnet die Zuteilung selbständig. Daher wird diese Art der Zugriffsweitergabe oft auch *virtuelles Token* genannt. Nach Erlangung der Zugriffsberechtigung kann ein Master nur *ein* Telegramm an einen Slave senden und die angeforderte Antwort abwarten. Danach geht das Token an den nächsten Master über. Die Slaves werden also in mehreren getrennten Zyklen der Reihe nach angesprochen. Wegen der festen Zeitbedingungen für Telegramme und Zyklen lassen sich für eine vorliegende Konfiguration maximale Zugriffszeiten berechnen.

11.12 LON

LON - Local Operating Network wurde von der Firma Echelon (USA) für den Einsatz in der Gebäudeautomation wie auch in der Kraftfahrzeugtechnik entwickelt und sollte insbesondere die Vernetzung von hierarchisch aufgebauten Netzen mit weitgehend selbständigen (lokal operierenden) Knoten ermöglichen. LON-User-Organisationen unterstützen weltweit die Anwender beim Einstieg in die LON-Technologie, eine IEC-Norm liegt als Entwurf vor.

Wegen der geforderten Selbständigkeit und Universalität der Knoten bildet ein leistungsfähiger LON-Mikrocontroller, der so genannte Neuron-Chip, den Kern von jeder Station.

Im Folgenden sind die Einzelelemente des LON-Mikrocontrollers aufgeführt, er enthält:

- drei 8-Bit-Prozessoren (CPUs) für Buszugriff (MAC), Netzkontrolle und Anwendersoftware,
- internes RAM, ROM und EEPROM (Electrically Erasable Programmable Read Only Memory, so dass der Inhalt, z.B. Konfigurationsdaten, einfach geändert werden kann),
- parallele und serielle Ein/Ausgabeports für benutzerspezifische Anwendungen, z.B. auch Timer/Counter, und zum direkten Anschluss von LON-Transceivern.

Von den Firmen Motorola und Toshiba werden zwei LON-ICs unterschiedlicher Ausbaustufe, mit Nummer 3120 bzw. 3150, angeboten.

Ein LON-Netz kann sehr komplex sein und aus bis zu 255 Subnetzen aufgebaut werden. Da jedes Subnetz aus maximal 127 Knoten bestehen kann, ist eine maximale Knotenanzahl von $127 \cdot 255 = 32385$ realisierbar. Um bei solch ausgedehnten Netzkonfigurationen die Koordinierung zu garantieren, wurden sieben Protokollebenen, angelehnt an das OSI-RM von ISO, definiert und ein neues Zugriffsverfahren entwickelt. Es basiert auf CSMA/CD und ist durch Erweiterung mit Prioritätenebenen-Vergabe und Berücksichtigung der Netzauslastung in Richtung CSMA/CA erweitert worden. Dadurch werden Kollisionen zwar nicht ganz ausgeschlossen (CA = Collision Avoidance), sondern nur unwahrscheinlicher und besonders wichtige Datenübermittlungen werden mit höchster Priorität behandelt. Die zeitkritischen Aufgaben können darüber hinaus von den relativ intelligenten Knoten oder doch wenigstens innerhalb eines Subnetzes gelöst werden.

Für die Datenübertragung sind neben Twisted-Pair-Leitungen (mit 78 kBit/s bis 2 km bzw. mit 1,25 MBit/s bis 500 m in RZ-Codierung) und Koaxialkabeln (1,25 MBit/s) auch die Netzversorgungsleitungen (nur einige kBit/s) und die drahtlose HF-Übertragung (bis 9,6 kBit/s im Funkbereich von 49 MHz bis 900 MHz, auch für einige km Entfernung) sowie Infrarot (bis 78 kBit/s) und Lichtwellenleiter (bis 1,25 MBit/s) vorgesehen. Für all diese Medien stehen Transceiver zur Verfügung.

11.13 SERCOS

Der Name SERCOS (Serial Real Time Communication System) beschreibt den Einsatz dieses Busses im Echtzeitbereich von Steuerungen und Antrieben. Wegen der geforderten elektromagnetischen Störfestigkeit werden standardmäßig Lichtwellenleiter (LWL) aus Kunststoff- oder Glasfaser eingesetzt, woraus sich die grundlegende Struktur aufeinander folgender Punkt-zu-Punkt-Verbindungen ergibt. Der Abstand zwischen zwei Teilnehmern wird damit maximal 60 m bzw. 250 m, je nach verwendeter LWL-Technologie.

Die Übertragungsrate beträgt 2 MBit/s, 4 MBit/s oder 8 MBit/s.

Ein Master steuert die Slaves in einem Ring an. Maximal 254 Slaves sind zulässig. Der Rahmenaufbau entspricht HDLC mit Flag (01111110), 8 Bit Adressen, mehreren Steuer- und Statusbytes, Datenfeld, 16-Bit- CRC und wieder abschließendem Flagbyte.
Die Signaldarstellung erfolgt im NRZI-Format.

In jedem Zyklus werden drei Telegrammarten eingesetzt. Dem Mastersynchronisationstelegramm folgen die Antworttelegramme aller Slaves der Reihe nach. Der Zyklus wird durch ein Masterdatentelegramm beendet.

12 Neue serielle Busse

Die neueren seriellen Busse USB (Universal Serial Bus) und IEEE-1394-Bus sollen vor allem im Multimedia-PC-Bereich den einfachen Anschluss verschiedenster Peripheriegeräte ermöglichen. *Einfach* heißt hier *Hot Plug and Play*, das System konfiguriert sich also automatisch neu, sobald Komponenten hinzugefügt oder entfernt werden.

Die ursprünglich vorgesehenen Datenraten von USB mit bis 12 MBit/s und IEEE-1394 mit 100, 200, 400 oder 800 MBit/s – auch noch höhere Datenraten sind anvisiert – teilte die jeweils in Frage kommenden Peripheriegeräte in zwei Gruppen. Die langsamen, im Allgemeinen auch preiswerteren Geräte, benötigen nicht den schnellen und aufwendigeren Bus nach IEEE-1394.

Für den USB-Anschluss waren daher zunächst nur folgende Geräte vorgesehen: Maus, Tastatur, Monitor (nur für die Monitoreinstellungen wie z.B. Bildgröße, Helligkeit und Kontrast), Modem, Scanner, Standard-Drucker und Audio-Anwendungen.

Der IEEE-1394-Bus dagegen bietet sich an für Videorecorder, Camcorder, CD-ROM-Laufwerke, Festplatten (Hard Disks) und DVDs (Digital Video Disks), aber auch Monitore, Modems und Laptops. Selbst ganze LANs sind mit dem IEEE-1394-Bus realisierbar. Durch die beiden Busse USB und IEEE-1394 könnten somit praktisch alle typischen PC-Schnittstellen und -Busse ersetzt werden.

Mit der neuen Version USB 2.0 soll durch Erweiterung auf den *High-Speed*-Bereich von bis zu 480 Mbit/s nun auch der Anschluss schneller Geräte über USB ermöglicht werden. Dies ist ungefähr die derzeitige Geschwindigkeit von IEEE-1394, da die angebotenen Controller allgemein nur Datenraten bis 400 Mbit/s aufweisen. Einen ganz besonderen Vorsprung genießt IEEE-1394 durch die relativ weite Verbreitung, so z.B. als Standard von DV (Digital Video)-Camcordern.

Eine besondere Eigenschaft beider Busse ist hervorzuheben. Da für die Übertragung von Audio- und Videodaten eine gleichbleibende Geschwindigkeit garantiert werden muss, brauchen diese Kanäle eine zugesicherte Datenübermittlungsrate. Andererseits dürfen durch diese schnellen Datentransfers die langsameren Geräte wie Maus, Tastatur oder Drucker nicht völlig blockiert werden. Es wird daher ein kleinerer Prozentsatz der vorhandenen Bandbreite für die weniger anspruchsvollen Geräte reserviert, während für die zeitkritischen Anwendungen ein im Mittel kontinuierlicher Datenstrom mit definierter Übertragungsrate garantiert wird, indem in einem so genanntem *isochronen Transfer* mit schneller Blockübertragung und Zwischenspeicherung in FIFOs eine gleichsam stetige Datenübermittlung hinreichender Geschwindigkeit erfolgt.

Die genannten (relativ) neuen seriellen Busse werden im Folgenden genauer beschrieben.

12.1 USB

Die Spezifikation des USB wurde von Firmen wie Compaq/DEC, IBM, Intel, Lucent, Microsoft, NEC und Philips gemeinsam bearbeitet und vorgeschlagen. Seit 1996 haben neu gefertigte PCs zunehmend einen oder zwei USB-1.1-Anschlüsse, die direkt auf der Hauptplatine (Motherboard) angebracht sind. Am PC ist eine Buchsenleiste, am USB-Kabel der entsprechende Stecker vorgesehen.

Auch Peripheriekomponenten wie Maus, Tastaturen, Drucker oder Scanner werden mit USB angeboten. Mit USB-Anschluss versehene Drucker bieten aber oft noch zusätzlich die parallele Schnittstelle an.

12.1.1 Kabel und Stecker

Ein typisches USB-Kabel ist in Bild 12-1 schematisch skizziert. Es hat unterschiedliche Stecker an beiden Enden. Der A-Stecker paßt in die A-Buchse eines Hub-Anschlusses, der abwärts gerichtet ist (Downstream Output). Der B-Stecker kann nur in die B-Buchse eines Gerätes oder eines Hubs gesteckt werden, die aufwärts zeigt (Upstream Input).

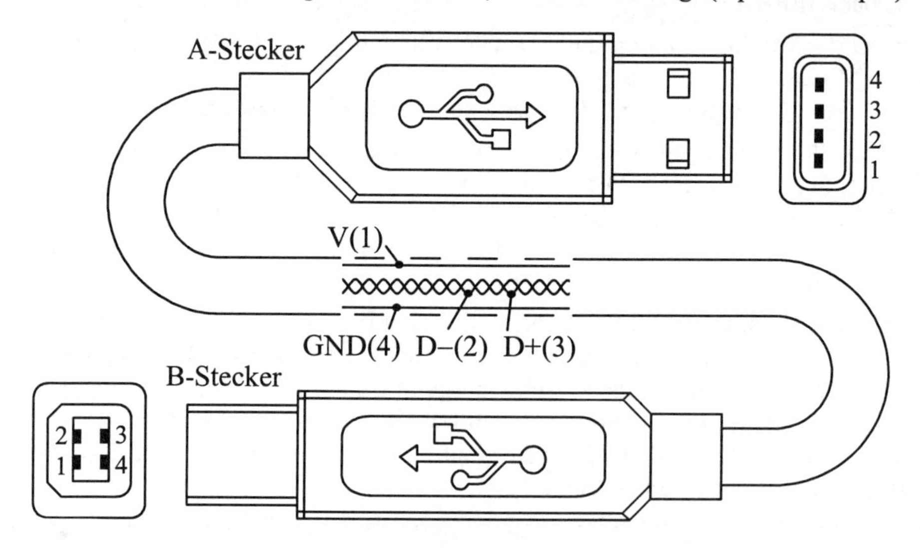

Bild 12-1: USB-Kabel mit A- und B-Stecker sowie jeweils Seitenansicht

Es werden zwei Signalleitungen – in Bild 12-1 mit D+ und D- bezeichnet – verwendet, da symmetrische Datenübertragung vorgesehen ist. In Klammern ist die Pinbelegung am Stecker, Pin 3 bzw. Pin 2, angegeben. Neben den Datenleitungen D+ und D- sind zwei Adern mit V = +5 V (an Pin 1) bzw. GND = Masseleitung (an Pin 4) als Spannungsversorgung für die Geräte ohne eigene Spannungsquelle vorgesehen.

Die Kontakte dieser beiden Anschlüsse am Stecker sind länger als die der Datenleitungen. Dies ist für das Anschließen und Abtrennen unter Spannung erforderlich.

12.1.2 USB-Struktur

Die Struktur des USB ist geprägt von der zentralen Steuerung durch den Master – hier üblicherweise *Host* genannt – und durch *Hubs* (Sternverteiler), die als Zwischenverstärker dienen. Nach dem Einschalten und beim Hinzufügen von Peripheriegeräten wird durch den Host die Konfiguration erfasst, wobei auch der Bandbreitenbedarf der einzelnen Geräte festgestellt wird. Die grundlegende Struktur wird an einem einfachen Beispiel anhand von Bild 12-2 verdeutlicht.

Alle gezeichneten Kabel bilden jeweils Punkt-zu-Punkt-Verbindungen. Dadurch erübrigt sich das externe Anbringen von Abschlusswiderständen. So werden auch Fehler durch falsche Terminierung vermieden. Der Master (Host) hat Hub-Funktion, so dass die parallele Verzweigung zum Monitor und zu einem weiteren Hub möglich ist. An den beiden Downstream Outputs sieht man jeweils das A-Stecksystem, am Upstream Input des Monitor-Hubs wie auch des rechts daneben eingezeichneten Hubs ist das B-Stecksystem angedeutet. Dies ist die erste Sternverzweigung. Sowohl der Hub des Monitors als auch der rechte Hub dieser Ebene bilden den Mittelpunkt neuer Sternverzweigungen für Lautsprecher, Tastatur und Mikrophon bzw. für Drucker, Scanner und Modem. In dieser Ebene verzweigt der Tastaturhub zu Maus und Digitalisierungsgerät. Am Upstream Input des Mikrophons und an dem des Digitalisierungsgerätes ist beispielsweise eine weitere Anschlussvariante, das *gerätespezifische Stecksystem*, eingezeichnet. Das kann eine feste (unlösbare) Verbindung oder ein *herstellerspezifisches Stecksystem* sein.

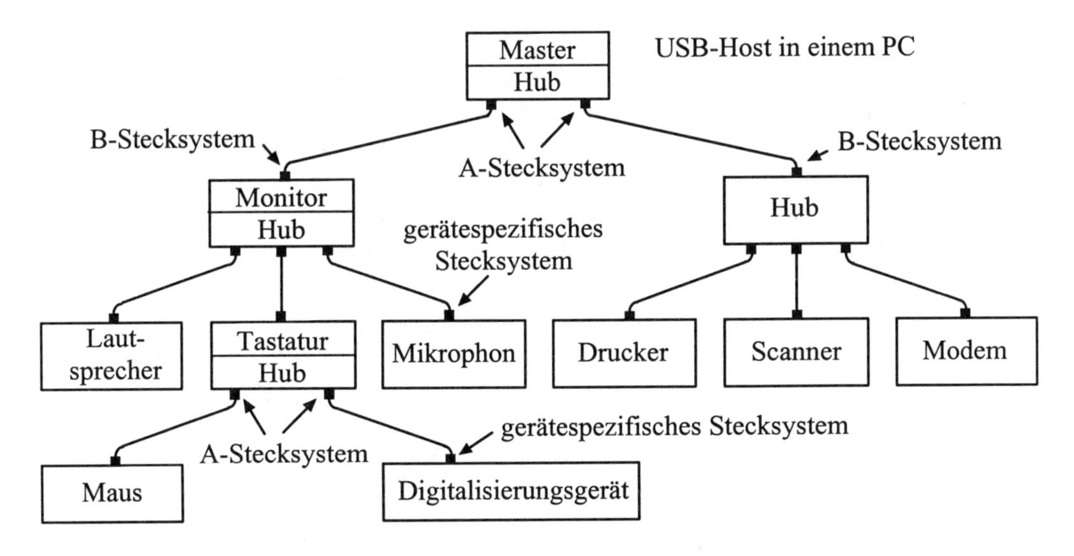

Bild 12-2: Geschichtete Sternstruktur des USB

Der Host adressiert die USB-Geräte der Reihe nach, das heißt durch so genanntes *Polling*. Im Takt von 1 ms, oder ganze Vielfache davon, sendet der Host eine Nachricht *abwärts (downstream)*. Das adressierte Gerät antwortet in Richtung *aufwärts (upstream)*.

12.1.3 Geschwindigkeitsklassen

Für die Datenübertragung sind drei Geschwindigkeitskategorien definiert.

1. Low-Speed:

Die Übertragungsrate ist hier mit 1,5 MBit/s definiert. Diese Betriebsart ist für langsame Geräte, z.B. so genannte *Interactive Devices* wie Tastatur und Maus, geeignet.

2. Full-Speed:

12 MBit/s sind bei Geräten mit höheren garantierten Bandbreiten erforderlich.

3. High-Speed:

480 MBit/s werden für höchste Ansprüche (Video- und Speicheranwendungen) benötigt.

Bei niedrigen Datenraten (Low-Speed) sind einfache, ungeschirmte Kabel verwendbar, diese sind aber nicht für höhere Datenraten geeignet. Auch die Abschlusswiderstände sind für die langsame und die schnelle Version unterschiedlich definiert.

Bei höheren Datenraten können nur spezielle Kabel mit geschirmten, verdrillten Leitungen eingesetzt werden.

Der Wellenwiderstand Z soll dabei 90 Ω betragen und die zwei Leitungen mit den differentiellen Signalen müssen mit Widerständen von jeweils 45 Ω auf beiden Seiten gegen GND abgeschlossen werden. Die verdrillten, ungeschirmten Kabel dürfen maximal 3 m lang sein, die verdrillten, geschirmten dagegen bis zu 5 m.

12.1.4 Verwendung von High-Speed-Geräten

Für den Anschluss von High-Speed-Geräten wird ein USB-2.0-Host-Controller eingesetzt. Die schnellen Geräte werden dann in einer eigenen Linie angeordnet, wobei beliebige Sternverzweigungen mit USB-2.0-Hubs zulässig sind. Allgemein erkennt ein Controller, nach welchem Standard – USB 1.1 oder USB 2.0 – ein angeschlossenes Gerät arbeitet. Daher können auch Low/Full-Speed-Geräte oder -Hubs (nach USB-1.1) von einem USB-2.0-Hub abzweigen. Das Prinzip ist in Bild 12-3 schematisch dargestellt.

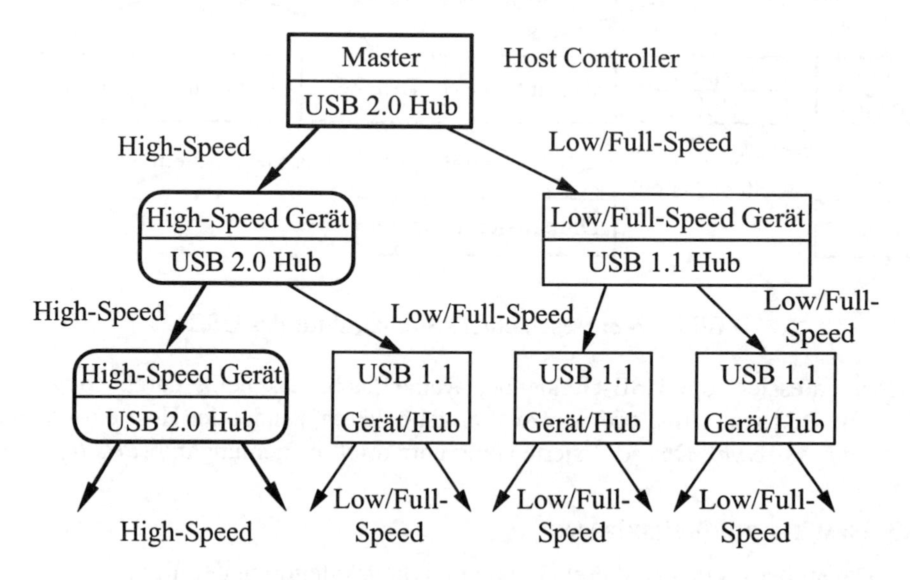

Bild 12-3: Anordnung von High-Speed- und Low/Full-Speed-Geräten bei USB 2.0

Der Master, oder auch Host-Controller, treibt über einen USB-2.0-Hub die auf der linken Seite ein wenig stärker eingezeichnete High-Speed-Linie. High-Speed-Geräte sind nur an

USB-2.0-Hubs angeschlossen, während gleichzeitig Verzweigungen zu Low/Full-Speed-Geräten und -Hubs vorgesehen sind. In beiden Low/Full-Speed-Abzweigungen werden durch die entsprechenden USB-2.0-Hubs jeweils die vollen 12 MBit/s-Bandbreiten zur Verfügung gestellt.

Die maximale Anzahl von 127 Geräten kann aber damit nicht überschritten werden.

12.1.5 Datenrahmen

Ein Übermittlungspaket kann drei unterschiedliche Rahmen haben, die durch eine PID (Packet ID) identifizierbar sind. Diese "Paketidentifizierung" folgt immer dem Synchronisationsfeld und unterscheidet zwischen

Token Packet (mit unterschiedlichen Funktionen),

Data Packet und

Handshake Packet (z.B. ACK oder NAK).

Beim *Token Packet* folgt auf die Paketidentifizierung ein Adressfeld, mit dem maximal 127 Teilnehmer angesprochen werden können, ein Steuerfeld mit 4 Bit und ein CRC-5-Datensicherungsfeld, gebildet mit dem Polynom $x^5 + x^2 + 1$.

Das *Data Packet* hat hinter der PID ein Datenfeld mit 0 bis 1023 Bit, das durch ein CRC-16-Sicherungsfeld, gebildet mit dem Polynom $x^{16} + x^{15} + x^2 + 1$, abschließt.

Das *Handshake Packet* besteht nur aus der PID, deren Bitkombination die Nachricht darstellt.

12.1.6 Datenformat

Das Übertragungsformat entspricht NRZI und im Datenfluss werden durch *Bit Stuffing*, das heißt durch Einfügen einer Null jeweils nach 6 aufeinander folgenden Einsen, zusätzliche Pegelwechsel erzeugt. In Bild 12-4 ist in der ersten Reihe eine beliebige Datenbitfolge im NRZ-Format dargestellt. Sobald sechs Einsen aufeinander folgen, wird eine Null eingefügt.

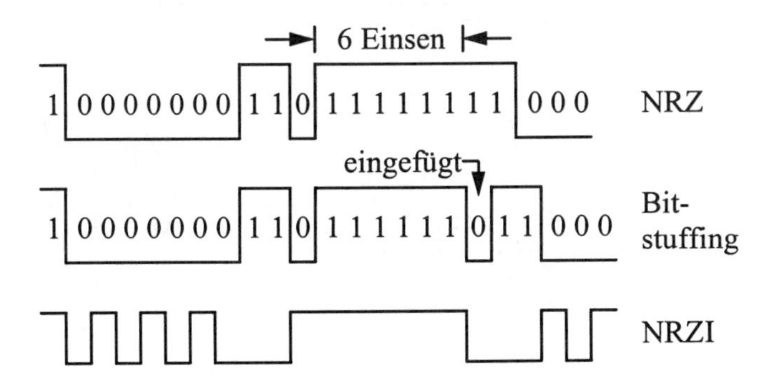

Bild 12-4: USB verwendet Bitstuffing nach 6 Einsen und NRZI

Dieses *Bitstuffing* ist in der zweiten Zeile durchgeführt. Durch das eingefügte Bit verschiebt sich das darauf folgende Bitmuster (hier im Beispiel: 11000) nach rechts.

Die dritte Zeile zeigt das zugehörige NRZI-Signal. Man erkennt den zusätzlichen Pegelwechsel an der Stelle der eingefügten Null. Dadurch stehen für die Takterzeugung aus den gesendeten Daten hinreichend viele Pegelwechsel zur Verfügung. Jeweils spätestens nach sieben Bitzeiten folgt immer wieder ein Pegelwechsel. Das Bitstuffing erfolgt unabhängig von dem darauf folgenden Bitmuster und wird vom Empfänger genau so automatisch wieder rückgängig gemacht. Zuvor wird aber der Takt aus dem übertragenen NRZI-Muster regeneriert.

Paketanfang SOP (Start of Packet) und Paketende EOP (End of Packet) werden durch eine besondere Pegelkennung angezeigt. USB-Controller stehen als integrierte Bausteine zur Verfügung.

12.2 IEEE-1394-Bus

Im Kapitel 9.7.7 wurde bereits der IEEE-1394-Bus als serielle Variante des SCSI-3-Architektur-Modells erwähnt. Dort wurde auch schon darauf hingewiesen, dass die erste Realisierung des IEEE-1394 von der Firma Apple stammt und den Namen *Fire Wire* trägt. Der entsprechende Name bei der Firma Sony ist *i.Link*. Nachdem sich viele namhafte Firmen – darunter auch wieder Intel und Microsoft – in der *1394 Trade Organization* zusammengeschlossen hatten, stand der zukünftigen weiten Verbreitung dieses neuen seriellen Busses nichts mehr im Wege. Viele in PCs eingesetzte Schnittstellen und Busse, auch spezifische Festplatten-Interfaces und allgemeine Busse wie paralleles SCSI oder GPIB (IEC-625 bzw. IEEE-488) als typischer Messgerätebus könnten durch den IEEE-1394-Bus abgelöst oder doch wenigstens zurückgedrängt werden.

12.2.1 Kabel und Stecker

Wie schon oben erwähnt, bilden auch Audio- und Videogeräte ein wichtiges Einsatzgebiet für einen neuen Bus mit hohen Datenübertragungsraten bei einfacher Plug-and-Play-Technik.

Die verwendeten 6-adrigen dünnen, flexiblen Kabel erleichtern die praktische Handhabung. Bild 12-5 zeigt ein IEEE-1394-Kabel schematisch und im Querschnitt.

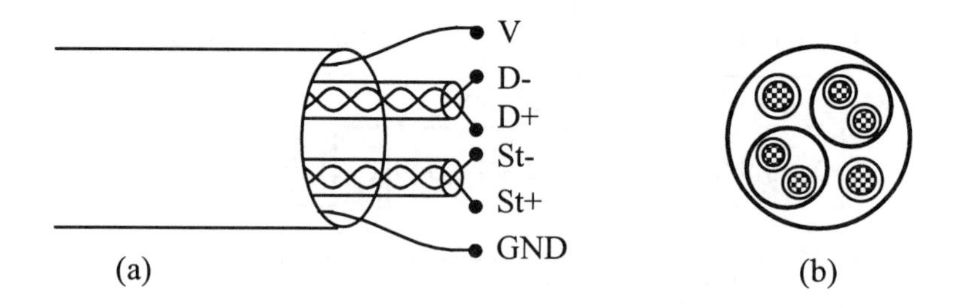

Bild 12-5: IEEE-1394-Kabel mit Signalbezeichnungen (a) und im Querschnitt (b)

Im Kabel (a) erkennt man *zwei* geschirmte, verdrillte *Leiterpaare* für die Datenübertragung und zusätzlich zwei Leitungen für die Spannungsversorgung kleinerer Peripheriegeräte, mit GND als Masseleitung und V für eine Spannung von 8 bis 40 V. Die Strombelastung dieser Adern ist auf 1,5 A beschränkt. In der Darstellung des Kabelquerschnitts wird die Lage der Adern deutlich (b). Daten- und Strobeleiterpaare sind jeweils einzeln geschirmt. Außerdem dient auch der Kabelmantel als zusätzliche Schirmung.

In Bild 12-6 ist ein IEEE-1394-Stecker mit Seitenansicht dargestellt

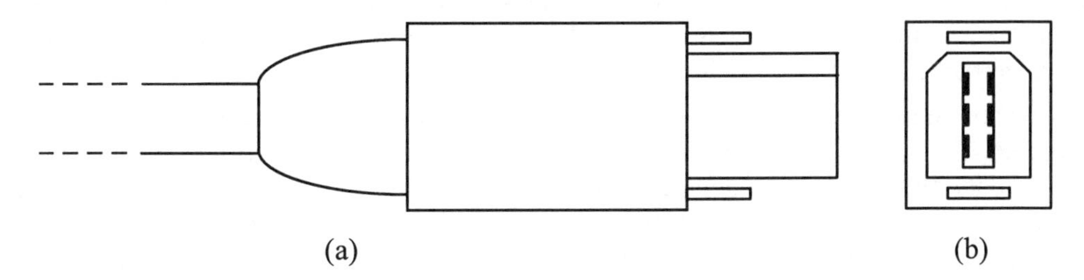

Bild 12-6: IEEE-1394-Stecker (a) mit Seitenansicht der Steckverbindung (b)

Der Querschnitt des Steckers ist ungefähr 1 cm x 1,2 cm. In der Seitenansicht der Steckverbindung (b) erkennt man die sechs Kontakte. Zum Anschluss von Geräten mit eigener Spannungsversorgung können auch 4-adrige Kabel verwendet werden.

12.2.2 Datenformat

Die Datenübertragung erfolgt mit den Signalpaaren Daten D+/D- und Strobe St+/St-. Die *Daten* werden im NRZ-Format übertragen, während *Strobe* eine Art Hilfstakt darstellt, mit dem der Empfänger einen Takt erzeugen kann.

Dies wird anhand von Bild 12-7 im Einzelnen erläutert.

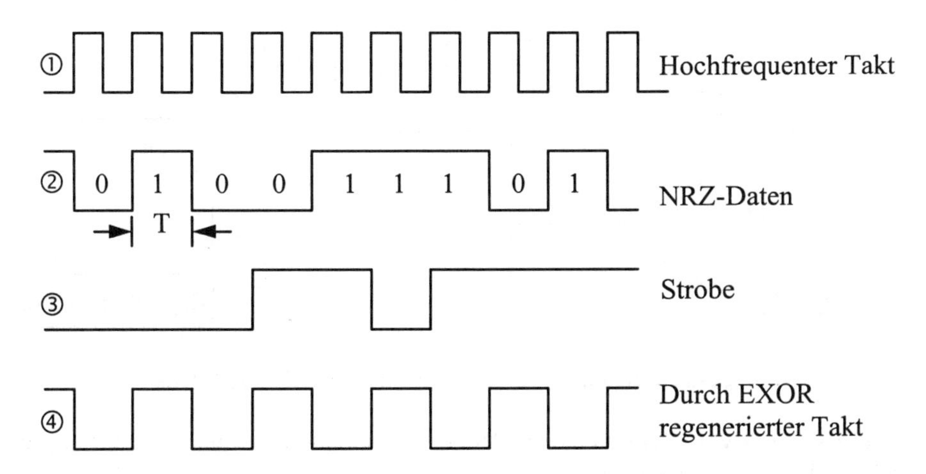

Bild 12-7: Taktregenerierung beim IEEE-1394-Bus aus NRZ- und Strobe-Signal

In dem NRZ-Signal ② ist nur bei 010101-Folgen genügend Taktinformation enthalten. Jedoch bei vielen aufeinander folgenden Nullen oder Einsen kann der Takt nicht mehr aus dem Datenmuster regeneriert werden. Ein Takt entsprechend ① würde doppelte Frequenz gegenüber einer 010101-Folge (höchste Pegelwechselfrequenz) aufweisen.

Bei den hohen vorgesehenen Datenübertragungsraten beim IEEE-1394-Bus – die Bitzeit T ist nur wenige ns lang – wird statt des hochfrequenten Taktes nach ① nur ein so genannter Strobe ③ als zweites Signal übertragen. Hier ist anzumerken, dass diese Betrachtung zum besseren Verständnis nur für Einzelleitungen durchgeführt wird. Tatsächlich wird das im Bild so vereinfacht dargestellte Signal als differentielles (symmetrisches) Signal auf einem verdrillten Leiterpaar übertragen.

Das Strobe-Signal ③ wechselt den Pegel, sobald zwei gleiche Datenbits hintereinander auftreten. Es unterteilt sozusagen den Zeitraum gleichen Pegels (infolge gleicher Bits, Einsen oder Nullen) durch eigene Pegelwechsel in Bitzeiten T. Dadurch kann der Empfänger einen Takt regenerieren, indem er über die NRZ-Daten ② und Strobe ③ die logische Funktion EXOR bildet. Nur wenn eines dieser Signale allein "1" ist, wird auch der regenerierte Takt ④ logisch "1". Man erkennt, dass dieses Signal maximal nur halbe Frequenz gegenüber dem Takt ① hat.

12.2.3 Struktur und Aufbau

Den Verbindungsaufbau mit dem IEEE-1394-Bus zeigt Bild 12-8 an einem einfachen Beispiel. Der Hostadapter des PCs in Bild 12-8 hat *drei* Ports zur Ansteuerung von *drei* Buslinien.

Durch Verwendung von ICs, die z.B. von Texas Instruments angeboten werden, ist dies einfach realisierbar. Benötigt wird ein Link-Layer-Controller (TSB12LV22), der über den PCI-Bus angesprochen wird, und ein 3-Port-Physical-Layer-IC (TSB41LV03), das durch den Controller gesteuert wird. Die $2 \cdot 3 = 6$ symmetrischen Transceiver sind schon auf dem Chip integriert.

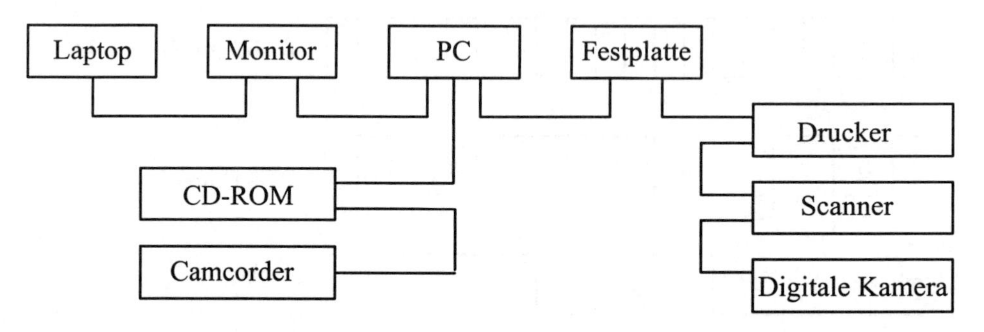

Bild 12-8: Verbindungsaufbau mit dem IEEE-1394-Bus

Für die Adressierung von Geräten stehen 16 Bit zur Verfügung, und zwar 6 Bit plus 10 Bit jeweils für Linien und Knoten.

Das ergibt maximal $(2^6 - 1) \cdot (2^{10} - 1) = 63 \cdot 1023 = 64449$ adressierbare Teilnehmer. In der Praxis wird daher die Geräteanzahl nicht durch die Adressierbarkeit begrenzt.

13 Schlussbemerkungen

Abschließend möchte man gerne eine Zusammenfassung mit möglichst viel *Ordnung* anbieten. Natürlich zeigt sich die Gliederung schon in dem Inhaltsverzeichnis, da dieses die Untergliederung des Stoffes in Kapitel und Unterkapitel erzwingt. Auch in dem Kapitel *1 Überblick* wird diese Ordnung sichtbar, hier in den Schlussbemerkungen sollen aber auch die Schwierigkeiten bei der künstlichen Abgrenzung angesprochen werden.

Die Kapitel *2 Leitungen*, *3 Leitungsankopplung und Abschlüsse* und *4 Impulse auf Leitungen* stellen nur die Grundlagen der Schnittstellentechnik dar, diese sind leicht aneinander zu reihen. Der Anfang des Kapitels *5 Serielle Schnittstellen* ist auch noch gut zu gliedern. Schwieriger wird es bei RS-422, RS-423 und RS-485. Diese sind zwar auch noch *Serielle Schnittstellen* im weiteren Sinne, jedoch mit dem Unterschied, dass es sich schon um Busse handelt, da mehrere Teilnehmer an diese Schnittstellen (diese Busse) angehängt werden können. Bei RS-422/423 sind nur mehrere Slaves, bei RS-485 aber auch mehrere Master zugelassen. Besonders RS-485 dient als Grundlage für viele Bussysteme, aber nicht nur für serielle Busse wie CAN-Bus oder DIN-Messbus, sondern auch für parallele Busse wie SCSI. Hier werden dann eben mehrere parallele Leitungspaare entsprechend der Schnittstellen-Spezifikation von RS-485 verwendet. Leichter einzuordnen sind dann wieder die einfachen seriellen Schnittstellen *Stromschnittstelle* und *IrDA* (besonders in der Ausführung bis 115,2 kBit/s). Sie stellen nämlich nur unterschiedliche *"Pegeldefinitionen"* gegenüber der RS-232-Schnittstelle dar, das sind *20mA* bzw. *infrarote Strahlung* gegenüber *+12V/-12V*.

Bei den *Parallelen Schnittstellen* im Kapitel 6 erscheint die Gliederung zunächst auch einfach. Jedoch schon bei dem Übergang von der Centronics-Schnittstelle zur IEEE-1284-Schnittstelle wird die Grenze von der einfachen Schnittstelle zum Bus wieder überschritten. Mit dem IEEE-1284-Standard können nämlich bis zu 256 Peripheriegeräte angeschlossen werden. Am Ende des Kapitels *6 Parallele Schnittstellen* werden noch DMA und FIFO behandelt, weil diese Begriffe hier zum ersten Mal auftreten. Selbstverständlich ist DMA ebenso bei *Parallelen Bussen* wichtig und FIFOs braucht man auch für einfache *Serielle Schnittstellen* sowie für *Serielle* und *Parallele Busse*. Und der hier behandelte Hardware-Handshake wird sowohl für einfache Schnittstellen als auch für Busse gebraucht. Noch schwieriger sind die Monitorschnittstellen einzuordnen mit ihrer Entwicklung von parallel/zum Teil analog hin zu parallel/digital/zum Teil serialisiert. Sie wurden daher nach dem überwiegenden Merkmal *parallel* eingeordnet.

Die Mikrocontrollerschnittstellen erhielten ein eigenes Kapitel, denn ein Mikrocontroller hat neben den einfachen parallelen und seriellen Schnittstellen beispielsweise auch Pulsweitenmodulation als Ausgangs- und Analog/Digital-Wandler als Eingangsschnittstelle und sogar ganze Buscontroller auf dem Chip.

Im 8. Kapitel wurde dann Grundsätzliches zu Busstrukturen, Buszuteilungen, Synchronisierung und Fehlererkennung vorab gemeinsam für serielle wie parallele Busse betrachtet. Erst im Kapitel *9 Parallele Busse* erfolgt die Beschränkung auf rein parallele Standards, die von "Rückwandverdrahtungen", wie VME-Bus und Futurebus oder auch

PCI-Bus, bis hin zu Peripheriebussen, wie SCSI und GPIB, reicht. Dazu wäre noch anzumerken, dass SCSI z.B. im PC oft auch – wenigstens zum Teil – als eine Art "Rückwandverdrahtungen mit Flachbandkabel" eingesetzt wird, wenn so genannte interne Geräte, wie Festplatte und CD-ROM-Laufwerk, busartig miteinander verbunden werden. Über eine Steckverbindung kann dieser Bus dann noch nach außerhalb des Gehäuses verlängert werden.

Im Kapitel *10 Serielle Busse, LANs* wurden dann speziell für serielle Busse die Grundlagen wie serielle Datendarstellung, Zugriffssteuerung und Busstrukturen sowie Blocksynchronisierung und Rahmenstruktur behandelt. Als Anwendung sind LANs beschrieben.

Die in Kapitel *11 Feldbusse* behandelten Busse setzen die Reihe der seriellen Busse fort. Als besonderes Beispiel sei hier ARCNET hervorgehoben, das als LAN begann und später zunehmend als Feldbus eingesetzt wurde. Hier zählt nicht so sehr die Geschwindigkeit, sondern das Echtzeitverhalten, das durch das Token-Verfahren garantiert wird.

Bei den *Neuen seriellen Bussen* im Kapitel 12 handelt es sich um relativ neue und sehr schnelle – derzeit bis ungefähr 400 MBit/s – Bussysteme, die als Punkt-zu-Punkt-Verbindungen mit baumartiger Verzweigung beim USB bzw. mit mehreren Linien beim IEEE-1394-Bus aufgebaut sind. Rein formal handelt es sich also nicht um reine Busse, aber – was viel wichtiger ist – die Handhabung wird dadurch erheblich erleichtert und das fehlerträchtige Terminieren entfällt ganz.

Abschließend noch ein paar Überlegungen zur künftigen Entwicklung der digitalen Schnittstellen und Bussysteme. Allgemeiner Trend ist seit Jahren die Erhöhung der Übertragungsraten. Die grundlegenden Schnittstellen bzw. Busse wie z.B. RS-232 oder RS-485 werden aber weiterhin im Einsatz bleiben. Auch die seit Jahrzehnten etablierten Bussysteme wie VME, GPIB und SCSI werden der allgemeinen Entwicklung ständig angepasst.

In der Multimedia-Umgebung wird die Ausbreitung der zwei relativ neuen Standards, USB für langsame und IEEE-1394-Bus für schnelle Geräte, weitergehen. Dadurch werden insbesondere einfache parallele und serielle Schnittstellen zurückgedrängt. In welchem Maße der Anteil von USB 2.0 für High-Speed-Geräte anwachsen wird, ist noch nicht abzusehen. Der IEEE-1394-Bus hat zurzeit noch den Vorteil weiter Verbreitung, da er früher eingeführt wurde.

Als spezieller Bus von PCs und Workstations wird PCI weiter an Bedeutung zunehmen, während der alte ISA-Standard wegen der weiten Verbreitung vieler Komponenten dieses Typs zunächst noch bestehen bleiben wird.

Für LANs werden serielle Busse auf Ethernet-CSMA/CD-Basis bevorzugt, während Busse, die mit Token arbeiten (im Ring oder als Bus/Linie) besondere Eignung für Prozess/Feldbusse aufweisen. Feldbusse wie z.B. PROFIBUS, INTERBUS und CAN werden weiter um Marktanteile kämpfen.

Zu der babylonischen Vielfalt von *Standards* kommen noch unzählige ähnliche *Busse in Eigenbau* für die unterschiedlichsten Anwendungen hinzu. Allerdings stützen sich diese Entwicklungen oft auf Standards, schon um vorhandene ICs verwenden zu können und damit die Kosten zu senken.

Literaturverzeichnis

[1] ANSI (American National Standard for Information Systems)
X3T9.2/82 Rev. 17b, Dec. 1985: SCSI; X3T9.2/93 Rev. 10, 1993: SCSI-2;
X3T9.2/9X: SCSI-3.

[2] Badach, A.; Hoffmann, E.: Technik der IP-Netze - TCP/IP incl. IPvG.
Carl-Hanser-Verlag, München, 2001.

[3] Baginski, A.; Müller, M.: INTERBUS.
Hüthig-Verlag, Heidelberg, 1994.

[4] Bender, K. (Hrsg.); Katz, M.: PROFIBUS - Der Feldbus für die Automation.
Carl-Hanser-Verlag, München, 2. Auflage, 1992.

[5] Blome, W.; Klinker, W.: Der Sensor-Aktorbus: Theorie und Praxis des INTERBUS. Verlag Moderne Industrie, Landsberg/Lech, 1993.

[6] Borucki, L.: Digitaltechnik.
Teubner-Verlag, Stuttgart, 5. Auflage, 2000.

[7] Busse, R.: Feldbussysteme im Vergleich.
Pflaum-Verlag, München, 1996.

[8] Clements, A.: Microprocessor Interfacing and the 68000, Peripherals and Systems.
John Wiley & Sons, New York, 1989.

[9] Currie, W.S.: LANs explained.
John Wiley & Sons, New York, 1988.

[10] Dembowski, K.: Computerschnittstellen und Bussysteme.
Hüthig-Verlag, Heidelberg, 2. Auflage, 2001.

[11] Dietrich, D.; Loy, D.; Schweinzer, H.-J. (Hrsg.): LON-Technologie, Verteilte Systeme in der Anwendung. Hüthig-Verlag, Heidelberg, 1997.

[12] DIN-Normen.
Beuth-Verlag, Berlin.

[13] Etschberger, K. (Hrsg.): **C**ontroller-**A**rea-**N**etwork, Grundlagen, Protokoll, Bausteine, Anwendungen. Carl-Hanser-Verlag, München, 3. Auflage, 2002.

[14] Färber, G. (Hrsg.): Bussysteme.
Oldenbourg-Verlag, München, 2. Auflage, 1987.

[15] Färber, G.: Prozeßrechentechnik.
Springer-Verlag, Berlin, 2. Auflage, 1992.

[16] Flik, Th.; Liebig, H.: Mikroprozessortechnik.
Springer-Verlag, Berlin, 5. Auflage, 1998.

[17] Forst, H.-J. (Hrsg.): SPS-gestützte Leitsysteme.
VDE-Verlag, Berlin/Offenbach, 1997.

[18] Furrer, F.J. (Hrsg.): BITBUS.
Hüthig-Verlag, Heidelberg, 1994.

[19] Göhring, H.-G.; Kauffels, F.J.: Token Ring.
Datacom-Verlag, Bergheim, 1990.

[20] Habiger, E.: Elektromagnetische Verträglichkeit.
Hüthig-Verlag, Heidelberg, 3. Auflage, 1998.

[21] Hein, M.: Ethernet.
Datacom-Verlag, ITP Bonn, 2. Auflage, 1998.

[22] Held, G.: Ethernet Networks.
John Wiley & Sons, New York, 3. Auflage, 1998.

[23] Hilberg, W.: Impulse auf Leitungen.
Oldenbourg-Verlag, München, 1981.

[24] Hilberg, W.; Piloty, R.: Grundlagen digitaler Schaltungen.
Oldenbourg-Verlag, München, 1978.

[25] Holland, R.C.: Microcomputers and their Interfacing.
Pergamon Press, Oxford, 1984.

[26] Hoyer, K.: Microcomputer Interface Fibel.
Vieweg-Verlag, Braunschweig/Wiesbaden, 2. Auflage, 1986.

[27] Hutchison, D.: Local Area Network Architectures.
Addison-Wesley, New York, 1988.

[28] Hüttmann, M.: ARCNET - der verkannte Feldbus.
VDE-Verlag, Berlin/Offenbach, 1997.

[29] Kauffels, F.J.: Lokale Netze.
Datacom-Verlag, ITP Bonn, 10. Auflage, 1998.

[30] Kauffels, F.J.: Rechnernetzwerksystemarchitekturen und Datenkommunikation.
B.I.-Wissenschaftsverlag, Mannheim, 1987.

[31] Kelm, H.-J. (Hrsg.): USB - Universal Serial Bus.
Franzis-Verlag, München, 1999.

[32] Kelm, H.-J. (Hrsg.): USB 2.0.
Franzis-Verlag, München, 2001.

[33] Klaus, R.: Die Mikrokontroller 8051, 8052 und 80C517.
vdf Hochschulverlag an der ETH Zürich, 2. Auflage, 2001.

[34] Kriesel, W.; Heimbold, T.; Telschow, D.: Bustechnologien für die Automation.
Hüthig-Verlag, Heidelberg, 1998.

[35] Kriesel, W.; Madelung, O.W. (Hrsg.): AS-Interface (Das Aktuator Sensor Interface für die Automation). Carl-Hanser-Verlag, München, 2. Auflage, 1999.

[36] Krutz, R.L.: Interfacing Techniques in Digital Design with Emphases on Microprocessors. John Wiley & Sons, New York, 1988.

[37] Lawrenz, W. (Hrsg.); Bagschik, P.: CAN, controller area network.
Hüthig-Verlag, Heidelberg, 1994.

[38] Lochmann, D.: Digitale Nachrichtentechnik.
Technik-Verlag, Berlin, 3. Auflage, 2002.

[39] Löffler, H.: Lokale Netze.
Carl-Hanser-Verlag, München, 1988.

[40] Madron, Th.W.: LANs: applications of IEEE/ANSI 802 standards.
John Wiley & Sons, New York, 1989.

[41] Malz, H.: Rechnerarchitektur.
Vieweg-Verlag, Braunschweig/Wiesbaden, 2001.

[42] Martin, J.: Local Area Networks.
Prentice Hall, Englewood Cliffs/New Jersey, 1989.

[43] Meißner, K.: Arbeitsplatzrechner im Verbund.
Carl-Hanser-Verlag, München, 1985.

[44] Messmer, H.-P.: PC-Hardwarebuch.
Addison-Wesley, New York, 4. Aufl., 1997.

[45] Peterson, W.D.: The VMEbus handbook.
VFEA International Trade Association, Scottsdale/Arizona, 2. Auflage, 1990.

[46] Piotrowski, A.: IEC-Bus.
Franzis-Verlag, München, 1984.

[47] Popp, M.: PROFIBUS-DP. Grundlagen, Tips und Tricks für Anwender.
Hüthig-Verlag, Heidelberg, 1998.

[48] PROFIBUS Nutzerorganisation, Karlsruhe: PROFIBUS.
Technische Kurzbeschreibung, 1997.

[49] Queck, U.: Kupferkabel für Kommunikationsaufgaben.
Pflaum-Verlag, München, 2000.

[50] Reißenweber, B.: Feldbusse zur industriellen Kommunikation.
Oldenbourg-Verlag, München, 2. Auflage, 2002.

[51] Rose, M.: DIN-Meßbus, Grundlagen und Praxis.
Hüthig-Verlag, Heidelberg, 1994.

[52] Schmeer, H.R. (Hrsg.): Elektromagnetische Verträglichkeit: EMV.
VDE-Verlag, Berlin/Offenbach, 1990.

[53] Schmidt, F.: SCSI-Bus und IDE-Schnittstelle.
Addison-Wesley/Pearson Education, München, 4. Auflage, 2001.

[54] Schnell G. (Hrsg.): Bussysteme in der Automatisierungs- und Prozesstechnik.
Vieweg-Verlag, Braunschweig/Wiesbaden, 4. Auflage, 2000.

[55] Schnell G. (Hrsg.): Bussysteme in der Automatisierungstechnik.
Vieweg-Verlag, Braunschweig/Wiesbaden, 1994.

[56] Scholze, R.: Einführung in die Mikrocomputertechnik. Teubner-Verlag, Stuttgart, 1985.

[57] Schön, A. (Hrsg.): Das Modem-Buch. Franzis-Verlag, München, 1986.

[58] Schumny, H.(Hrsg.): LAN. Vieweg-Verlag, Braunschweig/Wiesbaden, 1987.

[59] Schumny, H.; Ohl, R.: Handbuch Digitaler Schnittstellen. Vieweg-Verlag, Braunschweig/Wiesbaden, 1994.

[60] Stallings, W.: Data and computer communications. Prentice Hall, Upper Saddle River/New Jersey, 5. Auflage, 1997.

[61] Strom, J.: OSI in microcomputer LANs. NCC, Manchester, 1989.

[62] Tangney, B.; O'Mahony, D.: Local Area Networks. Prentice Hall, Englewood Cliffs/New Jersey, 1988.

[63] Tomasy, W.: Electronic communications systems. Prentice Hall, Englewood Cliffs/New Jersey, 1988.

[64] Traeger, D.H.; Volk, A.: LAN - Praxis lokaler Netze. Teubner-Verlag, Stuttgart, 3. Auflage, 2001.

[65] Walter, J.: Mikrocomputertechnik mit der 8051-Controller-Familie. Springer-Verlag, Berlin, 2. Auflage, 1996.

[66] Wittgruber, F.; Himmel, J.; Wonka, R.: SCSI - Ein Interface für mittlere Datenverarbeitungssysteme. Elektronik 12/1984, S. 91-96.

Internetadressen zu Bussystemen:

http://www.arcnet.com
http://www.arcnet.de
http://www.as-interface.com
http://www.bitbus.org
http://www.can-cia.de
http://www.iec.ch
http://www.interbusclub.com
http://www.lno.de
http://www.lonmark.org
http://www.measurement-bus.de
http://www.p-net.dk
http://www.profibus.com
http://www.profibus.de
http://www.usb.org
http://www.worldfip.org

Sachwortverzeichnis

M

N

O

P

Glossar

Abschlusswiderstände

dienen dem Leitungsabschluss, um Reflexionen zu vermeiden oder zu verringern.

AGP (Accelerated Graphics Port)

Diese Video/Grafik-Schnittstelle (ein Einzelsteckplatz, kein Bus) erreicht eine Übertragungsrate von bis zu 1,066 GByte/s.

Acknowledge

Ein Bestätigungssignal bei der Datenübertragung.

Active-LOW-Signal

Die so gekennzeichneten Signale – z.B. durch den so genannten Invertierungsstrich – gelten als aktiviert, wenn sie den niedrigeren Pegelwert aufweisen.

Address Modifier

geben beim → VME-Bus zusätzliche Informationen über die auf dem Bus anliegende Adresse. Angezeigt wird die Anzahl der zu decodierenden Adressbits, die Zugriffsberechtigung und die Art des Datentransfers.

Aktiver Leitungsabschluss

ersetzt eine Widerstandskombination durch Leerlaufspannung und Innenwiderstand.

Aktives Gerät

liefert den Strom von 20 mA bei der Stromschnittstelle.

ALE (Address Latch Enable)

steuert ein Auffangregister zum Zwischenspeichern von Adressen auf.

ALU (Arithmetic and Logic Unit)

Diese Einheit führt arithmetische Operationen wie Addieren und Subtrahieren sowie logische Operationen (UND, ODER, usw.) durch.

AMI (Alternate Mark Inversion)

ist eine Datendarstellung mit Impulsen wechselnder Polarität.

Amplitudenmodulation (Amplitude Shift Keying, ASK)

stellt die Bit-Informationen durch unterschiedliche Amplitude dar.

Anschaltbaugruppe

ist ein Modul (Karteneinschub) mit Kontakten zum Rückwandverdrahtungsbus (engl. backplane) eines Industrierechners oder einer Steuerungseinheit auf der einen Seite und mit einem seriellen Feldbussystem als Ausgang.

ANSI (American National Standard for Information Systems)

ist die nationale Normungsorganisation in den USA.

Arbiter

ist die übliche (englische) Bezeichnung für den Schiedsrichter bei der Buszuteilung.

ARCNET (Attached Resource Computer Network)

wurde als LAN für den so genannten Office-Bereich (Büro) entwickelt. Wegen der geringen Datenrate von maximal 2,5 MBit/s wurde es in diesem Bereich von Ethernet verdrängt. Auf Grund des Token-Verfahrens wird es als Feldbus eingesetzt.

ASCII-Code (American Standard Code for Information Interchange)

entspricht dem ISO-7-Bit-Code (International Organization for Standardization) und dem CCITT-Nr. 5 (Comité Consultatif International Télégraphique et Téléphonique) sowie der DIN-Vorschrift 66003 des DNA (Deutscher Normenausschuss).

ASI (Aktor Sensor Interface)

ist ein Feldbus auf der Aktor/Sensor-Ebene.

Asymmetrisch

bezeichnet man Signale, die gegen den Massepol (Erde, engl. Ground) bezogen sind.

Asynchrone Übertragung

wird durch Start-Bits oder Handshake-Signale gesteuert.

Basisbandübertragung

Die Datenübertragung erfolgt hierbei unmoduliert im Basisband (engl. base band).

Baudrate

Die Übertragungsrate beim Start-Stop-Verfahren wird in Baud angegeben. Sie entspricht bei dualer Codierung: Schritt/s = Bit/s = bps (bit per second) = 1 Baud.

BCC (Block Check Character)

Bezeichnung für ein dem Datenblock angehängtes Prüfwort wie → LRC oder CRC.

Bi-Phase-M, Coded Diphase

Diese digitale Datendarstellung im Basisband ist ähnlich der Frequenzmodulation.

Bipolar-Format → AMI

Bit Stuffing

Durch Einfügen von Einsen und/oder Nullen werden zusätzliche Pegelwechsel für die Taktregenerierung erzeugt. Der Empfänger macht dies wieder rückgängig.

Bitbus

Ein bereits 1983 von der Firma Intel vorgeschlagener Feldbus.

Blocksynchronisierung

Bei *bitorientierter Datenübertragung* wird eine Flag-Bitfolge, z.B. 01111110, als Kennung für Anfang und Ende eines Datenblocks benutzt.

Bei *zeichenorientierter Datenübertragung* werden festgelegte Steuerzeichen wie STX und ETX bzw. ETB zur Begrenzung eines Datenblocks verwendet.

bps (bit per second) → **Baudrate**

Breitbandübertragung

(engl. broad band transmission), auch modulierte Übertragung genannt, erfolgt mit

→ Amplitudenmodulation, → Frequenzmodulation oder → Phasenmodulation.

Bridge oder auch **Switch**

nennt man eine Brücke zwischen selbständigen aber gleichartigen Netzen.

BSC (Binary Synchronous Communication)

ist ein zeichenorientiertes Datenübertragungsprotokoll.

Byte Stuffing

bezeichnet das Einfügen eines Bytes (Steuerzeichen DLE), um anzuzeigen, dass das gesendete Zeichen (DLE) noch nicht das Ende der transparenten Datenübertragung bedeutet. Siehe dazu auch **DLE** (Data Link Escape).

Cache

Schneller *versteckter* Pufferspeicher zwischen Prozessor und Speicher (RAM).

CAN (Controller Area Network)

wurde von der Firma Bosch als Sensor/Aktorbus zum Einsatz in Kraftfahrzeugen definiert. Seit 1992 wird CAN auch allgemein in der Automation als Feldbus eingesetzt.

Card Bus

ist der direkte Nachfolger der PCMCIA-Schnittstelle. Die maximale Datenübertragungsrate beträgt 132 MByte/s.

CCITT (Comité Consultatif International Télégraphique et Téléphonique)

bezeichnet ein Internationales Normungsgremium für Fernsprech- und Datenverbindungen. Es wurde 1993 von der ITU-T (International Telecommunication Union - Telecommunications Standardization) abgelöst.

Centronics-Schnittstelle → IEEE-1284-Standard

ist eine parallele Druckerschnittstelle mit Datenübergabe durch Handshake-Signale.

Coded Diphase → Bi-Phase-M

Counter

(engl. Zähler) ist ein Ereigniszähler im Gegensatz zum Timer, der die Zeit misst.

CPU (Central Processor Unit)

wird die Zentraleinheit von Rechnern, Mikrorechnern und Mikrocontrollern genannt.

CRC (Cyclic Redundancy Check)

ist ein sehr effektives Fehlererkennungsverfahren. Ein Datenblock wird durch ein Generatorpolynom dividiert, der Rest wird – an die Information angehängt – mit übertragen. Der Empfänger dividiert die gesamte Nachricht durch das gleiche Polynom. Bei fehlerfreier Übertragung ergibt diese Division Null.

CSMA/CA (Carrier Sense Multiple Access / Collision *Avoidance*)

ist ähnlich dem CSMA/CD-Protokoll, jedoch soll bei diesem Verfahren die Kollision erst gar nicht auftreten, sondern sie wird *vermieden* durch Prioritätenvergleich.

CSMA/CD (Carrier Sense Multiple Access / Collision Detection)

heißt Träger-Abtastung bei Mehrfach-Zugriff und gleichzeitiger Kollisions-Abfrage. Sobald die Leitung als frei erkannt wird, kann jeder Teilnehmer mit der Datenübertragung beginnen. Bei festgestellter Kollision wird die Sendung abgebrochen (siehe Ethernet).

Current Loop → **Stromschnittstelle**

Daisy-Chain

Ein durch mehrere Teilnehmer durchgeschleiftes Bus-Zuteilungssignals. Die Platznummer des Teilnehmers bestimmt dadurch die Priorität. Die Aneinanderreihung in der Art einer *Gänseblümchenkette* inspirierte zu dem englischen Namen Daisy-Chain.

DCE (Data Communication Equipment) → **DEE**

DEE (Daten-End-Einrichtung)

Man unterscheidet zwischen DEE (Daten-End-Einrichtung) bzw. engl. DTE (Data Terminal Equipment) und DÜE (Daten-Übertragungs-Einrichtung) bzw. engl. DCE (Data Communication Equipment). DEEs sind z.B. Computer. Modems zur Datenfernübertragung über Telefonleitungen sind dagegen DÜEs.

DFP (Digital Flat Panel) → **Monitor-Schnittstellen**

Differential Manchester

ist eine Codierung im Basisband und hat in der Mitte der Bitzeit T (d.h. bei T/2) immer einen Pegelwechsel, am Rand der Bitzeit (d.h. bei T) nur bei folgender logischer "0".

DIN → **Schnittstellen-Normen bzw. -Standards**

DLE (Data Link Escape)

Mit diesem Zeichen (00010000) kann bei *zeichenorientierter Datenübertragung* in den so genannten *Transparentmodus* umgeschaltet werden. Danach können dann beliebige codefreie Muster, z.B. aus Grafikinhalten, gesendet werden.

DMA (Direct-Memory-Access)

Zur Erzielung hoher Übertragungsraten zwischen RAM und Peripherie wird ein direkter Speicherzugriff vorgesehen. Der Datenfluss wird dabei durch einen speziellen Baustein, den DMA-Controller, direkt gesteuert.

DTE (Data Terminal Equipment) → **DEE**

Dual Port RAM

Dieser Speicher kann von beiden Seiten beschrieben und gelesen werden. Die Reihenfolge von Lesen und Schreiben auf beiden Seiten wird durch ein Handshake-Verfahren koordiniert, um Überschneidungen zu vermeiden.

DÜE (Daten-Übertragungs-Einrichtung) → **DEE**

Duplexbetrieb

Wenn die Information zwischen zwei Teilnehmern gleichzeitig in beiden Richtungen übertragen wird, so nennt man dies Duplex- oder Vollduplexbetrieb.

DVI (Digital Visual Interface) → **Monitor-Schnittstellen**

ECB (Euro Card Bus)

Der Z80-Bus wurde in der Ausführung mit Platinen im so genannten Europaformat, d.h. 100 mm x 160 mm, und mit 64-poligem Indirekt-Stecksystem *Euro Card Bus* genannt.

Echtzeitverhalten

(engl. real time), d.h. garantierte Reaktionszeit, wird allgemein bei Feldbussen gefordert.

ECL (Emitter Coupled Logic)

Bei dieser schnellen bipolaren Schaltungstechnik gehen die zwei an den Emittern verbundenen Transistoren (Grundprinzip des Differenzverstärkers) nicht in Sättigung.

ECP → IEEE-1284-Standard

EEPROM (Electrically Erasable Programmable Read Only Memory)

ist ein *elektrisch löschbarer programmierbarer Nur-Lese-Speicher* (Festwertspeicher).

EPROM (Erasable Programmable Read Only Memory)

bezeichnet einen mit ultraviolettem Licht löschbaren Halbleiter-Festwertspeicher.

EIA → Schnittstellen-Normen bzw. -Standards

EISA (Enhanced ISA)

entstand aus dem ISA-Bus mit Erweiterung der Datenbreite auf 32 Bit. Der EISA-Slot ist zweistöckig und hat Stopper (Stege) für ISA-Karten, die verwendbar bleiben.

EMV (Elektromagnetische Verträglichkeit)

Entsprechend dem EMVG (Gesetz über die elektromagnetische Verträglichkeit von Geräten) muss die Erzeugung elektromagnetischer Störungen durch elektrische und elektronische Geräte so weit begrenzt werden, dass der Betrieb von Funk-, Telekommunikations- sowie sonstigen Geräten möglich ist, und die Geräte müssen eine angemessene Festigkeit gegen elektromagnetische Störungen aufweisen, um einen *bestimmungsgemäßen Betrieb* zu gewährleisten.

EPP → IEEE-1284-Standard

Ereigniszähler → Counter

Ethernet

arbeitet mit dem CSMA/CD-Verfahren. Wenn die Leitung – Koaxialkabel oder geschirmtes bzw. ungeschirmtes, verdrilltes Leiterpaar – frei ist, kann jeder Teilnehmer anfangen zu senden. Die eigenen auf die Leitung aufgebrachten Signale werden direkt wieder gelesen, um Kollisionen zu erkennen, wenn ein zweiter Teilnehmer etwa zur gleichen Zeit zu senden begann. Bei Auftreten einer Kollision wird die Übertragung schon zu Beginn abgebrochen. In IEEE 802.3 wird ein an Ethernet angelehnter Standard für LANs mit Basisband- bzw. Breitbandbetrieb und CSMA/CD vorgeschlagen.

Europakarten → VME

Fehlererkennung

Um Fehler bei der Datenübertragung erkennen zu können, müssen zu der eigentlichen Information redundante Prüfbits hinzugefügt werden. Bei VRC (Vertical Redundancy Check) wird in vertikaler Richtung eine Querparität (also ein Paritätsbit pro Byte) erzeugt. Durch LRC (Longitudinal Redundancy Check) wird für jedes einzelne Bit in Längsrichtung ein zusätzliches Paritätsbit gebildet. Ein weiteres Verfahren ist → CRC.

Feld/Prozessbusse

Feldbusse oder auch Prozessbusse werden allgemein die Verbindungen von Steuerungssystemen und Automatisierungsgeräten, z.B. in der Fabrik, auf der untersten Prozessebene genannt. Oft wird diese Ebene noch unterteilt in Feldbus und Sensor/Aktorbus.

Feldbusnorm EN 50170

PROFIBUS, FIP und P-Net wurden in diese europäische Feldbusnorm aufgenommen.

FIFO (First-In-First-Out)

Ein FIFO ist ein Schieberegister (oder auch acht parallel), bei dem die Daten mit unterschiedlicher Geschwindigkeit eingegeben und ausgelesen werden können. Die Daten, die zuerst geladen werden, werden auch wieder zuerst ausgelesen. Das Einschreiben kann z.B. mit maximaler Geschwindigkeit erfolgen, während die Abholung der Daten einem langsameren Gerät angepasst werden kann.

FIP (Factory Instrumentation Protocol) → **Feldbusnorm EN 50170**

Fire Wire → SCSI-3

First-In-First-Out → FIFO

Flag-Bitfolge → Blocksynchronisierung

Frequenzmodulation (Frequency Shift Keying, FSK)

stellt die Bit-Informationen durch unterschiedliche Frequenz dar.

FTP (File Transfer Protocol) → **TCP/IP-Protokoll**

Futurebus

ist ein seit 1987 als IEEE-869 definierter herstellerunabhängiger Multiprozessorbus für bis zu 32 Module mit Europa- und Doppeleuropakarten. Die 32 Daten/Adressleitungen können wahlweise mit oder ohne Multiplexbetrieb eingesetzt werden.

Galvanische Trennung

wird durch optische, induktive oder kapazitive Ankopplung erreicht. Sie ist bei größeren Kabellängen und starker Einstreuung von Vorteil.

Gateway

nennt man eine Brücke zwischen verschiedenartigen Netzen, im Gegensatz zu → Bridge.

GPIB (General Purpose Interface Bus)

ist ein Messgerätebus und entstand aus dem HPIB (Hewlett Packard Interface Bus). Er wurde als IEEE-488 und IEC-625 genormt und auch als DIN IEC-625 übernommen.

Halbduplexbetrieb

Wenn die Information zwischen zwei Teilnehmern seriell über die gleiche Leitung abwechselnd ausgetauscht wird, spricht man von Halbduplex.

Hamming-Distanz h

ist ein Maß für den Abstand zweier Codeworte voneinander. Sie gibt an, in wie viel Bitstellen sich zwei benachbarte Codeworte unterscheiden. Bei h = 2 (durch Hinzufügen eines Paritätsbits) kann nur *ein* gestörtes Bit erkannt werden. Bei h = 3 kann man *ein* verfälschtes Bit noch korrigieren und bis zu *zwei* falsche Bits werden sicher erkannt.

HDB2 (High Density Bipolar)

Dieses Verfahren zur seriellen Datendarstellung verhält sich wie → AMI, solange nicht mehr als zwei Nullen hintereinander auftreten. Bei mehr als zwei Nullen werden jeweils drei Null-Bits durch Folgen mit eingefügten Einsen ersetzt.

HDLC (High Level Data Link Control)

ist ein bitorientiertes Datenübertragungsprotokoll. Das Flagmuster 01111110 kennzeichnet Anfang und Ende eines Blocks. Der *Header* (Kopf) enthält Adress- und Steuerbits. Die Blocksicherung erfolgt durch CRC.

HPIB (Hewlett Packard Interface Bus) → **GPIB** (General Purpose Interface Bus)

Hub

kommt von dem englischen Wort für Mittelpunkt, Nabe – von der die Speichen strahlenförmig abzweigen – und bezeichnet einen Sternverteiler als Zwischenverstärker.

Hysterese

ist eine Eingangskennlinie mit unterschiedlicher Ansprech- und Abfallschwelle. Sie dient der Regenerierung eines über längere Leitungen übertragenen, stark gestörten Signals.

I^2C-Bus (Inter Integrated Circuit Bus)

ist eine von der Firma Philips entwickelte multimasterfähige serielle Verbindung für ICs auf Platinen oder in Gehäusen.

IEC → **Schnittstellen-Normen bzw. -Standards**

IEC-625-Bus → **GPIB** (General Purpose Interface Bus)

IEEE → **Schnittstellen-Normen bzw. -Standards**

IEEE-1284-Standard

Seit 1994 sind im IEEE-1284-Standard EPP (Enhanced Parallel Port), ECP (Enhanced Capability Port) und Centronics-Mode definiert. Letzterer wird auch SPP (Standard Printer Port) genannt, da diese Betriebsart ungefähr einer Standardisierung der ursprünglichen Centronics-Schnittstelle entspricht.

IEEE-1394-Bus → **SCSI-3**

IEEE-488-Bus → **GPIB** (General Purpose Interface Bus)

INTERBUS

ist ein von der Firma Phoenix Contact entwickelter Feldbus mit *einem* Master und mehreren baumartig angeordnete Slaves, die aber durch die doppelte Leitungsführung in einem Ring aufgereiht liegen.

Interrupt

Während einer Programmbearbeitung der CPU kann z.B. von Peripheriegeräten eine Anforderung zur Unterbrechung (engl. Interrupt) erfolgen. Dazu dienen z.B. Interrupt-Request-Leitungen IRQ1 bis IRQn. Da es viele verschiedene Interruptquellen gibt, werden die Interrupts in Interruptebenen eingeteilt. Die höchste Priorität hat meist die Meldung "Netzausfall". Zur Bearbeitung eines Interrupts unterbricht die CPU das laufende Programm an geeigneter Stelle und startet eine Interrupt Service Routine.

IrDA-Schnittstelle

IrDA steht für Infrared Data Association. Es ist also eine Übertragung mit infraroter (unsichtbarer) Strahlung vorgesehen. An den Ausgang eines → UART's wird anstatt eines RS-232-Pegelwandler-IC's ein IrDA-Codierer/Decodierer-IC angeschlossen.

IRQ (Interrupt Request) → **Interrupt**

ISA (Industrial Standard Architecture)

entstand aus dem Erweiterungssteckplatz (Slot) des IBM-PC/XT und ist ein Industriestandard geworden.

ISO → Schnittstellen-Normen bzw. -Standards

ISO-7-Bit-Code → ACSII-Code

Isochroner Transfer

Eine besondere Eigenschaft von USB und IEEE-1394-Bus ist es, für die Übertragung von Audio- und Videodaten eine gleichbleibende Geschwindigkeit zu garantieren. Andererseits dürfen durch diese schnellen Datentransfers langsamere Geräte wie Maus, Tastatur oder Drucker nicht völlig blockiert werden. Es wird daher ein kleinerer Prozentsatz der vorhandenen Bandbreite für die weniger anspruchsvollen Geräte reserviert, während für die zeitkritischen Anwendungen ein im Mittel kontinuierlicher Datenstrom mit definierter Übertragungsrate zur Verfügung gestellt wird, indem in einem so genanntem *isochronen Transfer* mit schneller Blockübertragung und Zwischenspeicherung in FIFOs eine gleichsam stetige Datenübermittlung hinreichender Geschwindigkeit erfolgt.

ITU-T → CCITT

Kollisions-Abfrage → CSMA/CD

Konzentrator → Hub

Kreuzsicherung

gleichzeitige Anwendung von → VRC und → LRC sozusagen über Kreuz.

LAN (Local Area Network)

ist die Bezeichnung für ein Netzwerk mit beschränkter Ausdehnung z.B. auf ein oder wenige Gebäude. In IEEE 802 werden Standardisierungsvorschläge für LANs gemacht. Am meisten verbreitet sind Ethernet-LANs.

Lichtwellenleiter

sind Kunststoff- oder Glasfasern zur Datenübertragung mit Lichtimpulsen. Besonders vorteilhaft sind die Störfestigkeit (→ EMV) und die hohen erzielbaren Übertragungsraten. Die Schwierigkeiten bei echter Busankopplung wird durch Aneinanderreihung von Punkt-zu-Punkt-Verbindungen vermieden. Dies wird aber auch bei Kupferverbindungen zunehmend eingesetzt, insbesondere bei den neueren, schnellen seriellen Bussystemen.

Litze

Um Kupferkabel flexibler zu gestalten, werden die einzelnen Leiter aus dünnen Drähten (z.B. 7 x 0,2 mm ∅) zusammengesetzt. Man unterscheidet also zwischen mehrdrähtigen Adern, Litze genannt, und eindrähtigen, d.h. massiven, Adern.

LON (Local Operating Network)

wurde von der Firma Echelon (USA) für den Einsatz in der Gebäudeautomation wie auch in der Kraftfahrzeugtechnik entwickelt und ermöglicht die Vernetzung von hierarchisch aufgebauten Netzen mit weitgehend selbständigen Knoten.

LRC (Longitudinal Redundancy Check) → **Fehlererkennung**

LSB (Least Significant Bit)

Mit LSB wird das niedrigstwertige Bit bezeichnet. Siehe auch zum Vergleich MSB.

LVDS (Low Voltage Differential Signaling)

ist die differentielle (symmetrische) Signalübertragung mit niedrigstem Spannungshub. Nur damit sind höchste Übertragungsraten zu erzielen.

LWL → Lichtwellenleiter

Mainboard → Motherboard

Manchester Code

Beim Manchester Code, auch Bi-Phase oder Bi-Phase-L genannt, zeigt ein Übergang von HIGH nach LOW in der Mitte von T logisch "1" an und von LOW nach HIGH entsprechend logisch "0". Der Takt wird innerhalb dieser Informationsdarstellung mit übertragen und kann daher in einfacher Weise zurückgewonnen werden.

Master/Slave

Bei dem Master-Slave-Verfahren spricht der Master gezielt die untergeordneten Teilnehmer an, z.B. der Reihe nach durch so genanntes Polling.

MCA (Micro Channel Architecture)

Mit Einführung der Prozessoren 80386 und 80486 wurde die Datenbreite auf 32 Bit erweitert. Dabei entstanden die Busse EISA (Enhanced ISA) und MCA (Micro Channel Architecture). Dabei ist MCA eine völlige Neuentwicklung der Firma IBM.

Mikrocontroller-Schnittstellen

sind neben den einfachen parallelen und seriellen Schnittstellen beispielsweise auch Pulsweitenmodulation als Ausgangs- und Analog/Digital-Wandler als Eingangsschnittstelle. Auch LED-Treiber zum direkten Betreiben von Leuchtdioden, LCD-Treiber zum Ansteuern von LCD-Monitoren und ganze Busse, wie z.B. I^2C-Bus, USB und CAN-Bus, werden als Mikrocontroller-Schnittstellen angeboten.

Modem

ist ein Gerät zur Datenfernübertragung über Telefonleitungen. Das Wort *Modem* ist aus Teilen der Bezeichnungen **Mo**dulator und **Dem**odulator zusammengesetzt.

Modulierte Übertragung → Breitbandübertragung

Monitor-Schnittstellen

zum direkten Ansteuern von Röhrenmonitoren entsprechen meist VGA (Video Graphics Array). Für den Anschluss von LCD- und TFT-Monitoren, die nur digitale Signale benötigen, wurden Videoschnittstellen entwickelt, die auch die Farbinformation digital übertragen wie z.B. DFP (Digital Flat Panel) und DVI (Digital Visual Interface).

MSB (Most Significant Bit)

Mit MSB wird das höchstwertige Bit bezeichnet. Siehe auch zum Vergleich LSB.

Motherboard

Innerhalb des Personal Computers (PC) sind auf der Hauptplatine (Mainboard, Motherboard) parallele Erweiterungsbusse wie ISA/EISA und PCI nebeneinander vorhanden. In die Steckplätze (Slots) dieser Busse können Adapter eingeschoben werden.

Multibus I/II

Der von der Fa. Intel initiierte Multibus I wurde als IEEE-796 genormt. Die ursprünglichen 8 Datenbit wurden auf 16 Bit bei 24 Adressleitungen erweitert. Für neuere Mikroprozessoren und herstellerunabhängig wurde der Multibus II als IEEE-1296-Bus mit 32 Daten/Adressleitungen mit Multiplexbetrieb definiert. Bis zu 20 Bus-Master mit zentraler Vergabe (Arbitrierung) sowie DMA-Betrieb und eine zusätzliche serielle CSMA/CD-Schnittstelle wurden vorgesehen.

Nichtlineare Abschlüsse

von Leitungen ergeben sich aus dem Schaltverhalten von Digitalschaltungen, die als Treiberschaltungen eingesetzt werden.

Völlig reflexionsfreie Abschlüsse sind daher meistens nicht realisierbar.

NRZ (Non Return to Zero)

ist die einfachste Art, serielle digitale Daten darzustellen. Den beiden Zuständen logisch "1" und logisch "0" werden die Pegel High bzw. Low zugeordnet.

Dieses Datenformat erfordert zusätzliche Maßnahmen zur Synchronisierung.

NRZI (NRZ inverted)

wird auch mit Invert-On-Zero bezeichnet. Nur bei logisch "0" erfolgt ein Pegelwechsel. Um den Takt regenerieren zu können, dürfen nicht zu viele Einsen aufeinander folgen.

Nu-Bus

wurde 1987 als IEEE-1196 standardisiert. Es werden 32 Daten/Adressleitungen im Multiplex-Verfahren betrieben. Die Buszuteilung bei Multimasterbetrieb ist auf die einzelnen Module verteilt.

Nullmodem

dient zum Verbinden von zwei Daten-End-Einrichtungen (→ DEE). Ein Modem wird daher umgangen. Ein Kabel mit Kreuzverbindungen ist das einfachste Nullmodem.

Open-Collector-Bus, Open-Drain-Bus

Die offenen (unbeschalteten) Kollektoren der bipolaren Ausgangstransistoren bzw. die offenen Drainanschlüsse von Feldeffekttransistoren werden mit der Busleitung verbunden, die an beiden Enden mit Widerständen abgeschlossen ist.

OSI-RM (Open System Interconnect - Reference Model) von → **ISO**

ist in folgende sieben Protokoll-Schichten unterteilt: Application Layer, Presentation Layer, Session Layer, Transport Layer, Network Layer, Data Link Layer, Physical Layer.

Paritätsbit

ist ein zusätzliches Bit, das die Einsen in einem Codewort auf gerade (engl. even) oder ungerade (odd) Anzahl ergänzt. Damit sind einfache Übertragugsfehler zu erkennen.

PCI (Peripheral Component Interconnect)

ist ein Erweiterungsbus oder Rückwandbus von PCs und Workstations. In industriellen Anwendungen ist er als CPCI (Compact PCI) oder IPCI (Industrial PCI) zu finden. Bei einem Takt von 33 MHz ist bei 4 Byte Datenbreite eine Datenübertragungsrate von 132 MByte/s erzielbar. Entsprechend erhält man bei 64 Bit Datenbreite 264 MByte/s. Diese hohen Datenraten werden aber nur im *Burst Mode* erreicht. Dabei wird lediglich die Anfangsadresse übergeben, so dass das aufwendige Multiplexen von Adressen und Daten entfällt.

PCMCIA-Schnittstelle

PCMCIA (Personal Computer Memory Card International Association) ist als Schnittstelle für Speicherkarten von Laptops und Notebooks entstanden. Der erste Standard JEIDA (Japan Electronics Industry Development Association) entstand 1985 und wurde 1989 als PCMCIA-Schnittstelle vereinheitlicht. Inzwischen ist neben die Nutzung als Speicherschnittstelle auch der allgemeine Ein/Ausgabebetrieb getreten.

Phasenmodulation (Phase Shift Keying, PSK)

stellt die Bit-Informationen durch unterschiedliche Phasenlage dar.

PLL (Phase Locked Loop)

ist die Bezeichnung für eine Regelschleife zum Herausfiltern des Taktes aus einem seriellen Datenstrom. Sie wird heute allgemein *digital* realisiert als *D*PLL.

Plug and Play

Das System konfiguriert sich automatisch neu, wenn Komponenten hinzugefügt oder entfernt wurden. *Hot Plug and Play* erlaubt auch Änderungen während des Betriebs.

P-NET → Feldbusnorm EN 50170

Polling → Master/Slave

PROFIBUS → Feldbusnorm EN 50170

ist die Abkürzung von Process Field Bus. Grundlage für den PROFIBUS bildet immer der PROFIBUS-DP (Dezentrale Peripherie), der im OSI-RM den Schichten 1 und 2 entspricht. Diesem übergeordnet ist PROFIBUS-FMS (Field Message Specification), die Beschreibung der Schicht 7. Eine weitere Spezifikation stellt PROFIBUS-PA (Process Automation) dar, die spezielle Anforderungen der Prozessindustrie und der Verfahrenstechnik (z.B. Explosionsschutz) berücksichtigt.

RAM (Random Access Memory)

Wörtlich übersetzt ein Speicher mit wahlfreiem Zugriff. Gemeint ist ein umschreibbarer Halbleiterspeicher, DRAM (dynamisch, d.h. mit Refresh, also Auffrischung) oder SRAM (statisch, d.h. mit Flip-Flops aufgebaut).

Repeater

Dies ist ein Zwischenverstärker zum Auffrischen von Signalen.

ROM (Read Only Memory)

Ein Nur-Lese-Speicher, auch Festwertspeicher genannt, allgemein ein Halbleiterspeicher. Aber mit dem Zusatz CD (Compact Disc) handelt es sich um einen optisch lesbaren Massenspeicher auf einer *kompakten Scheibe*, also eine CD-ROM.

RS-232-Schnittstelle

wurde von EIA funktionell, elektrisch und mechanisch standardisiert. Sie entspricht funktionell der V.24 und elektrisch der V.28 von CCITT (jetzt ITU-T). Die typischen Pegelwerte betragen +12V und -12V. Über die RS-232-Schnittstelle sind als Geradeausverbindung → DEE und → DÜE zu verbinden. Man setzt sie aber auch für die Datenkommunikation zwischen zwei DEEs ein (Kreuzverbindung).

RS-422, RS-423, RS-485

sind symmetrische Schnittstellen bzw. Busse, d.h. pro Signal werden zwei Leitungen benutzt und beim Empfänger wird die Differenzspannung ausgewertet. Dadurch können größere Entfernungen überbrückt werden und höhere Datenraten sind möglich.

Rückwandbusse

sind Rückwandverdrahtungen in Busform (allgemein als Platine) zum Verbinden von Karten/Platinen oder Karteneinschüben "im Bereich der Rückwand". Der VME-Bus ist beispielsweise ein typischer Rückwandbus.

RZ (Return to Zero)

Bei dieser seriellen Datendarstellung wird die logische "1" als Impuls mit der Länge T/2 dargestellt. Bei "1"-Folgen ist die volle Taktinformation vorhanden, da in der zweiten Hälfte der Bitzeit T der Pegel auf 0 V zurückkehrt.

Schnittstellen-Normen bzw. -Standards

gibt es von ANSI (American National Standard for Information Systems),
CCITT (Comité Consultatif International Télégraphique et Téléphonique),
DIN (Deutsches Institut für Normung) des DNA (Deutscher Normenausschuss),
EIA (Electronic Industries Association), IEC (Electronics Industries Association),
ISO (International Organization for Standardization) und von
IEEE (Institute of Electrical and Electronics Engineers).

SCSI (Small Computer System Interface)

ist ein multimasterfähiger Bus. Die grundlegende 8-Bit-Variante wurde schon 1985 von ANSI spezifiziert. Teilnehmer sind Initiator (z.B. Rechner) oder Target (d.h. Ziel, ein Peripheriegerät). Durch Einführung von SCSI-2 wurde schnellere, synchrone Datenübertragung (Fast-SCSI) und größere Datenbreite mit 16 und 32 Bit (Wide-SCSI) definiert. Mit **SCSI-3** wird die Weiterentwicklung fortgesetzt. Insbesondere die als IEEE-1394-Bus bekannte serielle Variante (bei der Firma Apple wird sie *Fire Wire* genannt, bei Sony *i.Link*) sei hier hervorgehoben. Der IEEE-1394-Bus ermöglicht kontinuierliche Datenströme mit Übertragungsraten von (demnächst) bis zu 100 MByte/s.

SDLC (Synchronous Data Link Control)

ist ein bitorientiertes Datenübertragungsprotokoll ähnlich → HDLC.

SERCOS (Serial Real Time Communication System)

ist ein Bus für den Echtzeitbetrieb von Steuerungen und Antrieben. Wegen der geforderten elektromagnetischen Störfestigkeit werden Lichtwellenleiter eingesetzt. Die Übertragungsrate beträgt 2 MBit/s, 4 MBit/s oder 8 MBit/s. Ein Master steuert die Slaves in einem Ring an. Maximal 254 Slaves sind zulässig.

Signallaufzeiten

Die Fortpflanzungsgeschwindigkeit des Lichtes in Lichtwellenleitern ist etwa 2/3 Lichtgeschwindigkeit und entspricht damit ungefähr 5 ns/m, der Impulsverzögerungszeit bei Kupferkabeln. Bei Leiterbahnen liegt die Impulsverzögerungszeit bei 5 bis 10 ns/m.

Simplexbetrieb

Bei nur einer Richtung der seriellen Datenübertragung hat man Simplexbetrieb.

Slave

Slaves werden nur von einem Master angesprochen. Siehe auch **Master/Slave**.

SPS (Speicherprogrammierbare Steuerung)

besteht aus CPU, RAM und EPROM und E/A-Modulen mit z.B. seriellen Schnittstellen, mit parallelen, digitalen und/oder analogen Ein- und Ausgängen bzw. mit Buscontrollern.

Start-Stop-Verfahren

Die Synchronisierung erfolgt mit der Startflanke des ersten Bits. Die Anzahl der folgenden Bits und die Baudrate müssen verabredet werden. Mit dem letzten Bit, dem Stopbit, stellt sich der Ruhezustand ein.

Slot

Steckplatz für Adapterkarten in einem Rückwandverdrahtungsbus (Backplane) oder in einem Mainboard (Hauptplatine, Motherboard) eines PC's.

Sternverteiler → Hub

Strobe

wird allgemein ein Übergabeimpuls genannt, der die Gültigkeit der Daten angibt.

Stromschnittstelle

Sie arbeitet mit dem Start-Stop-Verfahren: Ein Strom von ungefähr 20 mA ($I > 11$ mA) entspricht logisch "1" (Mark) und 0 mA ($I < 2{,}5$ mA) entspricht logisch "0" (Space).

Switch → Bridge

Symmetrische Übertragung

Symmetrische Signale haben für jedes Einzelsignal eine Hin- und eine Rückleitung. Die Differenzspannung dieser beiden Leitungen stellt das Signal dar.

Synchrone Datenübertragung

wird durch einen Takt ermöglicht, der parallel zur Datenleitung mitgeführt wird.

Target (Ziel)

ist die von einem Initiator adressierte Einheit bei → SCSI und bei →PCI.

TCP/IP-Protokoll

Im Gegensatz zum → **OSI-RM** (Referenzmodell) ist das TCP/IP-Protokoll in nur vier Schichten unterteilt: Anwenderschicht (z.B. HTTP, SMTP, FTP), Transportschicht TCP (Transmission Control Protocol), Netzwerkschicht IP (Internet Protocol), Datenverbindungsschicht DL (Data Link, z.B. LAN oder Telefonnetz).

Teilung des Abschlusswiderstandes

zeigt einen wechselstrommäßig kleineren Arbeitswiderstand und definierte Ruhepegel.

Terminator

ist ein Widerstandsnetzwerk zum Abschluss von mehreren Leitungsenden durch Pullup- und Pulldown-Widerstände oder durch so genannten → aktiven Leitungsabschluss.

Timer

ist ein taktgesteuerter Zeitmesser im Gegensatz zum Counter, der Ereignisse zählt.

Token

ist ein Kennzeichen zur Busfreigabe, das in einem Token-Bus oder Token-Ring rotiert.

Token-Bus, Token-Ring → Token

Transceiver

sind Treiber/Empfänger-Bausteine, gebildet aus **Trans**mitter und **Re**ceiver.

Tristate

Bei einfachen TTL-Gattern mit Totempole-Ausgang (Gegentakt-Endstufe) können nicht mehrere Ausgänge parallel geschaltet werden. Wenn jedoch nicht benutzte Ausgangsstufen völlig abgeschaltet werden, können viele solcher Gatterschaltungen an einen Bus angeschlossen werden. Dieser *dritte* Zustand heißt Tristate oder Threestate.

TTL (Transistor Transistor Logic)

bezeichnet eine bipolare Transistor-Technologie mit typischer Standard-Pegeldefinition.

TTY-Schnittstelle

TTY ist die Abkürzung für **T**ele**ty**pe (Fernschreiber).

Nachfolger der TTY-Schnittstelle ist die → **Strom-Schnittstelle** mit 20 mA.

UART, USART

Üblicherweise wird ein IC zur Parallel-Serien-Umsetzung für die asynchrone Datenübertragung kurz UART (Universal Asynchronous Receiver/Transmitter) genannt. ICs mit der zusätzlichen Option, auch synchrone Übertragung zu ermöglichen, nennt man entsprechend USART (Universal Synchronous/Asynchronous Receiver/Transmitter).

Ultra-SCSI und **Ultra-2-SCSI**

bezeichnet SCSI mit Datenraten von 40 MByte/s und 80 MByte/s bei 16-Bit Wide SCSI.

Unterbrechung → Interrupt

USART → UART

USB (Universal Serial Bus)

ist ein relativ neuer serieller Bus mit den Geschwindigkeitsklassen Low-Speed für langsame Geräte (1,5 MBit/s), Full-Speed für Geräte mit höheren garantierten Bandbreiten (12 MBit/s) und High-Speed für höchste Ansprüche (480 MBit/s). Die Struktur des USB ist geprägt von der zentralen Steuerung durch den Master (Host-Controller genannt), der über Hubs die einzelnen Geräte im Pollingverfahren anspricht.

VGA (Video Graphics Array) → **Monitor-Schnittstellen**

Eine VGA-Karte erzeugt die analogen Signale Rot, Grün und Blau mit Digital/Analog-Wandlern, um damit Röhrenmonitore (engl. Cathode Ray Tube, CRT) direkt anzusteuern. Hinzu kommen Vertikal- und Horizontalsynchronisationssignale.

VME (Versa Module Europe)

Die Bezeichnung VME zeigt die Abstammung vom VERSA-Bus (**versa**tile = vielseitig) der Firma Motorola, jedoch unter Verwendung von Europa- (100 mm x 160 mm) und

Doppeleuropakarten (233,4 mm x 160 mm) mit 96-poligen DIN-41612-Steckern. Mit der Standardisierung als IEC-821 bzw. IEEE-1014 wurde eine Daten- und Adressbreite von bis zu 32 Bit vorgesehen. Als VME64, mit 64 Bit Daten- bzw. Adressbus (Multiplex-Betrieb), sind Übertragungen bis zu 80 MByte/s möglich.

VMS-Bus (VME Serial Bus)

ist ein zusätzlicher serieller Zweidrahtbus. Die Informationsübergabe auf der Datenleitung wird durch einen Takt synchronisiert.

VRC (Vertical Redundancy Check) → **Fehlererkennung**

VSB (VME Subbus)

Dieses Subsystem wurde eingeführt, um die Einsatzgebiete des VME-Busses zu erweitern, ohne die Grundspezifikation zu verändern. Über den P2-Stecker können in diesem Subsystem, das über eine eigene Platine verbunden wird, bis zu 6 Module noch schneller kommunizieren.

VXI-Bus (VME-Bus Extension for Instrumentation)

Diese VME-Bus-Erweiterung vereint die Vorteile des VME-Busses und die des GPIB, nämlich die einfache Programmierung von Messgeräten. Standardisiert wurde der VXI-Bus als IEEE-1155.

Wide-SCSI

ist mit Datenbreite 16 Bit oder 32 Bit definiert. Allgemein üblich sind nur 16 Bit.

Wired AND/OR

Beim Verbinden der offenen Leitungen von Open-Collector-IC's erhält man abhängig von der Logikdefinition (positiv oder negativ) eine UND- bzw. ODER-Verknüpfung.

XON/XOFF-Protokoll

Dieses Protokoll für serielle Datenübertragung wird rein softwaremäßig realisiert. Wenn der Empfänger zunächst keine weiteren Daten entgegennehmen kann, sendet er über die zweite Datenleitung das Steuerzeichen XOFF (13h, entsprechend DC 3 im ASCII-Code). Der Sender unterbricht daraufhin die Übertragung bis der Empfänger mit dem Steuerzeichen XON (11h, entsprechend DC 1 im ASCII-Code) die erneute Empfangsbereitschaft signalisiert.

Zeitzähler → Timer

Zentrale Zuteilungslogik

Die einzelnen Teilnehmer fordern von der zentralen Zuteilungslogik den Buszugriff an oder die Zentraleinheit fragt nacheinander im Polling-Verfahren den Status von allen Teilnehmern ab. Die Zuteilung des Buszugriffs kann auch ohne Anforderung durch der einzelnen Teilnehmer in einem festen Zeitraster erfolgen.

Zwischenverstärker → Repeater

Zyklische Buszuteilung

ist eine im "Kreis" rotierende Zuteilung. Dazu ist aber nicht nur die Ringstruktur geeignet. Auch bei einem Bus mit Linienstruktur kann ein *logischer Ring* durch festgelegte Vorgaben für die → Token-Weitergabe realisiert werden.

Einführung in die praktische Informatik

Küveler, Gerd / Schwoch, Dietrich

Informatik für Ingenieure

C/C++, Mikrocomputertechnik, Rechnernetze

3., vollst. überarb. u. erw. Aufl. 2001. XII, 572 S. Br. € 37,00

ISBN 3-528-24952-8

Inhalt:

Grundlagen - Programmieren mit C/C++ - Mikrocomputer - Rechnernetze

Dieses Lehrbuch ist für die Informatik-Erstausbildung in der Datenverarbeitung technischer Ausbildungsgänge geschrieben. Die breit angelegte Einführung bietet die wichtigsten Gebiete der praktischen Informatik.Wegen seiner ausführlichen Beispiele und Übungsaufgaben eignet sich das Buch besonders zum Selbststudium. In der 3. Auflage wurde C++ als Sprache neu vorgestellt. Ein besonderes Kapitel zeigt eine Einführung in das objektorientierte Programmieren mit C++. In diesen Abschnitten sind die Schlüsselworte für die Programmierung besonders hervorgehoben.

Die Autoren:

Prof. Dr. rer. nat. Gerd Küveler und Prof. Dr. rer. nat. Dietrich Schwoch lehren an der Fachhochschule Wiesbaden/Rüsselsheim im Fachbereich Mathematik, Naturwissenschaften und Datenverarbeitung.

Abraham-Lincoln-Straße 46
65189 Wiesbaden
Fax 0611.7878-420
www.vieweg.de

Stand April 2002.
Änderungen vorbehalten.
Erhältlich im Buchhandel oder im Verlag.